FRANZ FUCHS · GRUNDRISS DER FUNKTECHNIK

GRUNDRISS DER FUNKTECHNIK

IN GEMEINVERSTÄNDLICHER DARSTELLUNG

VON

FRANZ FUCHS

25. VERBESSERTE AUFLAGE

MIT 351 BILDERN

MÜNCHEN 1950

VERLAG VON R. OLDENBOURG

Vorwort zur 25. Auflage

Die äußere Form und der Umfang des Buches sind erhalten geblieben. Der Text ist einer gründlichen Durchsicht unterzogen und stellenweise straffer gefaßt, die Abbildungen sind zum größten Teil neu gezeichnet und vermehrt worden. Für die neuere Entwicklung wurde der Platz durch Streichung von überholten Einzelheiten gewonnen.

Messender und Braunsche Röhre ergänzen die Empfängerprüfung, die Abschnitte über Mikrophon und Lautsprecher sind dem heutigen Stande der Funktechnik angepaßt, und die Auswertung der Kennlinienfelder der Röhren ist erweitert.

Der z. Zt. im Aufbau begriffene U. K. W. Rundfunk (auf Welle 3 m), der gegenüber den bisherigen Sendern und Empfängern eine Reihe neuer technischer Vorgänge anwendet (z. B. die Frequenzmodulation), beanspruchte ein besonderes Kapitel.

Damit ist der betrachtete Frequenzbereich abgeschlossen; die noch übrig bleibenden Dezimeter- und Zentimeter-Wellen kommen nur für spezielle — nicht öffentliche Dienste — in Betracht. Ihre Erzeugung beruht auf grundsätzlich anderen physikalischen Vorgängen, deren Beschreibung über den Rahmen eines Grundrisses hinausgeht.

Es ist mir eine angenehme Pflicht, Herrn Diplomphysiker K. Dirnagl für seine mannigfachen wertvollen Anregungen und das Lesen der Korrekturen herzlich zu danken.

Mein besonderer Dank gebührt auch dem Verlag, der sich seit nun 35 Jahren auch in schweren Zeiten bemüht hat, das vorliegende Buch bei niedrigem Preis in würdiger Ausstattung herauszubringen.

München im Januar 1950.

Franz Fuchs.

Vorwort zur 20. Auflage

Dieses Buch ist vor 21 Jahren aus Vorträgen über Funkentelegraphie entstanden, die ich während des Krieges an Funker und Flieger zu halten hatte. Es wurde als Hilfsbuch zum technischen Unterricht beim Heer und bei der Marine vorzugsweise verwendet. Nach dem Kriege hat es Rundfunkhörern und Funkfreunden zur Einführung in die Funktechnik gedient.

Entsprechend der stürmischen Entwicklung der Funktechnik mußte das Buch von Auflage zu Auflage ergänzt und umgearbeitet werden, wodurch mit der Zeit die Übersichtlichkeit etwas litt. Dies veranlaßte mich, die wichtigsten Teile des Buches vollständig neu zu schreiben; andere Kapitel wurden überarbeitet und neu gegliedert. Dem Lehrzwecke des Buches entsprechend wurde die Darstellung grundlegender physikalischer Vorgänge, dem neuesten Stande der Funktechnik entsprechend, vertieft. So wurde die Arbeitsweise der Zwei- und Mehrpolröhren an Hand von Kennlinien und Rechenbeispielen eingehender dargestellt. Die Wirkungsweise des fremderregten Senders, die Schaltungen neuzeitlicher Empfänger und Verstärker, der Röhrenwellenmesser, die Richt- und Rundstrahlantennen, die neuen Antriebssysteme und Abstrahlvorrichtungen des Lautsprechers, die Funkpeilung sind aufgenommen worden. Trotz der vielfachen Ergänzungen und Erweiterungen ist es durch gründliche Ausmerzung alles Überholten (Funken-, Lichtbogen- und Maschinensender) gelungen, das Buch auf dem alten Umfang zu erhalten.

Da der drahtlosen Telephonie neben der Telegraphie ein immer größerer Raum zugemessen werden mußte, war auch eine Änderung des Titels notwendig.

Beim Entwurf der vielen neuen Zeichnungen und beim Lesen der Korrekturen wurde ich durch Herrn Karl Dirnagl bestens unterstützt, wofür ich ihm auch an dieser Stelle meinen Dank aussprechen möchte.

München, im Februar 1936.

Franz Fuchs.

Inhaltsverzeichnis

Funktechnische Schaltzeichen

Galvanisches Element	Differentialkondensator
Gleichstrommaschine	Mikrophon
Wechselstrommaschine (Niederfrequenz)	Telephon u. Lautsprecher
Wechselstrommaschine (Hochfrequenz)	Detektor
Meßgerät A = Ampere-, V = Voltmeter	Zweipolröhre (Einweggleichrichter)
Fester / Regelbarer } Drahtwiderstand	Doppelzweipolröhre (Doppelweggleichrichter)
Fester / Regelbarer } Nichtmetallischer Widerstand	Dreipolröhre
Induktiontfreier Widerstand	Fünfpolröhre (Pentode)
Feste / Angezapfte } Selbstinduktionsspule	Einpoliger { Ausschalter / Umschalter
Kerndrossel	Taster
Kerntransformator	Sicherung
Lufttransformator	Glühlampe
Regelb. ind. Kopplung	a Offene / b Rahmen- } Antenne
a fester / b regelbarer } Kondensator	Erdantenne
a Kreuzung / b Verbindung } von Leitungen	a Erdung (Masse) / b Gegengewicht

Abkürzungen

Formelzeichen

U Spannung
J Stromstärke
R Widerstand
ϱ (spr. roh) spezifischer Widerstand
W Energie
N Leistung
Q Elektrizitätsmenge
C Kapazität
ε (spr. epsilon) Dielektrizitätskonstante
$\mathfrak{E}$ Elektr. Feldstärke
$\mathfrak{H}$ Magnet. Feldstärke
Φ (spr. Phi) Induktionsfluß
μ (spr. müh) magnet. Permeabilität
L Induktivität
M Gegeninduktivität
η (spr. äta) Wirkungsgrad
λ (spr. lambda) Wellenlänge
f Frequenz
ω (spr. omega) Kreisfrequenz
T Schwingungsdauer
d Dämpfungsdekrement
φ (spr. phi) Phasenwinkel
c Fortpflanzungsgeschwindigkeit der elektr. Wellen

s Sekunde
δ (spr. delta) Verlustwinkel
π (spr. pi) Kreiskonstante $= 3,14\ldots$
e Basis des natürl. Logarithmensystems $= 2,71\ldots$

Elektrische Maßeinheiten

A Ampere
V Volt
Ω (spr. omega) Ohm
W Watt
F Farad
Hy Henry
Hz Hertz

Zehner-Potenzen

1 Megohm (MΩ) $= 10^6\,\Omega = 1\,000\,000\,\Omega$

1 Kilowatt (kW) $= 10^3\,\mathrm{W} = 1000\,\mathrm{W}$

1 Milliampere (mA) $= \dfrac{1}{10^3}\,\mathrm{A} = \dfrac{1}{1000}\,\mathrm{A}$

1 Mikrovolt (μV) $= \dfrac{1}{10^6}\,\mathrm{V} = \dfrac{1}{1\,000\,000}\,\mathrm{V}$

1 Picofarad (pF) $= \dfrac{1}{10^{12}}\,\mathrm{F}$
$= \dfrac{1}{1\,000\,000\,000\,000}\,\mathrm{F}$

A. Der Gleichstrom und seine Wirkungen

Stellt man Zink und Kohle in eine Salzlösung, so wird das Zink negativ, die Kohle positiv elektrisch. Beide.Platten zeigen eine Spannung, welche durch die an den Berührungsflächen der Platten und der Flüssigkeit wirkende elektromotorische Kraft (E.M.K.) hervorgerufen wird. Die Spannung des Zink-Kohleelementes beträgt je nach der verwendeten Flüssigkeit 1...1,5 Volt.

Bei den Trockenelementen der Taschenlampen- und Anodenbatterien steht in einem Zinkzylinder ein Kohlestab, der von einer mit Salmiaklösung angefeuchteten Gallertmasse umhüllt ist. Ein frisches Trockenelement hat 1,5 V Spannung.

Verbindet man die Enden der beiden Platten, die Pole des Elementes, durch einen Kupferdraht, so fließt infolge der Spannung ein dauernder Strom von Elektrizität, ein Gleichstrom durch den Draht.

In der Technik nimmt man die Stromrichtung als vom positiven zum negativen Pol gehend an. Die Stärke des Stromes entspricht der in der Sekunde durch den Draht fließenden Elektrizitätsmenge. Sie läßt sich beim Durchgang des Stromes durch eine Salzlösung bestimmen, da mit der Elektrizität eine bestimmte Menge des durch den Strom zersetzten Salzes wandert und an den Zuleitungsdrähten ausgeschieden wird. So scheidet z. B. ein Strom von 1 Ampere in der Minute aus einer Kupfervitriollösung 19,8 mg Kupfer, aus einer Silberlösung 67 mg Silber aus.

Jeder Draht setzt dem Strom einen Widerstand entgegen, der in Ohm gemessen wird. 1 Ω ist der Widerstand einer Drahtspule (z. B. von 45 m Kupferdraht von 1 mm Stärke), in welcher

1. Spannung des offenen Elementes
   Maßeinheit: Volt (V)
   1 Millivolt (mV) = 0,001 V
   1 Mikrovolt (μV) = 0,000 001 V

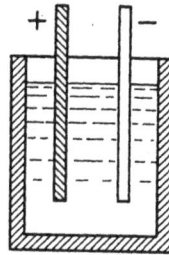

2. Stromstärke des geschlossenen Elementes
   Maßeinheit: Ampere (A)
   1 Milliampere (mA) = 0,001 A

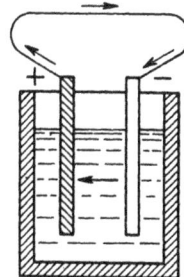

3. Elektrischer Leitungswiderstand
   Maßeinheit: Ohm (Ω)
   1 Million Ω = 1 Megohm (MΩ)

beim Anlegen einer Spannung von 1 V ein Strom von 1 A fließt. Ist die Länge eines Drahtes l m, der Querschnitt F mm², der spezifische elektrische Widerstand (d. i. der Widerstand eines Drahtstückes von 1 m Länge und 1 mm² Querschnitt) $= \varrho$, so ist der Widerstand R des Drahtes:

$$R = \varrho \times \frac{l}{F}$$

Spezif. Widerstand:

Silber 0,016
Kupfer 0,017
Aluminium 0,029
Eisen . . . . . 0,09—0,15
Konstantan 0,49
Nickelin 0,42
Kohle 50

Beispiel: Der Widerstand von 60 m Kupferdraht von 1 mm² Querschnitt ist:
$R = 0,017 \cdot 60 \; \Omega$
$= 1,02 \; \Omega$

Flüssigkeiten bieten dem Strom einen bedeutend größeren Widerstand. Er ist z. B. für 5prozentige Schwefelsäure 1000 mal so groß wie für Kohle.

Der Widerstand von Drähten aus reinem Metall nimmt mit der Temperatur zu, und zwar für je 10° bei Eisen um 6%, bei Kupfer um 4%. Der Widerstand der Kohle nimmt dagegen bei gleicher Temperaturzunahme um 0,2...0,3% ab. Noch höhere negative Temperaturkoeffizienten haben bestimmte Halbleiter, z. B. Urandioxyd. Über die Anwendung dieser sog. Heißleiter siehe S. 141. Der Metallfaden einer Glühlampe oder Elektronenröhre hat daher im kalten Zustand einen 6...8mal geringeren Widerstand als beim Glühen. Dagegen bleibt der Widerstand bestimmter Legierungen, z. B. von Nickelin, Manganin, Konstantan, bei Temperaturänderung konstant. Derartige Drähte, die gleichzeitig einen hohen spezifischen Widerstand haben, werden daher hauptsächlich zu Vorwiderständen verwendet.

Anwendung: Langsames Anheizen von Senderöhren, Widerstandsthermometer.

4. Ohmsches Gesetz

$$I_{\text{Ampere}} = \frac{U \; (\text{Volt})}{R \; (\text{Ohm})}$$

$$R_{\text{Ohm}} = \frac{U \; (\text{Volt})}{I \; (\text{Ampere})}$$

$$U_{\text{Volt}} = I_{\text{Ampere}} \times R_{\text{Ohm}}$$

I. Der durch einen Draht fließende Strom I ist um so größer, je größer die an den Enden des Drahtes angelegte Spannung U und je kleiner der Widerstand des Drahtes R ist.

II. Der Widerstand R eines Drahtes ist gleich dem Quotienten aus der angelegten Spannung U und der durchfließenden Stromstärke I.

III. Die Klemmenspannung U an den Enden eines Drahtes R ist gleich dem Produkte aus der durchfließenden Stromstärke und dem Widerstand des Drahtstückes.

Rechenbeispiele:

1. Ein Akkumulator mit zwei Zellen (Spannung $U = 4\,V$, innerer Widerstand $R_i = 0{,}04\,\Omega$) wird an eine Drahtspule $R_a = 7{,}96\,\Omega$ angeschlossen. Die in der Spule fließende Stromstärke J_1 ist dann:

$$I_1 = \frac{U}{R_a + R_i} = \frac{4\,V}{8\,\Omega}$$
$$= 0{,}5\,A$$

2. Ein 4-Volt-Akkumulator ($R_i = 0{,}06\,\Omega$) wird versehentlich durch einen dicken Kupferdraht von $R = 0{,}04\,\Omega$ „kurzgeschlossen", es entsteht die Stromstärke I_2.

$$I_2 = \frac{4\,V}{0{,}1\,\Omega} = 40\,A$$

Durch die bei Kurzschluß entstehenden hohen Stromstärken werden die Akkumulatorenplatten zerstört, weshalb „Kurzschluß" zu vermeiden ist.

3. An einen Verbrauchsapparat von $10\,\Omega$ Widerstand ist der obige 4-V-Akkumulator angeschlossen.

Wieviel Widerstand R_1 muß man vorschalten, damit $0{,}1\,A$ durch den Verbrauchsapparat fließt? Man berechnet zunächst den Gesamtwiderstand R des Stromkreises; dieser ist:

Dann ist der gesuchte Vorwiderstand:

$$R = \frac{U}{I} = \frac{4\,V}{0{,}1\,A} = 40\,\Omega$$
$$R_1 = 40 - 10 = 30\,\Omega$$

4. An das 110-V-Gleichstromnetz soll eine Bogenlampe angeschlossen werden, die bei $40\,V$ Spannung einen Strom von $20\,A$ durchläßt. Man soll den zur Vernichtung von $70\,V$ erforderlichen Vorschaltwiderstand berechnen. Es ist:

5. Durch einen Widerstand $R_a = 100\,000\,\Omega$ fließt ein Strom von $I = 0{,}02\,mA$. Wie groß ist der Spannungsabfall U vom Anfang zum Ende des Widerstandes?

$$R = \frac{70\,V}{20\,A} = 3{,}5\,\Omega$$
$$U = I \cdot R_a$$
$$= \frac{0{,}02}{1000} \cdot 100\,000 = 2\,V$$

a) Hintereinanderschaltung ist die Verbindung des negativen Poles des ersten Elementes mit dem positiven des zweiten, des negativen Poles des zweiten mit dem positiven des dritten Elementes usw. Die Spannungen der einzelnen Elemente addieren sich, jedoch vergrößert sich auch der innere Widerstand des Stromkreises. (Vorteilhaft, wenn äußerer Widerstand groß ist.)

b) Parallelschaltung ist die Verbindung aller positiven Pole einerseits und aller negativen Pole andererseits. Sie läßt die Spannung auf der Höhe eines Elementes, verkleinert aber den inne-

5. Schaltung von Elementen

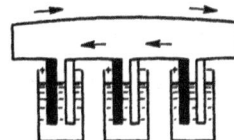

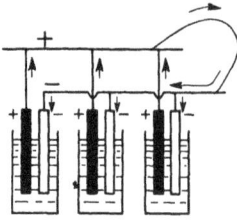

6. Stromverzweigung
(G. Kirchhoff)

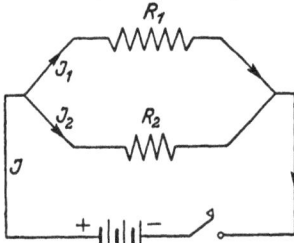

Es ist: $I = I_1 + I_2$

$$\frac{I_1}{I_2} = \frac{R_2}{R_1}, \quad \frac{U_1}{U_2} = \frac{R_1}{R_2}$$

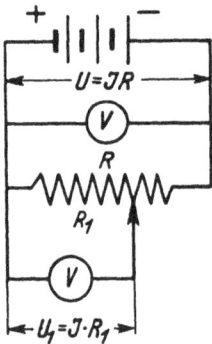

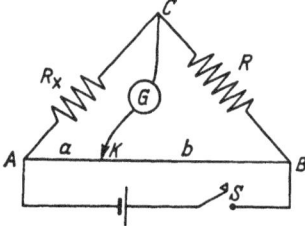

$U = J R$

$U_1 = J \cdot R_1$

$$R_x = R \cdot \frac{a}{b}$$

ren Widerstand. (Vorteilhaft, wenn der äußere Widerstand klein ist.)

An jedem Verzweigungspunkt ist die Summe der zufließenden Stromstärken gleich der Summe der abfließenden. In parallel geschalteten Zweigen verhalten sich die Stromstärken umgekehrt wie die Widerstände. An in Reihe geschalteten Widerständen verhalten sich die Spannungen wie die Widerstände.

a) Spannungsteiler. Die Pole eines Elementes werden durch einen hohen, mit Gleitkontakt versehenen Widerstand verbunden, durch welchen dauernd ein schwacher Strom fließt. Die Spannung des Elementes verteilt sich auf den gesamten Widerstand. Schließt man an zwei Punkte des Widerstandes, z. B. an das eine Ende desselben und an den Gleitkontakt an, so ist die abgezweigte Spannung um so kleiner, je kleiner der zwischen den Abzweigpunkten liegende Widerstand ist. Auf diese Weise kann man Spannungen äußerst fein einregeln. Wird der abgegriffene Widerstandszweig belastet, so ist zu berücksichtigen, daß durch ihn nicht nur der Dauerstrom I, sondern auch der zusätzliche Belastungsstrom fließt.

b) Die Wheatstonesche Brückenschaltung dient zur genauen Vergleichung und Messung von Widerständen. Der Strom eines Elementes E kann sowohl über einen dünnen Meßdraht AB wie auch über die zusammengeschalteten Widerstände R_x und R fließen. Von dem Anschlußpunkte C zwischen den beiden Widerständen läuft nach einem auf dem Meßdraht gleitenden Kontakt K der sog. Brückendraht, der ein Galvanometer G enthält. Bei der Messung verschiebt man den Kontakt so lange, bis die Brücke stromlos ist. Dann folgt aus dem Kirchhoffschen Gesetz:

Bei der Messung von Flüssigkeitswiderständen muß man zur Verhinderung der elektrolytischen Zersetzung rasch wechselnde Ströme, wie sie z. B. ein Induktor mit Hammerunterbrecher liefert, zuführen; in die Brücke wird dann statt eines Galvanometers ein Telephon eingeschaltet.

c) Schaltung von Widerständen. Schaltet man zwei Widerstände R_1 und R_2 hintereinander, so ist der Gesamtwiderstand:

$$R = R_1 + R_2$$

Ist R_1 groß, R_2 klein, so kommt bei Hintereinanderschaltung hauptsächlich der größere Widerstand in Betracht. Wenn man die Widerstände parallel schaltet, dann berechnet sich der Gesamtwiderstand wie folgt:

Wenn jetzt R_1 groß und R_2 klein ist, so ist für den Gesamtwiderstand der kleine Widerstand ausschlaggebend.

$$\frac{1}{R} = \frac{1}{R_1} + \frac{1}{R_2}$$
$$R = \frac{R_1 \, R_2}{R_1 + R_2}$$

z.B. $R_1 = 100 \; \Omega, \; R_2 = 1 \; \Omega$

$$R = \frac{100 \cdot 1}{101} = 0,99 \; \Omega$$

Anwendung: Berechnung von Nebenschlüssen für Meßinstrumente.

Der elektrische Strom ruft an jedem Punkte seiner Bahn durch die Reibung der Elektronen an den Metall-Ionen Wärme hervor. Die in der Sekunde erzeugte Wärmemenge wächst mit dem Quadrat der Stromstärke I^2 und dem Widerstand R des durchflossenen Drahtstückes, d. h. mit der verbrauchten Leistung N, die in Watt gemessen wird.

7. Wärmewirkung und Leistung des Stromes
Maßeinheit: Watt (W)
1000 W = 1 Kilowatt (kW)

Nach dem Ohmschen Gesetz läßt sich $I^2 \cdot R$ umformen in:

$$N = I \cdot R \times I$$
$$= U \times I$$

d. h. die Leistung des Stromes ist gleich dem Produkt Stromstärke mal Spannung und wird in Voltampere oder Watt gemessen. Die Wattzahl findet sich auf jedem Verbraucher (Glühlampe, Heizkörper, Röhre) neben der Spannung angegeben.

$$1 \; W = 1 \; V \times 1 \; A$$

Auch die Höchstbelastung von Widerständen gibt man in Watt an. Aus der Wattzahl N eines Widerstandes R ergibt sich der höchstzulässige Strom I aus der Formel:

$$I^2 = \frac{N}{R}, \quad I = \sqrt{\frac{N}{R}}$$

Hingegen berechnet sich die zur Vernichtung einer bestimmten Spannung U' durch den Widerstand R' erforderliche Belastbarkeit N' des Widerstandes nach:

also für Beispiel 4 auf S. 13:

$$N' = \frac{U'^2}{R'} \; (W)$$
$$N' = \frac{70^2}{3,5} = 1400 \; (W)$$

Zur Leistungsmessung braucht man ein Volt- und ein Amperemeter oder ein Wattmeter, deren Schaltung umstehend angegeben ist.

2*

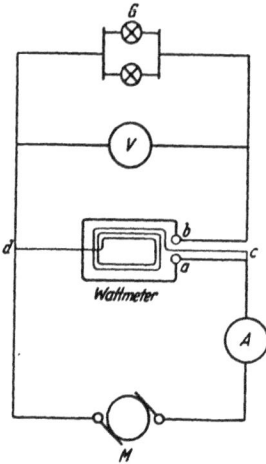

An die Gleichstrommaschine M von 110 V sind zwei Glühlampen angeschlossen; es soll die Spannung, die durchgehende Stromstärke und der Wattverbrauch der Lampen gemessen werden.

Das Amperemeter A ist in den Hauptstromkreis geschaltet, das Voltmeter V mit seinem hohen Widerstand befindet sich im Nebenschluß, das Wattmeter liegt mit seiner festen Stromspule $a\,b$ im Hauptstromkreis, mit seiner beweglichen Spannungsspule $c\,d$ im Nebenschluß. Zeigt das Voltmeter 110 V, das Amperemeter 0,5 A an, so steht das Wattmeter auf 55 W.

Zur Umrechnung der elektrisch in Kilowatt gemessenen Leistung in die mechanisch in Pferdestärken (PS) gemessene Leistung, dient die Beziehung:

1 kW = 1,36 PS
1 PS = 0,736 kW

Die in der Stunde verrichtete Arbeit A des elektrischen Stromes ist die Kilowattstunde (kWh).

$$A = N \cdot t$$

Sie wird durch den Elektrizitätszähler gemessen.

Anwendungen: Elektr. Heizkörper, Glühlampe, Bogenlampe, Sicherung.

8. Chemische Wirkung (Elektrolyse)

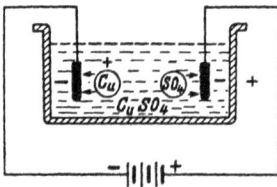

Schickt man den elektrischen Strom durch eine Salzlösung (z. B. Kupfervitriol), so findet an den Zuleitungsdrähten (Polen) eine **chemische Zersetzung** der betreffenden Lösung statt. Dabei scheidet sich **am negativen Pol das Metall** (z. B. Kupfer), **am positiven der Säurerest** des Salzes ab.

Taucht man die zwei Zuleitungsdrähte eines Elementes in Brunnenwasser, so zeigt sich am negativen Pole eine lebhafte Gasentwicklung (Wasserstoff), während am positiven Pole nur geringe Gasbildung (Sauerstoff) zu beobachten ist. **Dies ist ein Mittel, um die Pole einer Stromquelle, z. B. der Netzleitung, zu ermitteln.**

Anwendungen: galvanische Vernickelung, Versilberung usw., Akkumulator, elektrolytischer Kondensator, Polprüfpapier.

9. Die Theorie der Ionen und Elektronen

Zur Erklärung dieses Vorganges nimmt man an, daß die Elektrizität aus einzelnen Teilchen besteht, welche in Flüssigkeiten mit den chemischen Atomen verbunden sind. Die geladenen Atome, die Ionen, wandern in der Flüssigkeit nach den Polen entgegengesetzten Vorzeichens, wo sie ihre Ladung abgeben und als neutrale chemische Atome in Erscheinung treten. In Flüssigkeiten benützt also die Elektrizität die materiellen Atome als Träger. In metallischen Leitern dagegen bewegen sich die Elektrizitätsteilchen ohne materiellen Träger, und zwar sind diese „Elektronen" negativ elektrisch. Die Masse eines Elektrons ist 1800 mal kleiner als die des Wasserstoffatoms.

In einem Draht befinden sich zwischen den raumgitterförmig angeordneten positiven Metallionen zahlreiche leichtbewegliche Elektronen, die sich beim Anlegen einer Spannung zum positiven Drahtende bewegen. Die Richtung des Elektronenstromes ist also der „technischen Stromrichtung" (S. 15), die man aus historischen Gründen beibehalten hat, gerade entgegengesetzt.

Die Elektronen bilden zugleich die wichtigsten Bausteine des chemischen Atoms, indem um den positiven Kern, der die Masse des Atoms enthält, gerade so viele Elektronen kreisen, daß das System nach außen neutral wirkt. Verliert ein neutrales Atom, etwa durch Stoß, ein Elektron, so entsteht ein positives Ion; schließt sich ein Elektron einem neutralen Atom an, so bildet sich ein negatives Ion. Die Ionen bilden sich durch verschiedene Mittel in Flüssigkeiten und Gasen, wo sie die Elektrizitätsleitung ermöglichen.

a) Der Bleiakkumulator besteht aus zwei in verdünnte Schwefelsäure getauchten Bleiplatten A und B, die sich mit einer dünnen Schicht von Bleisulfat überziehen. Schickt man den Strom einer Batterie E von der Platte A durch die Schwefelsäure zur Platte B, so verwandelt sich durch die Zersetzung der Schwefelsäure das Bleisulfat an der positiven Platte A in braunes Bleisuperoxyd, an der negativen Platte B in graues, schwammiges Blei. Unter starker Gasentwicklung zeigen beide Platten schließlich eine Spannung von ca. 2,7 V,

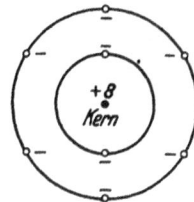

Sauerstoffatom

10. Akkumulator

Ladung[1])

+ Platte:
$$Pb\,SO_4 + SO_4 + 2\,H_2O =$$
$$Pb\,O_2 + 2\,H_2SO_4$$
— Platte:
$$Pb\,SO_4 + 2\,H\cdot =$$
$$Pb + H_2SO_4$$

---

[1]) $H\cdot$ = positives einwertiges H Ion.

SO_4'' = negatives zweiwertiges SO_4 Ion.

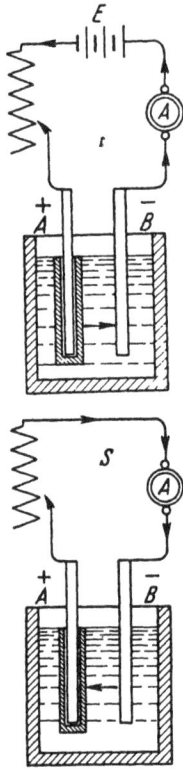

Entladung

+ Platte:
$$Pb\,O_2 + H_2SO_4 + H\cdot =$$
$$Pb\,SO_4 + 2\,H_2O$$

— Platte:
$$Pb + SO_4'' = Pb\,SO_4$$

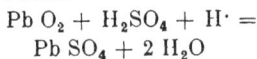

11. Magnetische. Kraftlinien

worauf der Ladestrom abgeschaltet wird. Verbindet man nunmehr die beiden Platten durch
einen Schließungsdraht S, so fließt ein Strom von
der Platte A zur Platte B. Dieser Entladungsstrom
ist von entgegengesetzter Richtung wie der Ladestrom und bildet das Bleisuperoxyd und das Blei
wieder in Bleisulfat zurück. Die Spannung stellt
sich im Betrieb auf 2 V ein; sinkt sie auf 1,8 V,
so muß der Akkumulator frisch geladen werden.

b) Beim Nickel-Eisenakkumulator stehen zwei dünne mit Röhren oder Taschen versehene Stahlblechgitter, von denen das eine mit
Eisenoxyd, das andere mit Nickeloxyd gefüllt ist,
in Kalilauge. Beim Laden bildet sich Nickelsuper-
oxyd und Eisen, es entsteht ein Spannungsunterschied von 1,2 V.

Das Laden eines Akkumulators erfolgt am
einfachsten durch Anschluß an die Lichtleitung
(Gleichstrom) unter Vorschaltung von Widerständen oder Glühlampen. Zur Berechnung des für
die vorgeschriebene Ladestromstärke geeigneten
Lampenwiderstandes beachte man, daß bei 220 V
eine Metallfadenlampe von 25, 40, 60, 75 und 100 W
0,11, 0,18, 0,27, 0,34 und 0,45 A braucht. Lampen
für 110 V Spannung nehmen den doppelten Strom
auf.

Die Amperestundenzahl. Der einem
Akkumulator bei der Entladung zu entnehmende
Höchststrom ist durch die Oberfläche und Zahl
der Platten bestimmt; er kann nur eine bestimmte
Anzahl von Stunden, nämlich bis zur Entladung
entnommen werden. Die Aufnahmefähigkeit des
Akkumulators ist bestimmt durch die Elektrizitätsmenge = dem Produkt: Höchststrom mal Entladungszeit und wird in Amperestunden (Ah)
gemessen. Entnimmt man dem Akkumulator einen
kleineren Strom, so kann die Entladungszeit entsprechend länger dauern.

Bedeckt man einen Magneten mit einem Blatt
Papier und streut Eisenfeilspäne darauf, so ordnen
sich die regellos auffallenden Späne in Richtung
der magnetischen Kraftlinien an. Beim Stabmagne-

ten treten die Kraftlinien vom Nordpol aus, gehen in krummen Linien zum Südpol über und schließen sich im Innern des Magneten. Am dichtesten sind die Kraftlinien an den Polen, wo auch die Stärke des Feldes am größten ist.

Bringt man ein Stück weiches Eisen vor die Pole eines Hufeisenmagneten, so wird es durch Gleichrichtung der das Eisen zusammensetzenden Molekularmagnete selbst magnetisch. Dem Nordpol des Magneten gegenüber bildet sich ein Südpol, dem Südpol gegenüber ein Nordpol aus. Die magnetisierten Enden des Ankers senden selbst Kraftlinien aus und verstärken das magnetische Kraftfeld. Die Kraftlinien werden um so dichter, je näher das Eisen dem Magneten gebracht wird. Liegt der Anker unmittelbar auf den Polen, so gehen fast alle Kraftlinien innerhalb des Ankers über, wir erhalten einen geschlossenen Magneten.

a) Das Magnetfeld des Stromes. Jeder stromdurchflossene Draht erzeugt ein magnetisches Feld, in welchem sich eine Magnetnadel senkrecht zur Stromrichtung zu stellen sucht. Die magnetischen Kraftlinien sind konzentrische Kreise, die senkrecht zur Strombahn stehen. Ein Korkzieher, der sich im Sinne der Kraftlinien dreht, verschiebt sich in der Richtung des Stromes. (Korkzieherregel).

b) Die Ablenkung der Magnetnadel. Führt man einen Stromleiter waagrecht über eine Magnetnadel, so wird diese abgelenkt nach der Ampereschen Schwimmerregel: Für eine mit dem Strome schwimmende Figur, welche die Magnetnadel ansieht, schlägt der Nordpol nach der linken Seite aus.

Auch die magnetischen Kraftlinien eines Stromleiters kann man durch Eisenfeilspäne auf Papier sichtbar machen. In der Ebene des Drahtes ordnen sich die auffallenden Späne in regelmäßigen Figuren an, durch welche die Richtung und Stärke der magnetischen Kraft im umgebenden Raum (d. i. das Kraftfeld) sichtbar gemacht wird.

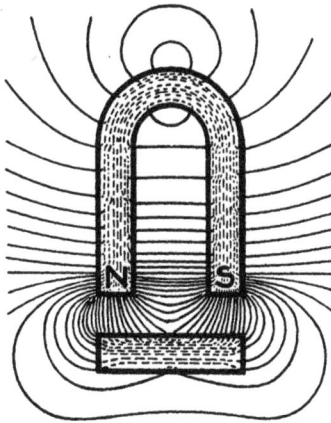

12. Elektromagnetismus

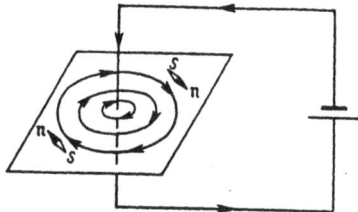

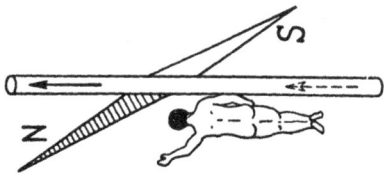

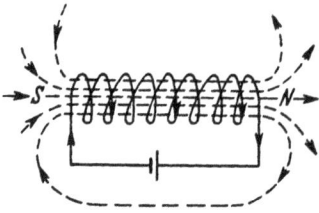

$$\mathfrak{H} = \frac{I \cdot W}{l} \quad \frac{\text{Aw}}{\text{cm}}$$

$$\mathfrak{H} = 1{,}256 \, \frac{J \cdot W}{l} \, \text{Gauß}$$

$$\Phi = F \cdot \mathfrak{H} \; (M)$$

z. B. Toroid
$W = 800, \; I = 0{,}5 \; \text{A}$
$l = 31{,}4, \; F = 5 \; \text{cm}^2$

$$\mathfrak{H} = \frac{1{,}256 \cdot 800 \cdot 0{,}5}{31{,}4} \; \text{G}$$

$$= 16 \; \text{Gauß}$$

$$\Phi = 5 \cdot 16 = 80 \; (M)$$

13. Die magnetische
Induktion

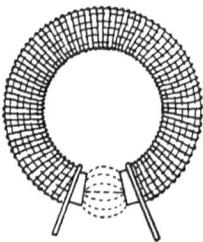

c) Die Stromspule. Eine in engen Windungen gewickelte Spule erzeugt ein Kraftfeld, das dem eines Stabmagneten entspricht. An den beiden Enden, den Polen, treten die Kraftlinien büschelförmig aus bzw. ein.

d) Die magnetische Feldstärke $\mathfrak{H}$ einer Spule wird gemessen durch die Amperewindungszahl je cm Länge, $\left(\dfrac{\text{Aw}}{\text{cm}}\right)$ das ist das Produkt aus Stromstärke I und der auf den cm der Spulenlänge l treffenden Windungszahl W. Es ist:

Hohe Feldstärken werden durch große Stromstärken und hohe Windungszahlen erzeugt.

Zur Veranschaulichung der Feldstärke dient die Kraftliniendichte, d. i. die durch 1 cm² senkrecht hindurchgehende Kraftlinienzahl; sie wird in Gauß gemessen und berechnet sich für eine Luftspule zu:

Beträgt der Querschnitt der Spule F cm², so ist der gesamte nach Maxwell (M) gemessene Kraftfluß:

Die so berechnete Feldstärke herrscht bei einer Zylinderspule nur in der Mitte der Spule, sie nimmt infolge der Streuung der Kraftlinien nach den Enden zu etwa auf die Hälfte ab.

Biegt man jedoch eine dicht gewickelte Drahtspule zu einem Ring (Toroid) zusammen, so findet keine Streuung statt. Die Kraftlinien laufen kreisförmig im Innern des Ringes, die Feldstärke ist an jedem Punkt gleich groß. (Spule mit geringem Außenfeld.)

a) Der Ring-Elektromagnet. Wickelt man einen Draht über einen Ring aus weichem Eisen, so steigt bei gleicher Erregung die Kraftliniendichte im Innern des Kernes auf das 2000...10 000-fache. Diese Steigerung der Kraftlinienzahl entsteht dadurch, daß die von Strömen umflossenen Molekularmagnete des Eisens unter dem Zwange des magnetischen Feldes sich ausrichten und dadurch zu dem äußeren Feld des Stromes noch ein inneres Feld hinzufügen.

b) **Feldlinien und Induktionslinien.**
Man unterscheidet die im Eisen induzierten Kraft-
linien als „Induktionslinien" von den in der leeren
Spule befindlichen „Feldlinien". Die Dichte der
Induktionslinien ist:

$$\mathfrak{B} = \mu\mathfrak{H} \text{ Gauß}$$

μ ist die magnetische Leitfähigkeit oder Permeabilität. Sie hängt von der Eisensorte und
der Erregung ab.

Wird z. B. obiges Toroid auf einen Eisenring
von der Permeabilität $\mu = 300$ gewickelt, so ist die
magnetische Induktion:

Der Kraftfluß im eisengefüllten Toroid ist dann:

In Luft ist $\mu = 1$, es besteht kein Unterschied
zwischen den Feldlinien und Induktionslinien.

$$\mathfrak{B} = 300 \cdot 16 = 4800 \text{ Gauß}$$
$$\Phi = 5 \cdot 4800 \ (M)$$
$$= 24000 \ (M)$$
$$\mathfrak{B} = \mathfrak{H}$$

c) **Die Magnetisierungskurve.** Einen
tieferen Einblick in die magnetischen Eigenschaften
des Kernmaterials bietet die Magnetisierungskurve. Zu ihrer Aufnahme läßt man den Erregerstrom von Null an langsam ansteigen und wieder
fallen und stellt die zu verschiedenen Stromwerten
bzw. Amperewindungszahlen gehörige magnetische Induktion graphisch dar. Im allgemeinen
verläuft die Magnetisierungskurve so, daß die
magnetische Induktion $\mathfrak{B}$ mit zunehmender Erregung zuerst rasch und dann langsam ansteigt,
bis die Sättigung, d. h. die Gleichrichtung aller
Molekularmagnete erreicht ist. Geht man dann
mit dem Magnetisierungsstrom auf Null zurück,
dann verschwindet der Magnetismus des Eisens
nicht ganz, weil nur ein Teil der Molekularmagnete
in die ungeordnete Lage zurückkehren kann. Dieser
zurückbleibende Magnetismus, die Remanenz,
kann erst durch ein entgegengesetzt gerichtetes
Feld bestimmter Stärke (die Koerzitivkraft)
wieder aufgehoben werden.

Das unterschiedliche magnetische Verhalten
von verschiedenen Eisen und Stählen ist durch
nachstehende Magnetisierungskurven veranschaulicht:

Kurve I. Weiches Eisen. Bei geringer Er-
regung von 1...5 $\dfrac{\text{Aw}}{\text{cm}}$ wird eine hohe magnetische

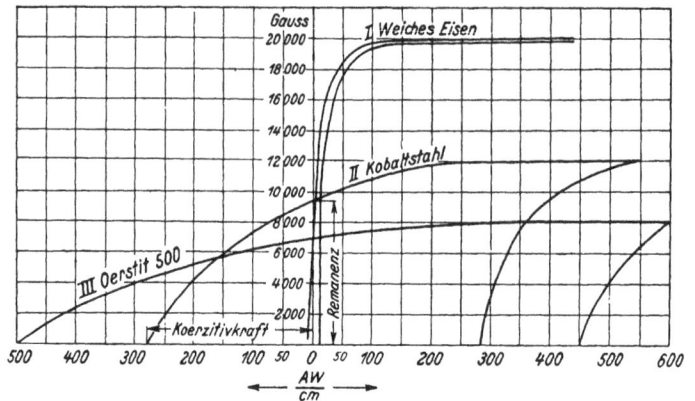

Induktion (16 000 Gauß) erreicht, die bei $150 \frac{Aw}{cm}$ in die Sättigung (21 500 G.) übergeht. Beim Zurückgehen des Erregerstromes auf Null sinkt die Induktion auf 7000 G. Die Remanenz ist sehr labil, denn sie kann wegen der geringen Koerzitivkraft von $0{,}5 \frac{Aw}{cm}$, schon durch die stets vorhandenen schwachen gegenmagnetischen Felder vernichtet werden. Infolgedessen ist die wirklich zurückbleibende Induktion bedeutend kleiner als die Remanenz.

Bei Transformatorenblechen wurde durch Beimengung von Aluminium, Nickel, Kupfer, Silizium usw. die Steilheit des Anstiegs der Magnetisierungskurven bei schwächster Erregung erhöht und gleichzeitig die Koerzitivkraft erniedrigt. Dadurch kann die magnetische Induktion der Erregung nahezu trägheitslos folgen; die Verluste durch Ummagnetisierung (Hysteresis) sind gering. Die Nickel-Eisen-Legierungen (Permalloy) zeichnen sich durch große Anfangspermeabilitäten bei kleinen Hysteresisverlusten aus; sie werden daher für Tonfrequenzübertrager häufig verwendet.

Kurve II. Kobaltstahl. Hier wird erst bei hoher Erregung $\left(300 \frac{Aw}{cm}\right)$ eine merkliche magnetische Induktion und erst bei $550 \frac{Aw}{cm}$ die Sättigung (12 000 G.) erreicht. Die Remanenz liegt etwas oberhalb derjenigen des Weicheisens (bei 9000 G.), dagegen ist die Koerzitivkraft etwa 400 mal größer $\left(280\,\dfrac{Aw}{cm}\right)$. Die zurückbleibende Induktion ist daher etwa 400 mal größer als die des Weicheisens.

Kurve III. Edelstahl (Oerstit 500). Durch Zusätze von Aluminium und Nickel ist es gelungen, bei einer Remanenz von 7000 G. die Koerzitivkraft auf $400...500\,\dfrac{Aw}{cm}$, durch Zusätze von Kobalt und Titan auf $580...625\,\dfrac{Aw}{cm}$ zu erhöhen. Die je Volumeneinheit magnetisch gespeicherte Energie konnte damit auf den 1,5 fachen Wert jener des Kobaltstahles gesteigert werden. Mit diesen Edelstählen werden in den Dauermagnetlautsprechern Kraftfelder bis 18 000 G. erzeugt.

Magnet. Eigenschaften verschiedener Werkstoffe.

Werkstoff	$\mu_{Anf.}$	μ_{max}	Sättigg. $\mathfrak{B}_{max}$	Remanenz in G.	Koerzitivkraft in $\dfrac{Aw}{cm}$
Walzeisen unter 1,7 % C	400 ...500	7000 ...8500	21 500	7000 ...10 300	0,5
Transformatorenblech 4 % Si	400 ...800	4000 ...8000	20 000	6000 ...8000	0,4...0,6
Permalloy 78,5 % Ni	9000	60 000... 140 000	10 500	—	0,02 ...0,05
Kobaltstahl 35 % Co	—	—	—	8500 ...9500	180...280
Oerstit 700 Al-Ni-Co	—	—	—	5800 ...7000	580...625

Die erzielbare Feldstärke bei diesen Edelstählen kann so hoch getrieben werden, daß durch die Abstoßung zweier Magnete der obere in Schwebe gehalten werden kann.

d) Streuung. Schneidet man den Eisenring auf, so daß ein Luftspalt von 1...2 mm entsteht, so verringert sich durch die Streuung der Kraftlinien in Luft der Kraftfluß auf ½...⅓. An den

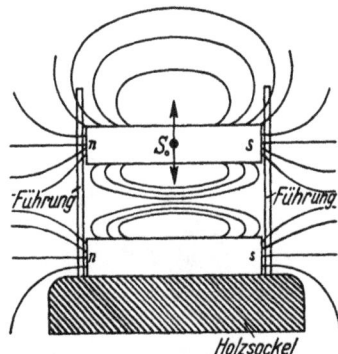

gegenüberstehenden Enden liegen die Pole des Elektromagneten, zwischen denen die aus dem Eisen quellenden Kraftlinien übergehen.

Mit Vergrößerung des Luftweges nimmt die Streuung zu; sie ist am größten bei einem stabförmigen Elektromagneten, dessen Kraftfluß nur noch $1/_{25}$ von demjenigen eines geschlossenen Ringes beträgt. Hieraus geht hervor, weshalb man bei allen Anwendungen des Elektromagneten möglichst geschlossene Eisenkerne verwendet.

Anwendung: Elektromagnete, Drosseln, Dreheiseninstrumente, Transformatoren, Selbstunterbrecher.

Zwischen den Polen N und S eines Magneten hängt ein bewegliches Metallband B, dessen Enden an die Pole des Elementes E angeschlossen sind. Sowie der Strom durch Drücken der Taste T geschlossen wird, erfährt das Band einen Bewegungsantrieb senkrecht zur Richtung der Kraftlinien. Die Richtung des Bewegungsantriebes bestimmt man aus der Richtung der Kraftlinien und des Stromes nach der linken Handregel: Hält man den Zeigefinger der linken Hand in Richtung der magnetischen Kraftlinien, den Mittelfinger in Richtung des Stromes, so gibt der ausgespreizte Daumen die Richtung an, nach welcher das stromdurchflossene Drahtstück abgelenkt wird.

Anwendung: Elektromotor, Drehspulgeräte, dynamischer Lautsprecher.

a) Grundversuch: Man schaltet das Element im vorigen Versuch ab und schließt die Enden des Bandes an ein Galvanometer an. Bewegt man das Band senkrecht zu den Kraftlinien aus dem Magnetfeld heraus, so zeigt das Galvanometer einen Stromstoß, den sog. Induktionsstrom, an. Wird das Band wieder in das Magnetfeld hineinbewegt, so entsteht ein entgegengesetzter Stromstoß.

Anwendung: Generator, Telephon, Bändchen-Mikrophon.

Die Richtung des Induktionsstromes bestimmt man aus der Richtung der Kraftlinien und der

14. Stromleiter im Magnetfeld

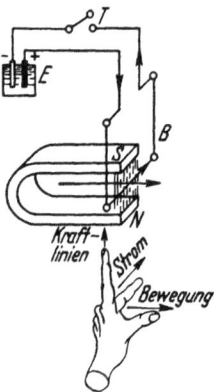

15. Induktion

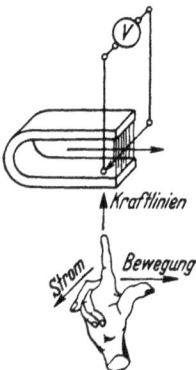

Bewegung nach der rechten Handregel: Hält
man den Zeigefinger der rechten Hand in Richtung
der magnetischen Kraftlinien, den ausgespreizten
Daumen in Richtung der Bewegung des Drahtstückes, so gibt der zur Handfläche senkrecht
stehende Mittelfinger die Richtung dés erzeugten
Induktionsstromes an. Aus der Gegensätzlichkeit
der rechten und linken Handregel folgt, daß der
bei Bewegung eines Leiters induzierte Strom gerade umgekehrt verläuft wie jener Strom, der
diese Bewegung elektromagnetisch hervorrufen
würde, d. h. wir müssen bei Erzeugung eines Induktionsstromes gegen die elektromagnetischen
Kräfte des Feldes Arbeit leisten (Lenzsches Gesetz).

b) Die E.M.K. der Induktion U_i ist um so
größer, je stärker das Magnetfeld ist und je
schneller man die Leiterschleife durch das Feld
bewegt, d. h. je größer die Zahl Φ der in der
Sekunde geschnittenen Kraftlinien ist.
Werden in der Sekunde 10^8 = 100 Millionen Kraftlinien geschnitten, so entsteht an den Enden des
Drahtes gerade 1 V Spannung. Bewegt sich der
Leiter in der Zeit t gleichförmig durch das Feld,
so ist:

Die Entstehung der Induktionsspannung läßt
sich so erklären, daß unter dem Einfluß des sich
ändernden Magnetfeldes die im Draht sitzenden
Elektronen einen Bewegungsantrieb erhalten, so
daß am negativen Ende ein Überschuß, am positiven Ende ein Mangel von Elektronen eintritt.

Die Induktionsspannung läßt sich bedeutend
steigern, wenn man statt einer, mehrere Windungen im Magnetfeld bewegt. Die in den einzelnen hintereinander liegenden Windungen induzierten Spannungen summieren sich ähnlich den
Spannungen hintereinander geschalteter Elemente.

Eine weitere Steigerung der Spannung wird
durch Füllen der Induktionsspule mit weichem
Eisen und die damit bewirkte Erhöhung des Kraftflusses erzielt.

c) Weitere Induktionsversuche. I. Anstatt die Spule dem Magneten, kann man auch den

$$U_i = \frac{\Phi}{t} \cdot \frac{1}{10^8} \, \text{V}$$

Beispiel: $\mathfrak{B}$ = 10 000 Gauß
F = 250 cm²
t = 0,05 s
$$U_i = \frac{25 \cdot 10^5}{5 \cdot 10^{-2} \cdot 10^8} \, \text{V}$$
$$= \frac{5}{10} \, \text{V}$$
$$= 0,5 \, \text{V}$$

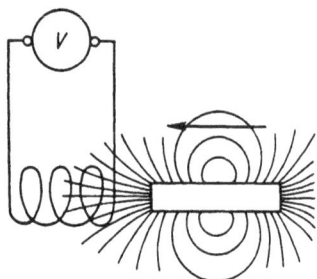

Magneten der ruhenden Spule nähern, um einen Induktionsstrom zu erzeugen. Beim raschen Entfernen entsteht ein Induktionsstrom von entgegengesetzter Richtung.

II. Der in der Spule ruhende Magnet ruft keinerlei Induktionswirkung hervor; nähert man jedoch dem Magneten ein Stück weiches Eisen oder entfernt es von ihm, so entsteht durch die Änderung der Feldstärke ein Induktionsstrom (Prinzip des Bell-Telephons).

III. Befinden sich neben- oder ineinander zwei ruhende Drahtspulen, so wird beim .Ein- oder Ausschalten eines Stromes in der ersten (primären) Spule, durch das Entstehen bzw. Verschwinden des Kraftfeldes, in der zweiten (sekundären) Spule ein Induktionsstrom erzeugt.

d) Wirbelströme. Auch in Scheiben, Zylindern usw., die sich im Magnetfeld drehen, oder die in einem magnetischen Wechselfeld ruhen, werden Ströme induziert, die man Wirbelströme nennt. Da sich ihre Energie z. B. bei den Ankern von Dynamomaschinen in nutzlose Wärme umsetzt, sucht man ihr Zustandekommen durch Unterteilung der Eisenkerne in einzelne Lamellen und Verwendung von Transformatorenblech, welches durch Legierung mit Silizium einen höheren spezifischen Widerstand besitzt, zu verhindern.

Der Funkeninduktor dient dazu, einen Strom von geringer Spannung und großer Stärke in einen Strom von hoher Spannung und geringer Stärke zu verwandeln. Er besteht aus einer Primärspule P mit wenigen Windungen eines dicken Drahtes, die ein Bündel weicher Eisendrähte enthält. Vor dem Eisenkern befindet sich ein Selbstunterbrecher H (Wagnerscher Hammer), durch welchen der Strom des Elementes E ständig geschlossen und unterbrochen wird. Über der Primärspule liegt eine Sekundärspule S aus vielen Windungen eines dünnen Drahtes. Bei jedem Öffnen und Schließen des primären Stromes entsteht in der sekundären Spule durch Induktion ein Stromstoß wechselnder Spannung. Sorgt man dafür, daß

16. Funkeninduktor

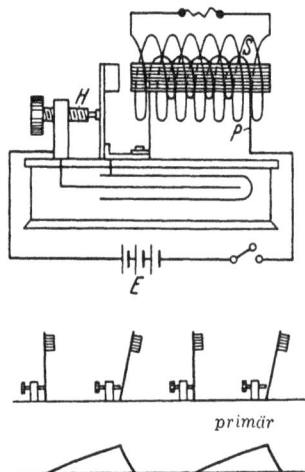

primär

durch einen dem Unterbrecher parallel liegenden Kondensator der Unterbrechungsfunke gelöscht wird und dadurch das Öffnen des Stromes schneller erfolgt als das Schließen, so ist die Öffnungsspannung größer als die Schließungsspannung. Man entnimmt dem Funkeninduktor einen stark unsymmetrischen Wechselstrom.

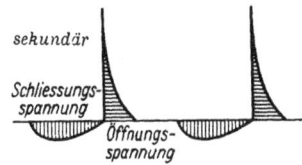

a) Dreheiseninstrumente. Innerhalb einer Drahtspule befindet sich ein drehbares, mit Zeiger Z versehenes Weicheisenplättchen P, das um so mehr in den Hohlraum der Spule hineingezogen wird, je stärker der durchfließende Strom ist. Die Einstellung des Zeigers kommt zustande, wenn die ablenkende elektromagnetische Kraft durch die entgegengesetzt wirkende Schwerkraft aufgehoben wird. Da bei einem Stromwechsel das Feld der Spule und der induzierte Magnetismus im Eisen gleichzeitig ihre Richtung wechseln, so können diese Instrumente auch zur Messung von Wechselstrom verwendet werden.

b) Drehspulinstrumente. Diese beruhen darauf, daß eine stromdurchflossene Drahtspule sich innerhalb eines Magnetfeldes senkrecht zu den Kraftlinien zu stellen sucht. Das Instrument enthält als wesentlichen Bestandteil eine auf ein Aluminiumrähmchen gewickelte Drahtspule D, die zwischen den Polen eines Stahlmagneten leicht drehbar gelagert und mit einem Zeiger Z verbunden ist. Die Zu- und Ableitung des Stromes erfolgt durch je eine feine Spiralfeder a und b, welche gleichzeitig die Gegenkraft zur Abbremsung des Zeigers erzeugt. Um die ablenkende Kraft auf die Spule zu vergrößern und gleichmäßig zu verteilen, bildet man die Polschuhe als Halbzylinder aus und bringt in den Hohlraum einen feststehenden Weicheisenkern, der bis auf einen schmalen Luftspalt in die zylindrische Bohrung der Polschuhe paßt. In diesem Luftspalt dreht sich die stromdurchflossene Spule. Die Drehspulinstrumente sind vom Erdfeld unabhängig, ihre Teilung ist gleichmäßig; ihre Empfindlichkeit geht bei Zeigerinstrumenten bis 10^{-7} A, bei Verwen-

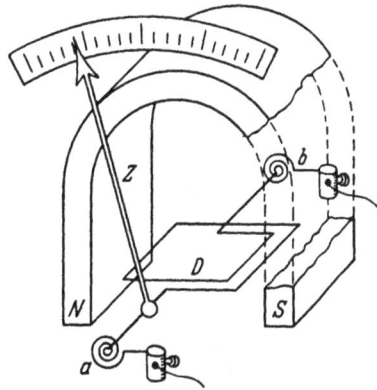

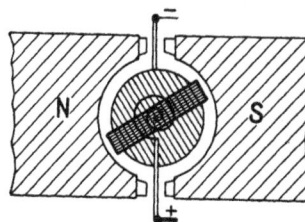

17. Elektrische Meßinstrumente

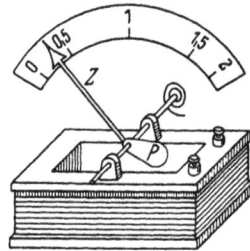

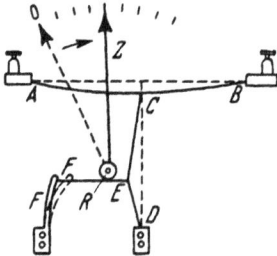

dung von Lichtzeigern (Spiegelgalvanometern) bis 10^{-11} A. Sie können unmittelbar nur zur Messung von Gleichstrom, in Verbindung mit einem Gleichrichter, z. B. Detektor (S. 166), auch für Wechselstrom verwendet werden.

c) **Hitzdrahtinstrument.** Der dünne Hitzdraht AB wird beim Durchgehen des Stromes erwärmt und ausgedehnt. Die Ausdehnung überträgt sich über den Brückendraht CD und den Faden EF auf die Rolle R, wobei der an der Rolle befestigte Zeiger Z nach rechts ausschlägt. Das ganze Drahtsystem ist durch die Feder F gespannt. Das Instrument kann nach A oder V geeicht werden. Da die Erwärmung des Drahtes von der Stromrichtung unabhängig ist, kann das Hitzdrahtinstrument auch für Wechselstrom verwendet werden.

d) Die Eichung des Amperemeters erfolgt mit Hilfe des Voltameters, durch das die vom Strom bei der Elektrolyse abgeschiedenen Stoffmengen gemessen werden. Der Strom 1 A scheidet in der Minute 10,44 ccm Knallgas, 19,8 mg Kupfer oder 19,8 mg Silber aus.

Der nach A oder mA geeichte Strommesser, der einen kleinen Widerstand besitzt, wird in den Hauptstromkreis gelegt.

Will man mit dem Strommesser Spannungen messen, so schaltet man einen Widerstand R vor und schreibt an die Skala die aus dem Produkt Stromstärke mal Widerstand berechnete Voltzahl an. Je größer der Vorwiderstand ist, um so größer ist der Meßbereich des Instrumentes. Je Volt Meßbereich beträgt bei guten Instrumenten der Vorwiderstand 300...1000 Ω. Der Spannungsmesser wird stets in den Nebenschluß gelegt.

Zum Messen starker Ströme kann man die dünnen Drehspulen oder Hitzdrähte nicht unmittelbar in den Stromkreis schalten, da sie nur eine geringe Belastung vertragen. Man muß dann eine Stromverzweigung anwenden, indem man zu dem Instrument einen geringeren und höher belastbaren Widerstand R_1 nebenschaltet. Verhält

$$I \times R = U$$
z. B. $R = 200\ \Omega$
$$I = 0,05\ \text{A}$$
$$U = 200 \times 0,05$$
$$= 10\ \text{V}$$

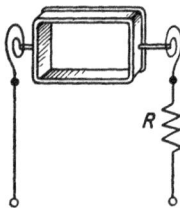

sich der Widerstand des Instrumentes zu dem des Nebenwiderstandes wie 9 : 1, so fließt (S. 18) durch das Instrument nur der 9. Teil des Zweigstromes I_1, also der 10. Teil des Gesamtstromes I. Man muß daher die Ablesungen der Teilungen mit 10 multiplizieren. Durch einen Nebenwiderstand, der nur den 99. Teil des Widerstandes des Instrumentes beträgt, wird der Meßbereich des Strommessers auf das 100 fache gesteigert.

In ähnlicher Weise kann man durch Änderung der Vorwiderstände eines Spannungsmessers den Meßbereich ändern.

In der Funktechnik werden zum Messen an Röhren oder Empfängern besonders handliche Geräte mit mehreren Meßbereichen für Stromstärke und Spannung gebraucht. Beim „Mavometer" werden die ansteckbaren Vor- und Nebenwiderstände ausgetauscht, während sie im „Multavi" und dem „Gleichstrom-Vielfachmesser" umschaltbar eingebaut sind. Die Instrumente werden auch mit Trockengleichrichter (S. 136) zur Messung von Wechselstrom eingerichtet.

a) E.M.K. der Selbstinduktion. Wenn der Strom in einem Leiter verstärkt oder geschwächt, eingeschaltet oder unterbrochen wird, so ruft das sich ändernde Magnetfeld eine E.M.K. in dem Stromleiter selbst hervor. Diese wirkt der Änderung des Stromes stets entgegen, d. h. sie verzögert das Anwachsen bzw. Abnehmen der Stromstärke. Wird der Strom unterbrochen, so tritt an den Enden des Drahtes die Öffnungsspannung auf, die einen Öffnungsfunken hervorrufen kann. Die E.M.K. der Selbstinduktion hängt von der Änderung der Stromstärke in der Sekunde, sowie von dem sich aus Form und Anzahl der Drahtwindungen ergebenden Selbstinduktionskoeffizienten L ab:

Nimmt die Stromstärke zu $I_2 > I_1$, so ist U_i negativ, bei abnehmendem Strom $I_2 < I_1$ ist U_i positiv; die E.M.K. der Selbstinduktion wirkt also stets der Änderung des erzeugenden Stromes entgegen. Die Einheit des Selbstinduktionskoeffizien-

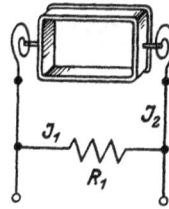

18. Selbstinduktion
   (Induktivität)
Maßeinheit: Henry (Hy)
1 Henry (Hy) $= 10^9$ cm
1 Millihenry (mHy)
   $= 10^6$ cm
1 Mikrohenry (μH)
   $= 1000$ cm
1 cm $= 10^{-9}$ Hy

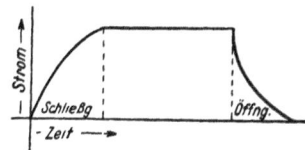

$$U_i = L \cdot \frac{I_1 - I_2}{t}$$

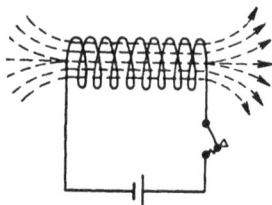

Mäanderwicklung

$$\frac{1}{L} = \frac{1}{L_1} + \frac{1}{L_2}$$

$$L_{\mathrm{cm}} = f \cdot \frac{\pi^2 \, w^2 \cdot D^2}{l}$$

Beispiel:

$w = 100$,

$l = 9 \mathrm{\,cm}$

$D = 6 \mathrm{\,cm}$

$\dfrac{l}{D} = 1{,}5$;

$f = 0{,}77$ (Tafel)

ten besitzt eine Spule, in der bei Änderung der Stromstärke um 1 A je s die E.M.K. von 1 V entsteht; sie heißt „Henry". Neben dieser sehr großen Einheit ist noch die „cm-Selbstinduktion" in Gebrauch.

Durch Einbau eines Eisenkerns wird die Induktivität einer Spule entsprechend der Zunahme des Kraftflusses erhöht.

b) Induktionsfreie Wicklung: Soll eine Spule z. B. zur Herstellung eines Normalwiderstandes induktionsfrei werden, so knickt man den Draht in der Mitte und wickelt ihn zweifädig auf. Da Hin- und Rückleitung dann unmittelbar nebeneinander liegen, heben sich die magnetischen Felder auf. Statt dieser „Bifilarwicklung" wird häufig auch die „Mäanderwicklung" verwendet.

c) Schaltung von Selbstinduktionen. Schaltet man zwei sich gegenseitig nicht beeinflussende Spulen hintereinander, so addieren sich ihre Induktivitäten; bei Parallelschaltung berechnet sich die Gesamtinduktivität L aus den Teilwerten L_1 und L_2 nach der Formel:

Die Selbstinduktion zweier gleich großer parallel geschalteter Spulen ist also die Hälfte der Selbstinduktion einer Spule allein.

Werden zwei Spulen ineinander gesteckt oder gedreht, so findet keine einfache Addition der Selbstinduktionen statt, sondern man erhält bei gleichem Windungssinn höhere Werte bis zu $0{,}8 \cdot L_1 \cdot L_2$.

d) Berechnung von Selbstinduktionen. Die Selbstinduktion einer einlagigen Zylinderspule kann ziemlich genau berechnet werden nach der Formel:

Hierin bedeutet:

f den Formfaktor der Spule,

w die Windungszahl,

l die Spulenlänge in cm,

D den Spulendurchmesser in cm,

$\pi^2 = (3{,}14)^2 \sim 10$.

Der Formfaktor hängt von den Größenver-
hältnissen der Spule ab und ergibt sich aus nachstehender Kurventafel.

$$L_{cm} = \frac{0,77 \cdot 10 \cdot 100^2 \cdot 6^2}{9}$$
$$= 308\,000 \text{ cm}$$

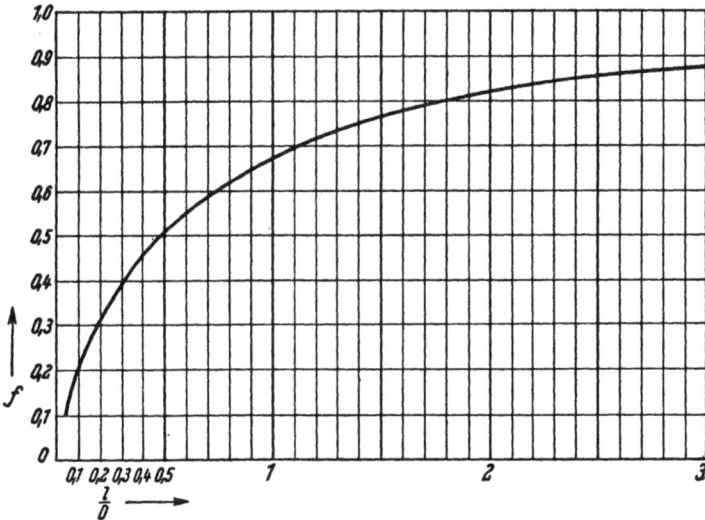

e) **Messung von Selbstinduktionen.**
Die Vergleichung der Selbstinduktion von Spulen
kann ebenso wie die von Widerständen in der
Brückenschaltung mit Induktor-Erregung vorgenommen werden. Da indessen die Spulen neben
den induktiven auch Ohmsche Widerstände besitzen, so muß man auch deren Einfluß auf die
Stromverteilung durch Einschaltung entsprechender Zusatzwiderstände ausgleichen. Die Meß-
anordnung enthält daher zwei Meßdrähte: den einen
AB, um die scheinbaren Widerstände $2\pi f L$ (s. S. 40)
der gesuchten und der Normal-Selbstinduktion aus-
zugleichen, und einen zweiten sehr dünnen Meßdraht CD, der zur Ausgleichung der Ohmschen
Widerstände der beiden Selbstinduktionen dient.
Bei Ausführung der Messung verschiebt man
nach Einschalten des Induktors (Schalter S) zunächst den Schiebekontakt K_1 auf dem Meßdraht
AB, bis der Ton im Telephon schwach wird (erster
Kleinstwert), alsdann verschiebt man den Kontakt
K_2 auf dem Meßdraht CD, bis man einen zweiten,
schärferen Kleinstwert des Tones gefunden hat.
Es ist dann:

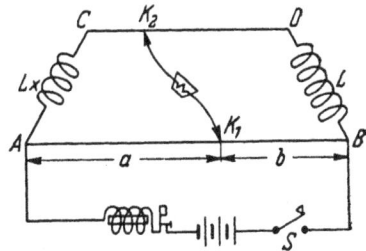

$$L_x = L \cdot \frac{a}{b}$$

B. Der Wechselstrom und die elektrischen Maschinen

19. Erzeugung des Wechselstromes

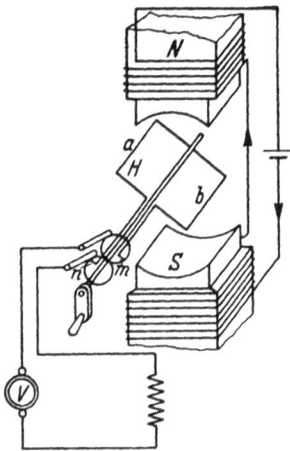

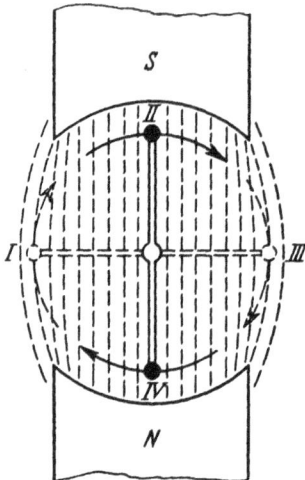

Wird eine Drahtschleife H zwischen den Polen N, S eines Elektromagneten gedreht, so werden die magnetischen Kraftlinien von den zur Drehachse parallelen Drahtstücken a und b geschnitten. Bei gleichmäßiger Drehung nimmt die Zahl der geschnittenen Kraftlinien periodisch zu und ab. Dadurch entsteht an den Enden der Schleife H, welche zu zwei voneinander isolierten Schleifringen m und n führen, eine Induktionsspannung, welche periodisch zu- und abnimmt. Die Spannung besitzt ihren kleinsten Wert, wenn die Schleifenebene senkrecht zu den Kraftlinien steht und die Drahtstücke a und b sich nahezu parallel zu den Kraftlinien bewegen (I und III), ihren größten Wert, wenn sie parallel zu den Kraftlinien steht und die Drahtstücke a und b die Kraftlinien senkrecht durchschneiden (II und IV).

Da ferner das Drahtstück a die Kraftlinien auf dem Wege von I nach III von links nach rechts, von III nach I jedoch von rechts nach links durchschneidet, so muß nach Nr. 15 die Induktionsspannung in den Punkten I und III ihre Richtung ändern.

Verbindet man die Enden der Schleife durch einen Schließungsdraht, so fließt in demselben ein Strom von periodisch veränderlicher Stärke und Richtung (Wechselstrom). Die Periode T des Wechselstromes ist die Zeit, in der sich ein bestimmter Strom- oder Spannungswert wiederholt. Die Zahl der Perioden in der Sekunde heißt die Frequenz f und wird in „Hertz" gemessen. Dreht sich z. B. die Schleife in dem zweipoligen Magnetfeld zehnmal in der Sekunde herum, so ist die Frequenz $f = 10$ Hz.

Die Zahl der Perioden in 2π ($= 6,28$) s heißt die Kreisfrequenz und wird mit ω bezeichnet.

$$\omega = 2\pi f$$
$$1\text{ kHz} = 1000\text{ Hz}$$
$$1\text{ MegaHz} = 10^6\text{ Hz}$$

Die Frequenzbereiche teilt man ein in:

Niederfrequenz (NF) . . . 50...10 000 Hz
Mittelfrequenz . . . . . . 10 000...100 000 Hz
Hochfrequenz (HF) . . . . über 100 000 Hz.

Der gezeichnete Verlauf der Augenblickswerte eines Wechselstromes oder einer Wechselspannung zwischen den positiven und negativen Scheitelwerten I_m, U_m läßt sich mit dem Oszillographen oder der Braunschen Röhre (s. S. 116) verfolgen.

Der effektive Wert der Stärke I_{eff} eines Wechselstromes gibt den Gleichstrom an, der dieselbe „Leistung" z. B. als Widerstandswärme erzeugt wie der Wechselstrom. Er kann ebenso wie die effektive Spannung durch ein Hitzdrahtinstrument oder durch ein Drehspulinstrument mit vorgeschaltetem Gleichrichter gemessen werden. Zwischen den effektiven und Scheitelwerten besteht die Beziehung:

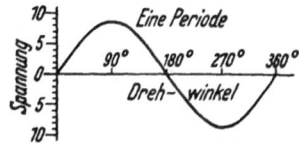

$$I_{eff} = \frac{I_m}{\sqrt{2}} \approx 0,7\, I_m$$
$$U_{eff} = \frac{U_m}{\sqrt{2}} \approx 0,7\, U_m$$

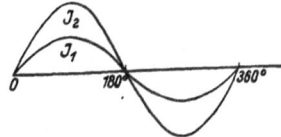

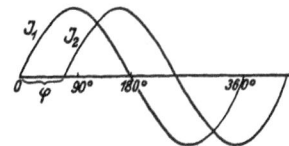

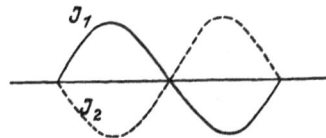

Der Phasenunterschied. Verlaufen in einem Drahte zwei Wechselströme gleicher Frequenz und erreichen sie ihre Scheitelwerte gleichzeitig, so nennt man sie phasengleich. Die Stromwerte addieren sich zu jeder Zeit. Erreichen die Wechselströme ihre Scheitelwerte zu verschiedener Zeit, so treten Zeitabschnitte ein, wo die Ströme entgegengesetztes Vorzeichen haben und sich schwächen. Sind die Perioden beider Ströme gleich, so erhält man als ihre Summe wieder einen sinusförmigen Wechselstrom, dessen Phase gegen die Phase der Teilströme verschoben ist und der andere Scheitelwerte hat. Man mißt den Phasenunterschied durch den Phasenwinkel φ. Ist $\varphi = 180^\circ$, so heben sich zwei gleichstarke Wechselströme I_1 und I_2 auf.

Auch zwischen Strom und Spannung desselben Wechselstromes kann eine Phasenverschiebung eintreten (S. 41 und 44).

Zur Berechnung der Leistung N muß man dann das Produkt $I_{eff} \cdot U_{eff}$ mit dem Leistungsfaktor $\cos\varphi$ multiplizieren.

$$N = I_{et} \cdot U_{eff} \cdot \cos\varphi$$

20. Wechselstrommaschinen

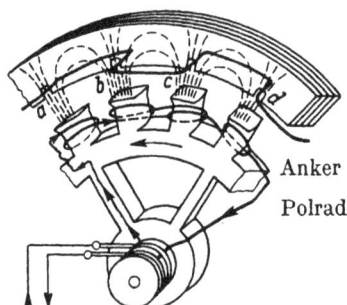

Anker

Polrad

$$f = \frac{n}{60} \cdot \frac{p}{2}$$

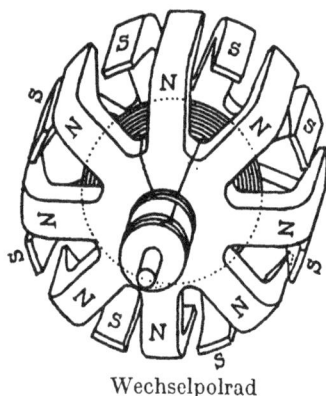

Wechselpolrad

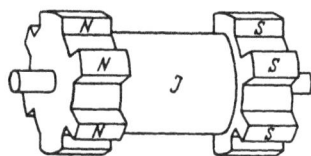

Gleichpolrad

Um bei Erzeugung von Wechselstrom von höherer Periodenzahl nicht auf zu hohe Umlaufgeschwindigkeiten zu kommen, baut man Maschinen mit mehreren Polpaaren.

Man ordnet die Pole auf einem Polrad an und legt die Wicklungen so, daß die Pole abwechselnd nord- bzw. südmagnetisch werden. Die Drahtwindungen, in welchen der Wechselstrom induziert werden soll, sind den Polen dicht gegenüber in die Nuten eines aus Eisenblech zusammengesetzten Ringes (Anker) gelegt. So oft sich 2 Pole des Polrades an einer Ankerwindung a, b, c, d vorbeibewegen, entsteht durch das Schneiden der Kraftlinien eine Periode des Wechselstromes.

Bei einer Umdrehung entstehen dann so viele Perioden, als Polpaare vorhanden sind. Ist die Drehzahl der Maschine n, die Polzahl p, so ist die Frequenz:

Der technische Wechselstrom hat 50 Perioden, während zur Tonmodulation von Röhrensendern Wechselströme von 500 Hz verwendet werden.

Es kommen folgende zwei Typen von Wechselstrommaschinen in Betracht:

a) Wechselpoltype. Die auf dem Eisenkörper (Induktor) sitzenden Polhörner sind gegeneinander versetzt und klammerartig nach innen gebogen. Der Eisenkörper besitzt nur eine Wicklung für den Erregerstrom, so daß die von einem Rande ausgehenden Polhörner alle nord-, die anderen alle südmagnetisch werden. Der Erregerstrom wird über Bürsten und Schleifringe zugeführt.

b) Gleichpoltype (Induktormaschinen). Der durch eine fest im Gehäuse liegende Erregerwicklung F magnetisierte Induktor J aus weichem Eisen läuft an den Polen des Ankerringes vorbei. So oft sich die Pole des Induktors und Ankers gegenüberstehen, tritt durch magnetischen Schluß eine Verstärkung des Feldes im Anker ein, wodurch in den eingebetteten Windungen A ein Induktionsstrom entsteht.

Der Erregerstrom wird von einer Gleich-
strommaschine geliefert, die meist auf der-
selben Achse wie die Wechselstrommaschine läuft.
Durch einen vorgeschalteten Widerstand kann die
Stärke der Erregung und damit die Spannung der
Wechselstrommaschine geregelt werden.

Zur Gleichrichtung des Wechselstromes werden die Enden der im Magnetfelde sich drehenden Drahtschleife zu zwei voneinander isolierten
Ringhälften i und h, dem Kommutator (Strom-
wender), geführt. Auf diesem liegen zwei Kontakt-
federn so auf, daß sie im Augenblick des Strom-
wechsels I und III von einem auf den andern Halb-
ring übergehen. Verbindet man die beiden Federn
durch einen Draht, so fließt in demselben ein
Strom gleicher Richtung, dessen Stärke regelmäßig zu- und abnimmt, ein sog. Wellenstrom.
Diese Stromschwankungen werden praktisch dadurch ausgeglichen, daß man mehrere sich kreuzende Drahtschleifen, einen Trommelanker, verwendet, dessen Enden zu einem mehrteiligen
Kollektor geführt werden.

Bei den praktischen Ausführungen der Gleichstrommaschine sind die Feldpole in einem ringförmigen Gehäuse aus Gußeisen angebracht. Der
Anker besteht aus einer zylindrischen Trommel,
die sich aus einzelnen Blechscheiben zusammensetzt. Die magnetischen Kraftlinien gehen dann in
großer Dichte durch den Anker vom Nord- zum
Südpol über. Die fortlaufenden Drahtwindungen
werden so in die Nuten des Ankers gelegt, daß die
induzierte E.M.K. in sämtlichen Windungen sich
addiert (sog. Trommelwicklung). Die E.M.K.
drückt die im Draht sitzenden Elektronen nach der
einen Kommutatorhälfte und lädt diese negativ,
während sie die andere Hälfte durch Absaugen
von Elektronen positiv macht.

Zur Erregung der Feldmagnete führt
man den im Anker induzierten Strom durch die
Magnetwicklungen. Werden die Feldmagnete das
erstemal durch Elementstrom erregt, so genügt
der remanente Magnetismus, um den Vor-

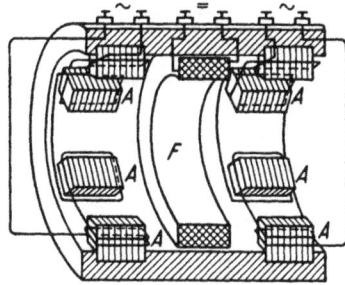

21. Gleichstrommaschine

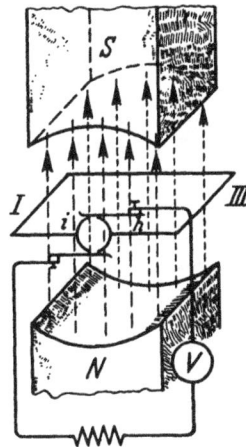

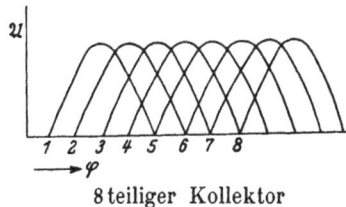

8 teiliger Kollektor

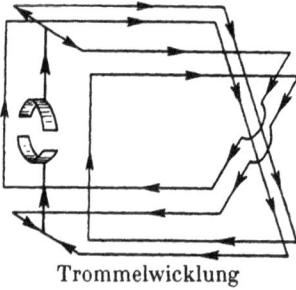

Trommelwicklung

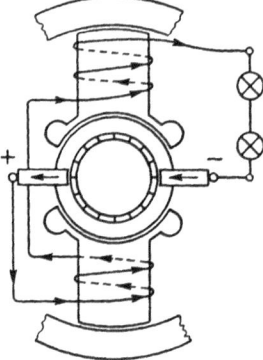

22. Induktiver Widerstand

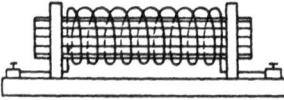

$$R_L = \omega \cdot L$$
$$= 2\,\pi\,f \cdot L$$
$$\Re = \sqrt{R^2 + R_L{}^2}$$
$$I = \frac{U_0}{\sqrt{R^2 + (\omega L)^2}}$$

Beispiel: Kerndrossel
$R = 1\,\Omega,\ L = 0{,}5\ \text{Hy}$
für $f = 50\ R_L = 157\ \Omega$
für $f = 500\ R_L = 1570\ \Omega$

gang der Stromerzeugung einzuleiten. Bei Drehung des Ankers entsteht zuerst ein ganz schwacher Ankerstrom, der den Magnetismus des Feldes verstärkt. Das verstärkte Feld induziert wieder einen stärkeren Ankerstrom, und so steigert sich Ursache und Wirkung, bis nach kurzer Zeit die Feldmagnete gesättigt sind (dynamo-elektrisches Prinzip von Werner v. Siemens 1866).

Zur Speisung von kleinen und mittleren Röhrensendern werden Gleichstrommaschinen verwendet, die Spannungen von 400...2000 V bei 100...500 W Leistung liefern. Häufig liefert eine zweite Ankerwicklung die Heizspannung für die Röhren.

Schickt man Wechselstrom durch eine Drahtspule mit Eisenkern, eine Drosselspule, so wird die Stromstärke nicht allein durch den Ohmschen Widerstand R der Spule, sondern auch durch die induktive Gegenspannung geschwächt. Die Spule setzt dem Wechselstrom einen induktiven oder Blind-Widerstand R_L entgegen, der um so größer ist, je größer ihre Induktivität L und je höher die Kreisfrequenz ω des Wechselstromes ist.

R_L setzt sich mit dem Ohmschen Widerstand R zu dem Scheinwiderstand $\Re$ zusammen nach der Formel:

Das Ohmsche Gesetz lautet dann:

Während also eine mit dickem Kupferdraht gewickelte Spule dem Gleichstrom nur einen geringen Ohmschen Widerstand bietet, setzt sie einem Wechselstrom einen hohen mit der Frequenz steigenden Widerstand entgegen, der schließlich den Wechselstrom weitgehend abzudrosseln vermag.

In Schaltungen, in denen gleichzeitig Gleich- und Wechselstrom fließt, wirkt die Drosselspule als Durchlaß für den Gleichstrom und als Sperre für den Wechselstrom.

Hierbei ist zu beachten, daß der Eisenkern der Drossel durch den Gleichstrom magnetisch stark belastet wird. Der Arbeitspunkt kommt dadurch

der Sättigung nahe, die Induktivität wird verringert (vgl. Kurve). Man muß daher die Eisen-
querschnitte der Drosseln um so größer wählen,
je stärker die Gleichstrombelastung ist. Auch
durch Luftspalte kann man erreichen, daß die
magnetische Vorbelastung vom Sättigungspunkt
möglichst weit entfernt bleibt.

Der große Vorteil der Drossel bei Verminderung einer Wechselspannung gegenüber einem
Ohmschen Widerstand liegt darin, daß sie bei
ihrem geringen Gleichstromwiderstand wenig Energie durch Stromwärme verzehrt.

Ihre Wirkung beruht auf der Phasenverschiebung. Der Strom J bleibt nämlich in der Phase
hinter der primären Spannung um so mehr zurück,
je größer die Induktivität L und je höher die Kreisfrequenz ω ist. Ist der Ohmsche Widerstand der
Spule R, so berechnet sich die Phasenverschiebung
φ aus:

Die Leistung des Wechselstroms nimmt infolge der Phasenverschiebung zeitweise negative
Werte an — die Drossel gibt Arbeit an das Netz
ab — wodurch sich ihr Gesamtwert verringert.

Der induktive Widerstand macht sich bei hochfrequenten Wechselströmen auch schon bei geraden Drähten bemerkbar. Ein 2 mm starker
Kupferdraht hat z. B. für $f = 6 \cdot 10^5$ Hz den sieben-
fachen Widerstand wie für Gleichstrom.

Diese Widerstandserhöhung erklärt sich aus der
Stromverdrängung. Im Innern des Drahtes,
wo sich die magnetische Feldwirkung summiert,
ist der induktive Widerstand am größten. Die
Stromlinien drängen daher nach der Oberfläche,
wo sie den geringsten Widerstand finden. An der
Stromführung beteiligt sich also nicht mehr der
ganze Querschnitt des Drahtes, sondern nur die
äußere Schicht (Hautwirkung).

Für hohe Frequenzen leitet ein Rohr ebenso
gut wie ein Draht von gleichem Durchmesser
(HF-Litze S. 64).

Die Kapazität C oder das elektrische Fas-
sungsvermögen eines Leiters ist gleich dem von

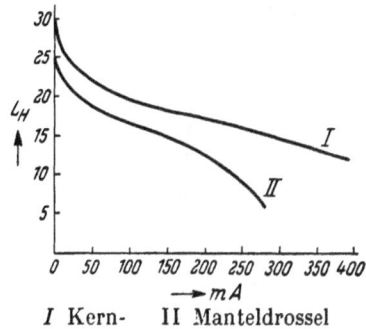

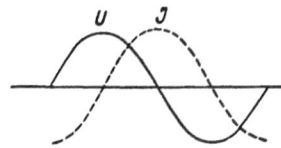

I Kern-   II Manteldrossel

$$\operatorname{tg} \varphi = \frac{L \, \omega}{R}$$

23. Stromverdrängung
(Hautwirkung)

24. Kapazität

Maßeinheit: Farad (F)

$1 \text{ F} = 9 \cdot 10^{11} \text{ cm}$

$1 \, \mu\text{F} = 9 \cdot 10^{5} \text{ cm}$

$1 \, \mu\mu\text{F} = 1 \text{ pF} = 0,9 \text{ cm}$

$1 \text{ cm} = 1,11 \cdot 10^{-6} \, \mu\text{F}$

$$C = \frac{Q}{U}$$

$$U = \frac{Q}{C}$$

seiner Größe sowie von der Natur des umgebenden Isolators abhängigen Verhältnis der aufgebrachten Elektrizitätsmenge Q und der erzeugten Spannung U. Je größer die Kapazität C eines Leiters ist, um so geringer wird die durch eine bestimmte Ladung Q erzeugte Spannung.

Die elektrostatische Einheit der Kapazität besitzt eine Kugel von 1 cm Radius; sie heißt „cm-Kapazität". Die praktische Einheit ist das Farad (genannt nach Faraday); sie entspricht der Kapazität eines Leiters, auf dem die Einheit der Elektrizitätsmenge, das Coulomb, die Spannung von 1 V hervorruft.

In der Funktechnik rechnet man nach Millionstel Farad (Mikrofarad μF), nach Billionstel Farad (Mikromikrofarad $\mu\mu$F oder Picofarad pF) oder nach der „cm-Kapazität".

25. Kondensatoren

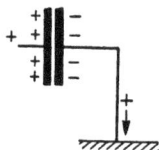

$$C = \frac{\varepsilon \cdot F_{\text{qcm}}}{4 \, \pi \cdot d_{\text{cm}}}$$

$$C = \frac{\varepsilon \, (m - 1) \, F_{\text{qcm}}}{4 \, \pi \cdot d_{\text{cm}}}$$

a) Die Aufladung. Zur Aufspeicherung größerer Elektrizitätsmengen auf kleinem Raum dienen die Kondensatoren. Sie bestehen aus zwei durch Luft, Glas, Glimmer, Lackpapier usw. getrennten Metallbelägen. Verbindet man einen Belag mit der Erde und lädt den freien Belag z. B. positiv auf, so wird ein großer Teil der Ladung durch die in dem geerdeten Belag erregte negative Influenzelektrizität gebunden; es kann daher bei gleichbleibender Spannung eine bedeutend größere Ladung auf den Belag gebracht werden.

b) Die Kapazität C eines Plattenkondensators von der Oberfläche F_{qcm}, dem Plattenabstand d_{cm} und der Zwischenschicht- oder Dielektrizitätskonstante ε ist:

Die Konstante ε ist für Luft = 1, Glas 3...8, Glimmer 6...8, Porzellan 5...6 (vgl. Tabelle S. 65).

Besitzt der Kondensator m Platten, so ist die Kapazität:

c) Die Spannungsfestigkeit gibt an, mit welcher Spannung ein Kondensator belastet werden kann, ohne daß er durchschlägt. Sie hängt von der Spannungsfestigkeit und Dicke des Dielektrikums ab und kann so für verschiedene Belastungen bemessen werden. Die höchste Span-

nungsfestigkeit besitzen Glas- und Ölkonden-
satoren, es folgen Glimmer, keramische Isolierstoffe und paraffiniertes Papier.

Die Spannungsfestigkeit muß über der höchsten
im Betriebe auftretenden Spitzenspannung liegen.

d) Schaltung von Kondensatoren.

I. Parallelschaltung. Die Oberflächen der Be-
läge addieren sich, die Kapazität wird vergrößert.
Jeder einzelne Kondensator bleibt durch die volle
Spannung belastet.

II. Hintereinanderschaltung. Die Kapazität von
zwei bzw. n gleich großen, hintereinander geschalteten Kondensatoren ist nur die Hälfte bzw.
der n. Teil der Kapazität eines Kondensators; die
Durchschlagsfestigkeit ist dagegen zwei- bzw n-
mal so groß, da der einzelne Kondensator nur von
der halben bzw. dem n. Teil der Gesamtspannung
belastet wird.

Sind die Kondensatoren C_1 und C_2 verschieden
groß, so berechnet sich die Gesamtkapazität C
nach der Formel:

Die Gesamtkapazität zweier hintereinander
geschalteter Kondensatoren ist kleiner wie die
Kapazität des kleineren Kondensators.

Zwischen geladenen Körpern z. B. den Belägen
eines Kondensators sind Kraftwirkungen vorhanden, deren Gefüge sich wie beim Magnetismus durch
ein Kraftlinienfeld darstellen läßt.

Die Kraftlinien beginnen und enden an der
Oberfläche der Leiter, wo sich die positiven und
negativen Ladungen befinden. Man kann die elektrischen Kraftlinien auf einer Glasplatte zwischen
zwei aufgeladenen Metallstreifen sichtbar machen,
indem man ein Pulver aus Gipskristallen auf-
streut.

Die zur Aufladung des Kondensators C auf
die Spannung U aufzuwendende Arbeit W_1 ist:

$$W_1 = \frac{1}{2} C U^2,$$

sie steckt im elektrischen Feld.

Bei Entladung des Kondensators durch Verbindung der beiden Beläge über einen Draht oder

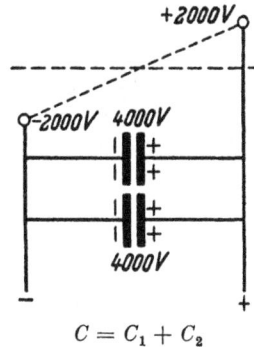

$$C = C_1 + C_2$$

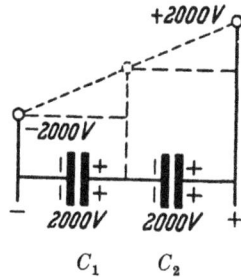

$$\frac{1}{C} = \frac{1}{C_1} + \frac{1}{C_2} \text{ oder}$$
$$C = \frac{C_1 \cdot C_2}{C_1 + C_2}$$

26. Das elektrische Feld

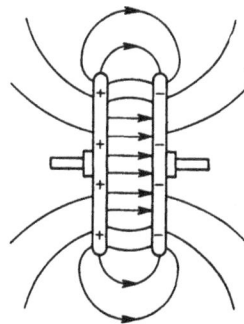

$$W_2 = \frac{1}{2} L\, I^2$$
$$W_1 = W_2$$

27. Kapazitiver Widerstand

$$R_C = \frac{1}{\omega \cdot C}$$

Beispiel:
$C = 1\ \mu\mathrm{F} = 10^{-6}$ Farad
für $f = 500$ ist $R_C = 318\ \Omega$
„ $f = 50\,000$ ist $R_C = 3,18\ \Omega$

$$\Re = \sqrt{R^2 + R_C^2}$$
$$I = \frac{U}{\sqrt{R^2 + \left(\dfrac{1}{\omega \cdot C}\right)^2}}$$

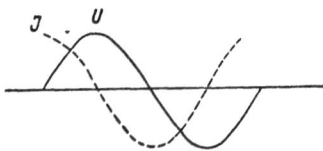

$$\operatorname{tg} \varphi' = \frac{1}{R \cdot \omega C}$$

28. Kapazitätsmessung

eine Spule von der Induktivität L entsteht ein Stromstoß I; dieser erzeugt ein magnetisches Feld von der Energie:

Sieht man von den Verlusten ab, so ist:

Schaltet man in einen Wechselstromkreis einen Kondensator ein, so werden dessen Beläge periodisch geladen und entladen. Im äußern Stromkreis fließt daher der Strom von einem zum andern Belag hin und her. Den Effektivwert dieses Wechselstromes zeigt ein Hitzdrahtinstrument um so höher an, je größer die Kapazität des Kondensators und je größer die Zahl der Umladungen in der Sekunde, d. h. die Frequenz des Wechselstromes ist.

Der Kondensator ist daher für Wechselstrom scheinbar durchlässig und bietet ihm, infolge der Stauungen der Elektrizität im Kondensator, einen kapazitiven oder Blind-Widerstand R_C, der um so kleiner ist, je größer die Kapazität C des Kondensators und je höher die Kreisfrequenz $\omega = 2\,\pi\,f$ des Wechselstromes ist.

Hochfrequente Wechselströme gehen daher durch einen Kondensator fast ungehemmt hindurch. Der kapazitive Widerstand R_C setzt sich mit einem in Reihe liegenden Ohmschen Widerstand R zu dem Scheinwiderstand $\Re$ zusammen nach der Formel:

Das Ohmsche Gesetz lautet dann:

Bei Schaltungen, in denen Gleich- und Wechselstrom in Verbindung stehen, kann durch einen Kondensator dem Gleichstrom der Weg versperrt werden, während der hochfrequente Wechselstrom übergehen kann.

Die Phasenverschiebung. Da der Strom in seinem Fließen nach dem Kondensator am wenigsten gehindert wird, wenn die Spannung an den Belägen noch klein ist, so eilt der Strom in der Phase der Spannung um den Winkel φ' voraus. Bei verlustfreiem Kondensator ($\Re = 0$) ist die Phasenverschiebung 90^0.

Da eine Kapazität, wenn sie vom Wechselstrom durchflossen ist, einen bestimmten, von der Größe der Kapazität abhängigen, scheinbaren Widerstand $\frac{1}{\omega \cdot C}$ besitzt, so kann man Kapazitäten in der Wheatstoneschen Brückenschaltung vergleichen. Man legt die unbekannte Kapazität C_x und die Normalkapazität C in die beiden Brückenzweige; an den Meßdraht AB schließt man eine Wechselstromquelle in Gestalt eines Induktors S an. Im Brückendraht liegt ein empfindliches Telephon. Die Messung besteht darin, daß man den Kontakt K am Brückendraht so lange verschiebt, bis der Ton im Hörer einen Kleinstwert erreicht.

Es ist dann:

Anstatt die Einstellung bei festem Vergleichskondensator durch Veränderung des Widerstandsverhältnisses $a:b$ zu bewirken, kann man auch das Widerstandsverhältnis festhalten und als Vergleichskondensator einen geeichten Drehkondensator verwenden. Man erhält dann die übliche Schaltung der Kapazitätsmeßbrücken.

Das Widerstandsverhältnis kann man durch Vertauschung des Anschlußpunktes zwischen den Widerständen R_1, R_2, R_3 usw. verschieden abstufen und erhält so verschiedene Meßbereiche der Brücke. Aus der Einstellung des Drehkondensators entnimmt man mit Hilfe von Eichkurven die gesuchten Kapazitätswerte.

Eine zweite Meßmethode für Kapazitäten, die man auch für Induktivitäten anwenden kann, ist auf S. 84 ff. beschrieben.

a) **Spule und Kondensator liegen hintereinander.** Schließt man sie an eine Wechselstrommaschine an, so kommt außer dem Ohmschen Widerstand R nur die Differenz des induktiven und kapazitiven Widerstandes $\omega L - \frac{1}{\omega C}$ zur Wirkung. Das Ohmsche Gesetz lautet dann:

Wir sehen daraus, daß die Stromstärke I einen größten Wert:

annimmt, wenn der induktive gleich dem kapazitiven Widerstand ist; also wenn:

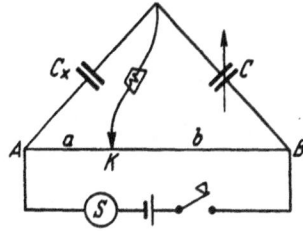

$$\frac{1}{C_x} : \frac{1}{C} = a : b \text{ oder}$$
$$C : C_x = a : b$$
$$C_x = C \cdot \frac{b}{a}$$

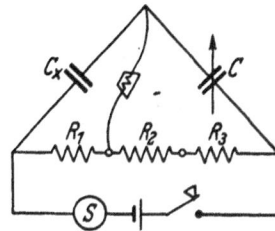

29. Induktivität und Kapazität im Wechselstromkreis; Resonanzerscheinungen

$$I = \frac{U}{\sqrt{R^2 + \left(\omega \cdot L - \frac{1}{\omega \cdot C}\right)^2}}$$

$$I = \frac{U}{R}$$

$$\omega \cdot L = \frac{1}{\omega \cdot C} \text{ oder}$$

$$\omega^2 = 4\,\pi^2\,f^2 = \frac{1}{C \cdot L}$$

$$f = \frac{\omega}{2\,\pi} = \frac{1}{2\,\pi\,\sqrt{C \cdot L}}$$

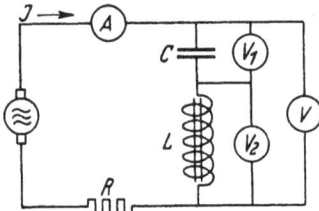

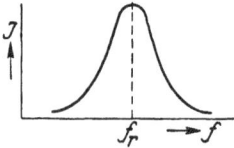

$$U_1 = \frac{I}{\omega C}$$
$$U_2 = I \cdot \omega L$$

$$r = \frac{1}{R}\sqrt{\frac{L}{C}} = \frac{\omega L}{R}$$

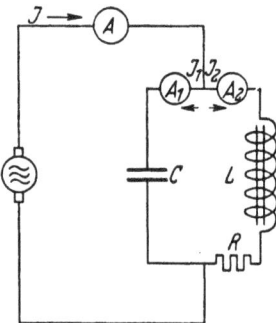

$$I_1 = \frac{U_0}{\sqrt{R^2 + (\omega L)^2}}$$
$$I_2 = U_0 \cdot \omega C$$

$$I = I_1 - I_2$$
$$I_1 = I_2$$

$$\omega L = \frac{1}{\omega C}$$

Wir erhalten dann eine bestimmte Beziehung zwischen der Frequenz f des Wechselstromes und den Größen C und L. Der rechts stehende Ausdruck für f stellt aber, nach S. 62, die Eigenfrequenz des aus C und L zusammengesetzten Schwingungskreises dar. Bei stetig zunehmender Frequenz der Maschinenspannung steigt die am Hitzdrahtinstrument A angezeigte Stromstärke bis zu einem Höchstwert an, der erreicht wird, wenn die Frequenz f gleich der Eigenfrequenz des aus C und L zusammengesetzten Kreises ist. (Resonanz).

Nach Überschreiten der Resonanzfrequenz f_r fällt die Stromstärke wieder ab und zwar um so steiler, je geringer der Widerstand R des Kreises ist. Im Resonanzpunkte heben sich die einander entgegenwirkenden Induktions- und Kapazitätsspannungen auf.

Die an C und L auftretenden Teilspannungen gemessen an V_1 und V_2 erreichen im Resonanzpunkte Werte, die um ein Vielfaches höher sind als die zugeführte an V ablesbare Wechselspannung U. Man berechnet die Spannungsüberhöhung nach der Formel: .

In der Funktechnik wendet man diese Schaltung an, um aus einem Gemisch von Frequenzen einer bestimmten Frequenz einen besonders bequemen Weg zu bieten (Siebkreis).

b) Spule und Kondensator liegen parallel. Diese Schaltung bietet im Gegensatz zur vorigen dem Wechselstrom für eine bestimmte Frequenz einen besonders hohen Scheinwiderstand. Ist die Scheitelspannung der Stromquelle U_0, so beträgt der über die Induktivität gehende Teilstrom I_1:

der über den Kondensator C gehende Teilstrom I_2:

Die Teilströme liegen in der Phase um rund 180^0 auseinander und wirken in der Speiseleitung einander entgegen; der Gesamtstrom I ist:

und erreicht den Wert Null, wenn:

Ist R klein gegen ωL, so geht diese Bedingung über in:

Man erhält also für die Resonanzfrequenz denselben Wert wie oben, nur bietet hier der Resonanzkreis dem Wechselstrom nicht einen kleinsten, sondern einen größten Scheinwiderstand.

Der Kreis wirkt für die Resonanzfrequenz als Sperrkreis. Der Spannungsabfall an den Anschlußpunkten des Kreises erreicht einen Größtwert.

Bei kleinem Ohmschen Widerstand R stellt sich der Resonanzwiderstand des Kreises dar durch die Formel:

$$R_{res} = \frac{L}{C \cdot R}.$$

Um eine wirksame Sperrung zu erzielen, muß R_{res} möglichst groß werden. Dies wird erreicht, wenn L groß, C und vor allem R möglichst klein gemacht wird.

Die im Kreis über L bzw. C fließenden Ströme I_1 und I_2, welche die Instrumente A_1 und A_2 anzeigen, sind erheblich größer als der in den Kreis hineinfließende an A gemessene Strom I. Wir erhalten eine Stromüberhöhung, die sich nach der gleichen Formel berechnet wie die Spannungsüberhöhung bei der Reihenresonanz.

Die aus Induktivität und Kapazität zusammengesetzten Sieb- und Sperrkreise dienen der Siebung bzw. Sperrung einer bestimmten Frequenz. In der Funktechnik ist es häufig nötig, ganze Frequenzbereiche ober- oder unterhalb einer gegebenen Frequenz zu sperren. Hierzu verwendet man die Kettenleiter, die aus zwei bis drei hintereinander geschalteten Gliedern bestehen.

Wir unterscheiden:

a) Die Drosselkette enthält im Längszweig mehrere hintereinander geschaltete Induktivitäten L, und im Querzweig Kapazitäten C

Durch geeignete Wahl des Verhältnisses von L zu C muß der Scheinwiderstand der Kette an den des Verbrauchers angepaßt werden.

Die Drosselkette sperrt die hohen Frequenzen ab, während sie die unterhalb einer kritischen Frequenz ω_k liegenden Frequenzen nur schwach abdämpft und den Gleichstrom ungeschwächt

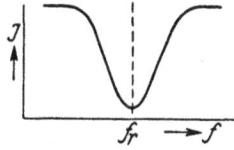

Beispiel:

$U_0 = 500\ \text{V} \qquad L = 10^{-2}\text{Hy}$

$\omega = 10^5 \qquad \omega L = 10^3\ \Omega$

$R = 40\ \Omega \qquad C = 10^{-8}\ \text{F}$

$I_1 = \dfrac{500}{\sqrt{40^2 + 10^6}} = 0{,}48\ \text{A}$

$I_2 = 500 \cdot 10^{-3} = 0{,}5\ \text{A}$

$I = J_2 - J_1 \quad = 0{,}02\ \text{A}.$

$R_{res} = 25\,000\ \Omega$

$I = \dfrac{500}{25\,000} = 0{,}02\ \text{A}$

$r = \dfrac{\omega L}{R} = 25$

30. Drossel- und Kondensatorketten

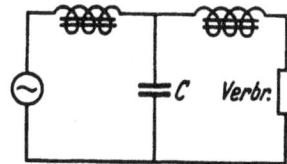

$\mathfrak{R}$

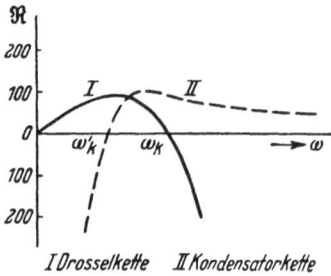

I Drosselkette   II Kondensatorkette

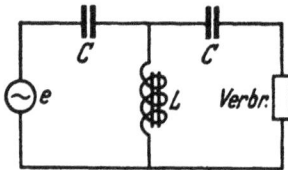

31. Transformatoren

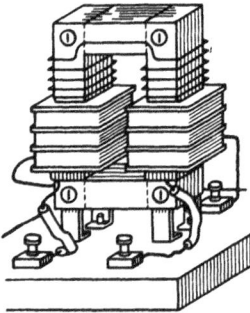

Kerntransformator

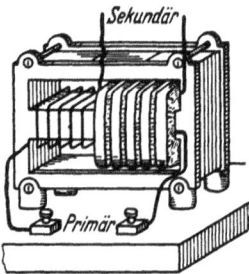

Manteltransformator

durchläßt. Man muß $L \cdot C$ einer Drosselkette so bemessen, daß die kritische Frequenz ω_k kleiner als die kleinste zu sperrende Frequenz ist.

b) Die Kondensatorkette enthält im Längszweig hintereinander liegende Kondensatoren C und im Querzweig Drosseln L.

Auch hier ist das Verhältnis von L zu C so zu wählen, daß Anpassung an den Verbraucher erreicht wird. Das Produkt $L \cdot C$ bestimmt eine kritische Frequenz, oberhalb welcher die Kette durchlässig ist, während tiefere Frequenzen einschließlich Gleichstrom gesperrt werden.

Die Wirkung der Kondensatorkette ist also der der Drosselkette gerade entgegengesetzt.

a) Kern- und Manteltransformator. Der Transformator besteht aus zwei über einen geschlossenen Eisenkern gebrachten Wicklungen. Je nach der Anordnung der Eisenkerne unterscheidet man Kern- und Manteltransformatoren. Um die Streuungsverluste möglichst klein zu halten, legt man die primäre und sekundäre Wicklung möglichst dicht übereinander (sog. Röhrenwicklung) oder man setzt abwechselnd primäre und sekundäre Spulen auf den Eisenkern (Scheibenwicklung).

In den Empfängern und Netzgeräten finden Transformatoren im Eingang und Ausgang sowie zur Kopplung von Verstärkerstufen vielseitige Anwendung. Da die Kopplungstransformatoren einen hohen induktiven Widerstand haben sollen, gibt man ihrer Eingangsseite eine hohe Windungszahl; ihrer Steigerung ist durch die gleichzeitig anwachsende Kapazität der Wicklungen (S. 72) eine Grenze gesetzt. Man geht aus diesem Grunde über ein Übersetzungsverhältnis von 1 : 3...1 : 6 nicht hinaus. Durch großen Querschnitt des geschlossenen Eisenkerns und Verwendung von Transformatorenblech hoher Permeabilität (Nickeleisen, Permalloy) kann die Induktivität des Transformators auf 100...200 Hy erhöht werden. Bei der tiefsten Frequenz von 50 Hz würde der Transformator einen induktiven Widerstand von 30 000...

60 000 Ω besitzen. Die Eigenkapazität der Wicklungen beträgt etwa 60...80 cm.

Der Ausgangstransformator dient zur Übertragung der Endleistung an den Lautsprecher. Er muß der größeren Leistung entsprechend bemessen werden, d. h. die Windungen müssen aus dickerem Draht gewickelt werden und der Eisenquerschnitt muß größer sein.

b) Der unbelastete Transformator (Spannungswandler). Legt man an die primäre Wicklung eine Wechselspannung U_p, so erzeugt diese im Eisen einen periodisch verlaufenden magnetischen Kraftfluß, der in der zweiten Wicklung eine sekundäre Wechselspannung U_s induziert. Bei gleichem Kraftfluß verhält sich die Ausgangs- zur Eingangsspannung wie die Windungszahlen. Man kann daher durch Wahl des Übersetzungsverhältnisses $\ddot{u}$ eine Wechselspannung beliebig hinauf- oder herabsetzen.

$$\frac{U_s}{U_p} = \frac{w_s}{w_p} = \ddot{u}$$

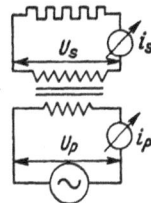

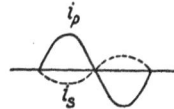

Für hohe Ausgangsspannungen müssen die Windungen der Sekundärspule sorgfältig gegeneinander und gegen den Eisenkern isoliert werden (Einbettung in Öl).

c) Der belastete Transformator (Stromwandler). Schließt man die Ausgangsklemmen des Transformators über einen Widerstand R, so fließt ein sekundärer Wechselstrom i_s, der in dem Kern einen entgegengesetzt verlaufenden Kraftfluß erzeugt und deshalb den primären Kraftfluß bzw. die Induktivität des Transformators schwächt; der Primärstrom i_p steigt infolge der Belastung an, bis der ursprüngliche Kraftfluß hergestellt ist.

Die Stromstärken I_s und I_p verhalten sich dann umgekehrt wie die Spannungen:

$$\frac{I_s}{I_p} = \frac{1}{\ddot{u}}$$

$$I_p = I_s \cdot \ddot{u}$$

Berechnet man die sekundäre Stromstärke I_s nach dem Ohmschen Gesetz, so ergibt sich eine wichtige Beziehung für die Rückwirkung der Belastung auf den Primärkreis. Es ist:

$$I_s = \frac{U_s}{R} = \frac{U_p}{R} \cdot \ddot{u}$$

Setzt man diesen Wert in obige Gleichung für I_p ein, so erhält man:

$$I_p = \frac{U_p}{R} \cdot \ddot{u}^2 = \frac{U_p}{\frac{R}{\ddot{u}^2}}$$

Man erhält also den Primärstrom, indem man die Primärspannung U_p durch einen Widerstand

Beispiel: $U_p = 110$ V
$\ddot{u} = 3$
$R = 9000\ \Omega$
$I_p = \dfrac{110}{\frac{9000}{9}} = 0{,}11$ A

$U_p \cdot I_p = U_s \cdot I_s$

$A = \overline{I_{\text{eff}}}^2 \cdot R$ Watt

teilt, der gleich dem Belastungswiderstand R, dividiert durch das Quadrat des Übersetzungsverhältnisses $\ddot{u}^2$ ist. Für die Wechselstromquelle ist es also gleichgültig, ob man die Ausgangsseite eines Transformators mit R oder die Eingangsseite mit $\dfrac{R}{\ddot{u}^2}$ belastet. Von dieser Beziehung macht man Anwendung bei der Anpassung von Lautsprechern an eine Röhre (S. 174).

Bildet man in jedem Kreise die Produkte aus Strom und Spannung, so sind diese einander gleich, d. h.:

Die von der Eingangsseite aus dem Netz aufgenommene Leistung wird — von den Verlusten abgesehen — an die Ausgangsseite wieder abgegeben.

d) Die Verluste in Transformatoren und Drosseln.

I. Die Kupferverluste sind verursacht durch die Stromwärme in den Wicklungen; sie können durch einen der Belastung angepaßten Drahtquerschnitt klein gehalten werden. Ist der Widerstand der Wicklung R, die effektive Stromstärke I_{eff}, so ist der Kupferverlust:

II. Die Eisenverluste setzen sich zusammen aus den Wirbelstromverlusten (S. 30) und den Verlusten der Ummagnetisierung (Hysteresis). Letztere werden durch die Arbeit des Herumdrehens der Molekularmagnete während jeder Periode verursacht; die verzehrte Energie setzt sich in nutzlose Wärme um. Die Eisenverluste hängen von der Stärke der Magnetisierung und der Frequenz des Wechselstromes ab und können durch Zusammensetzung der Eisenkerne aus Paketen von hochwertigem Transformatorenblech für mittlere Frequenzen (bis 10 000 Hz) klein gehalten werden.

e) Der Wechselrichter.

Der Wechselrichter besteht aus einem Unterbrecher S, der den Gleichstrom zerhackt, und einem Transformator $Tr.$, der den zerhackten Gleichstrom auf die gewünschte Wechselspannung bringt, die

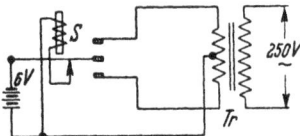

erforderlichenfalls wieder gleichgerichtet werden kann. Mit diesem Gerät läßt sich z. B. aus einem Akkumulator die Anodenspannung für die Verstärkerröhren eines Empfängers gewinnen.

Um die Sprache elektrisch zu übertragen, müssen die beim Sprechen erregten Schallwellen zunächst durch das Mikrophon in Stromschwankungen umgewandelt werden; die sprachmodulierten Ströme werden über eine Drahtleitung zu der Empfangsstelle geleitet, wo sie durch das Telephon wieder in hörbare Schallwellen zurückverwandelt werden.

32. Mikrophon und Telephon

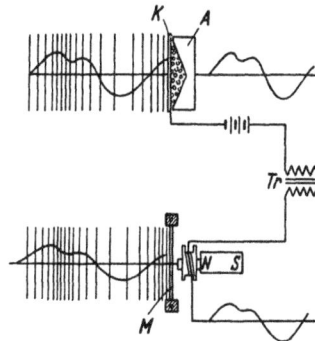

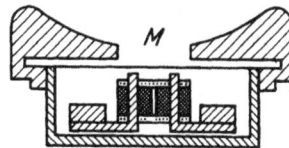

a) Das Mikrophon. Einem Kohleblock mit konischer oder rillenförmiger Ausbohrung A steht eine durch Hartgummi isolierte dünne (0,3 mm) Kohlenplatte K nahe gegenüber. Der Zwischenraum ist zu $^2/_3$ mit Kohlekörnern gefüllt. Beträgt der Widerstand des Mikrophons z. B. 200 Ω, so fließt beim Anlegen einer Elementspannung von 20 V ein Strom von 100 mA durch. Beim Sprechen gegen die Kohleplatte werden die Kohlekörner im Takt der auftretenden Schallwellen zusammengepreßt oder gelockert. Hierdurch ändert sich in genau entsprechender Weise der Widerstand der Kohlekörner und damit die Stärke des durchfließenden Stromes. Diese Stromschwankungen werden über einen Übertrager Tr und die Sprechleitung in das Empfangstelephon geschickt.

b) Das Telephon. Auf dem Pol eines Stahlmagneten sitzt ein Weicheisenkern mit Drahtspule; dicht vor dem Eisenkern befindet sich eine dünne Eisenmembran M, die durch den Stahlmagneten dauernd etwas angezogen (vorgespannt) wird. Fließt durch die Spule ein Strom, so wird je nach seiner Richtung die magnetische Anziehungskraft gestärkt oder geschwächt, die Eisenmembran stärker angezogen oder losgelassen. Schickt man die ankommenden Mikrophonströme in die Telephonspule, so werden der Membran genau die Schwingungen aufgezwungen, welche die Kohlemembran des Mikrophons ausführt. Diese Schwingungen übertragen sich durch

4*

die Luft auf das an die Hörmuschel des Telephons gepreßte Ohr, wo sie als Sprache gehört werden. Ohne Vorspannung würde die Membran unabhängig von der Stromrichtung stets angezogen werden und infolgedessen doppelt so schnell schwingen als der Frequenz der Sprechströme entspricht.

33. Mikrophone zur Senderbesprechung

An die Mikrophone, welche zur Besprechung eines Rundfunksenders dienen sollen, müssen hinsichtlich Empfindlichkeit, Frequenzkurve, Störgeräuschfreiheit und Richtwirkung höhere Anforderungen gestellt werden als an das Mikrophon des gewöhnlichen Fernsprechers.

Die Empfindlichkeit des Mikrophons ist die Spannung, die an den Klemmen auftritt, wenn der Schalldruck 1 Mikrobar (μB) die Membran

$$1\ \mu\text{B} = \frac{750}{10^6}$$
$$= \frac{0{,}75}{10^3}\ \text{mm Hg}$$

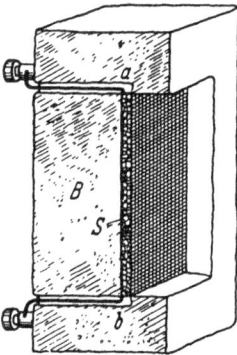

trifft; die des Reisz-Mikrophons beträgt $\dfrac{2\ \text{mV}}{\mu B}$. Die Frequenzkurve zeigt die Abhängigkeit der Empfindlichkeit von der Frequenz an. Ein möglichst waagrechter Verlauf derselben im Bereich von 30 … 8000 Hz ist anzustreben.

a) Das Reisz-Mikrophon. In einer quadratischen Vertiefung eines Marmorblocks B von rd. 10 cm Seitenlänge befindet sich eine 1 … 2 mm dicke Schicht von Kohlepulver S, an welche bei a und b die Betriebsspannung von 6 … 20 V angeschlossen ist. Das lose zusammenhängende Pulver ist aus Körnern verschiedener Größe zusammengesetzt und durch eine dünne, schwach gespannte Gummimembran abgeschlossen.

Die auf die eigenschwingungsfreie Membrane auftreffenden Schallwellen verändern den Druck und damit den Widerstand des Pulvers, wodurch die Änderungen des Mikrophonstromes ohne Bevorzugung einzelner Frequenzen durch Eigenschwingungen hervorgerufen werden. Da der Strom quer zum einfallenden Schallstrahl auf einem längeren Wege das Kohlepulver durchfließt, ist die Widerstandsänderung und damit die Empfindlichkeit erhöht. Um das Klirren zu vermeiden, darf die Schallquelle nicht zu nahe am Mikrophon stehen. Zur Abdämpfung von Erschütterungen, gegen die das Mikrophon empfindlich ist, wird dieses in einem Ring federnd aufgehängt.

b) Das Kondensatormikrophon stellt einen Plattenkondensator dar (S. 42), der von einer Metallplatte P und einer in 0,02 mm Abstand zwischen zwei sehr dünnen Seidenmembranen befindlichen Aluminiumfolie M gebildet wird. Zur Verringerung der Rückstellkraft des Luftkissens erhält die feststehende Platte Bohrungen, die ein Ausweichen der Luft ermöglichen. Man kann hierdurch die Empfindlichkeit auf 3 mV/μB erhöhen. Die beiden Beläge werden über einen hohen Widerstand R von 40...80 Megohm auf einer Spannung von rund 100 V gehalten. Spricht man durch die Schutzgaze G gegen die Membran, so nähert bzw. entfernt sich diese von der Metallplatte und ändert damit die Kapazität des Kondensators im Takte der Schallschwingungen. Da die Spannung fest ist, schwankt der Lade- bzw. Entladestrom; an den Enden des eingeschalteten Widerstandes entsteht eine Wechselspannung u von im Mittel 0,5 mV, die an das Gitter der zur Vermeidung der schädlichen Leitungskapazität unmittelbar angebauten Verstärkerröhre gelegt wird. Da die Eigenschwingung der stark gespannten Membran über der oberen Grenze des Wiedergabebereichs ($f = 10000$ Hz) liegt, werden auch die hohen Frequenzen unverzerrt wiedergegeben. Gegen mechanische Erschütterungen ist das Kondensatormikrophon wenig empfindlich, so daß eine federnde Aufhängung nicht erforderlich ist. Die Kapazität des Kondensatormikrophons beträgt 100...200 cm.

c) Die Richtwirkung. Für Frequenzen bis 1000 Hz werden die Schallstrahlen aus allen Richtungen gleich stark aufgenommen; die Richtkennlinie des Kondensatormikrophons ist ein Kreis. Für höhere Frequenzen nimmt die Empfindlichkeit für die seitlich einfallenden Strahlen etwas ab.

Zur Erzielung einer ausgesprochenen Richtwirkung wird die feststehende Platte P durchbohrt,

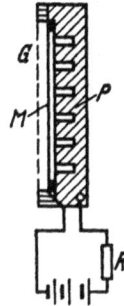

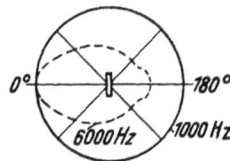

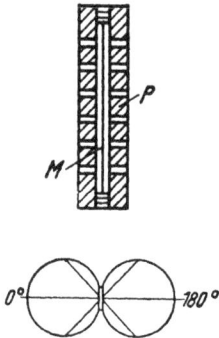

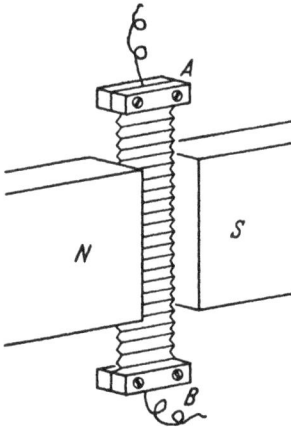

so daß die Schallstrahlen von zwei Seiten auf die Membrane treffen. Sie wird daher nicht mehr durch den Schalldruck, sondern durch den Druckunterschied auf beiden Seiten der Membran in Schwingungen versetzt. Am kräftigsten werden die von vorn und rückwärts auf die Membran auftreffenden Strahlen aufgenommen. Nach den Seitenrichtungen nimmt die Empfindlichkeit ab und ist in der Ebene der Membran gleich Null. Die Richtkennlinie ist eine Achterkurve, so daß man durch passende Stellung des Mikrophons Störgeräusche und Nachhall ausblenden kann.

d) Das Bändchenmikrophon von Siemens. Zwischen den Polen eines kräftigen Stahlmagneten ist ein mit Querriffelung versehenes Duraluminiumbändchen AB von etwa 5 cm Länge, 3 mm Breite und 0,002 mm Dicke angebracht. Die Eigenschwingungen des schwach gespannten Bändchens liegen bei 10...15 Hz unterhalb der Wiedergabegrenze und stören nicht mehr. Bei Besprechung des Bändchens führt es infolge des an beiden Seiten herrschenden Druckunterschieds Schwingungen aus, wodurch an dessen Enden durch Induktion eine Wechselspannung erzeugt wird, die nach entsprechender Verstärkung zur Steuerung des Senders verwendet werden kann. Die Anpassung des geringen Bändchenwiderstandes (0,1 Ω) an die Leitung (200 Ω) erfolgt durch einen angebauten Transformator; ein zweiter Transformator paßt dann die Leitung an den Gitterwiderstand (100 000 Ω) an.

Die Richtkennlinie des doppelseitigen Bändchenmikrophons ist eine Achterkurve.

Zu den elektrodynamischen Mikrophonen gehört auch das Tauchspulenmikrophon, das auf dem gleichen Prinzip wie der auf S. 56 beschriebene Lautsprecher beruht. Seine Empfindlichkeit beträgt $\frac{6\,mV}{\mu B}$.

e) Piëzoelektrisches Mikrophon. Wie der Quarz (S. 145) hat auch das Seignettesalz[1] die

---

[1] Kalium-Natriumsalz der Weinsteinsäure.

Eigenschaft, unter äußerem Zug oder Druck eine
piëzoelektrische Spannung abzugeben. Zur Konstruktion einer Klangzelle kittet man zwei Kristall-
scheiben von einigen zehntel mm Dicke und 1 cm²
Fläche unter Zwischenlage einer Metallfolie zusammen und beklebt beide Außenflächen ebenfalls mit
Staniol. Zwei solcher Platten werden auf einen
2—3 mm hohen Isolierrahmen gebracht und mit
den Staniolbelegen untereinander verbunden.

Setzt man die Zelle den Schallstrahlen aus, so
biegen sich die Platten beide nach innen oder nach
außen, wobei sie eine E.M.K. von 0,5 mV/μB erzeugen.

Durch Hintereinanderschaltung mehrerer Zellen
läßt sich die Empfindlichkeit steigern. Bei der
hohen Kapazität der Zelle (1000 cm) sind auch
größere Abstände zwischen Mikrophon und der
ersten Verstärkerröhre möglich.

Der Lautsprecher wandelt die tonmodulierten
Stromschwingungen des Mikrophons nach entsprechender Verstärkung wieder in hörbare Luft-
schwingungen um. Er besteht aus einem Antriebsystem, durch das eine Membran in Schwingungen versetzt wird, die sie als Schallwellen ab-
strahlt.

In der Forderung, daß der ganze Tonbereich
von 30...10 000 Hz, also $8\frac{1}{2}$ Oktaven original-
getreu und mit ausreichender Lautstärke übertragen werden soll, liegen die besonderen konstruktiven Schwierigkeiten der Antriebsysteme.

Die Antriebsysteme teilt man je nach der
verwendeten Wirkung des elektrischen Stromes
in elektromagnetische und elektrodynamische ein.

a) Das elektromagnetische Antriebsystem beruht auf dem Prinzip des Telephons,
dessen Abstrahlung durch geeignete Dimensio-
nierung und einen Schalltrichter erhöht wird.

Bei den vorspannungsfreien Antrieb-
systemen befindet sich die von einer Feder *F*
getragene Eisenzunge *Z* zwischen den Polen *N*
und *S* eines Stahlmagneten. Die Feder ist, solange
die sie umgebende Spule stromlos ist, entspannt.

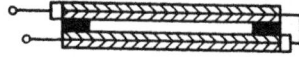

34. Lautsprecher-Antrieb-
systeme

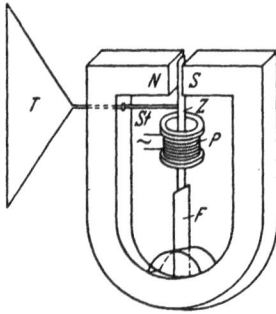

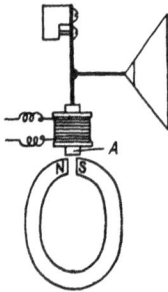

Schickt man hingegen Sprechströme in die Spule, so gerät die Zunge in Schwingungen, die sich durch den Stift St auf die Kegelmembran übertragen. Die Wiedergabe ist nur innerhalb kleiner Schwingungsweiten verzerrungsfrei.

Bei starken Schwingungen ändert sich der Abstand des Ankers von den Polen mitunter beträchtlich, was zu Verzerrungen führt.

Man hat diesen Mangel behoben im Freischwinger, bei welchem der federnd aufgehängte Eisenanker A über den Polschuhen des Magneten frei schwingt. Hierdurch ist die Änderung des Ankerabstandes von den Polen verringert und damit die Wiedergabe auch bei großen Schwingweiten nahezu unverzerrt. Die Verringerung der Anziehungskraft durch den größeren Abstand des Ankers von den Polen hat man durch Verwendung hochwertiger Magnetstähle (Örstit 700 und 900) ausgleichen können.

b) Das elektrodynamische Antriebsystem beruht auf der elektrodynamischen Kraft, die eine bewegliche, stromdurchflossene Spule in einem kräftigen Magnetfeld erfährt. Die Ablenkkraft nimmt bei festem Magnetfeld mit der Stärke des Spulenstromes auch bei großen Schwingungsweiten in gleichem Maße zu; die Schwingungsform entspricht also getreu der Stromform, die Wiedergabe erfolgt verzerrungsfrei. Da die Windungszahl im Hinblick auf die Leichtigkeit der Spule klein bleiben muß, kann man nur durch starke Magnetfelder (Elektromagnet oder Dauermagnet aus hochwertigem Stahl) den Wirkungsgrad erhöhen. Man unterscheidet danach fremderregte und Dauermagnet-Lautsprecher. Die wirksamste Ausführungsform des elektrodynamischen Antriebsystems stellt der Tauchspulenlautsprecher dar. Am Halse einer am Rande weich eingespannten Kegelmembran T ist eine dünne und leichte Spule M_1, M_2 befestigt, die in einen 1...1,5 mm breiten ringförmigen Luftspalt eines Topfelektromagneten NS eintaucht. Die Spule

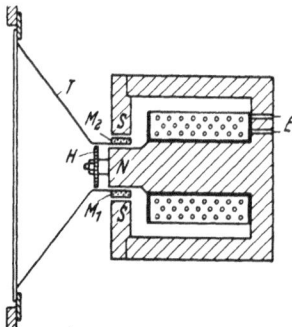

wird durch eine aus dünnem Karton hergestellte
leichte Feder *H* (die Spinne) zentriert und damit
am Herausspringen aus dem Luftspalt verhindert.
Wird der Elektromagnet erregt und die Spule von
Sprechströmen durchflossen, so erfährt sie senkrecht
zu den magnetischen Kraftlinien einen Bewegungsantrieb, der sie mit der Membran in Schwingungen
versetzt. Die Schwingungsweite der Spule ist
innerhalb des Feldes nicht begrenzt. Der fremderregte dynamische Lautsprecher ist hauptsächlich
als Großlautsprecher, bei welchem die Abgabe von
Schalleistungen bis 60 W gefordert wird, ausgebildet
worden.

Als Zimmerlautsprecher hat der dynamische
Dauermagnetlautsprecher größte Verbreitung ge-
funden. Durch Verwendung hochwertiger Stahl-
sorten (Aluminium-Nickellegierung 5000...8000
Gauß) ist die Schalleistung eines dynamischen
Dauermagnetlautsprechers bis auf 20 W zu steigern.

a) Die Großflächenmembran. Die Übertragung der Schwingungen des Antriebsystems
auf die Luft erfolgt durch die aus dünnster Pappe,
Ölpapier oder Aluminium gefertigte Kegelmembran. Diese ist bei dem elektromagnetischen
Lautsprecher mit der Spitze an dem Stößel des
Antriebsystems befestigt, während ihr äußerer
Rand frei oder durch eine weiche Auflage gehalten
ist. Die Membran kann sich daher als Ganzes
kolbenartig bewegen. Um zu verhindern, daß sich
die Membran bei hohen Tönen unterteilt, d. h.
nur in ihrem mittleren Teil schwingt, hat man sie
in ihrem oberen Teil durch steileren Abfall ver-
steift. Man erhält dann eine nicht abwickelbare
Fläche (Nawi-Membran). Je kleiner die Membran
ist, um so besser gibt sie die hohen Frequenzen
wieder; andererseits nimmt die Schalleistung mit
der Größe der Membran zu. In den gewöhnlichen
Lautsprechern wählt man eine mittlere Membran-
größe von 10...20 cm Durchmesser. Im Hochton-
lautsprecher, der nur Frequenzen von 3000...10000
Hz wiedergibt, befindet sich eine Membran von
rd. 4 cm Durchmesser.

35. Lautsprecher-Abstrahl-
vorrichtungen

b) Die Schallwand. Um zu verhindern, daß die auf der Vor- und Rückseite der Membran gleichzeitig entstehenden Verdichtungen und Verdünnungen der Luft sich wieder ausgleichen, baut man die Membran in die Öffnung einer Schallwand von 70...90 cm Seitenlänge ein. Hierdurch wird nicht nur die Lautstärke erhöht, sondern durch das Hervorheben der tiefen Töne der Klang weich und angenehm. Die Strahlung erfolgt vorwiegend in der Richtung senkrecht zur Wand.

c) Der Trichterlautsprecher. Die ursprünglich verwendeten Trichter aus dünnem Blech verursachten durch Eigenschwingungen des eingeschlossenen Luftkörpers und Klirren der Wandung Verzerrungen. Diese Nachteile wurden durch Verwendung von größeren Trichtern aus schalltotem Material (Gips, Beton) in kräftigen Wandstärken weitgehend behoben. Durch die Exponentialform wird die Bildung von Luftwirbeln an den Wandungen und an der Austrittsöffnung vermieden.

Der Trichter besitzt eine Grenzfrequenz, unter welcher keine Abstrahlung stattfindet. Sie ist bedingt durch die Reflexion der langen Wellen an der Übergangsstelle des Trichters in den freien Raum und hängt von seiner Größe ab. Einem Trichter von 180 (70) cm Länge und 60 (30) cm Öffnung entspricht eine Grenzfrequenz von 100 (200) Hz

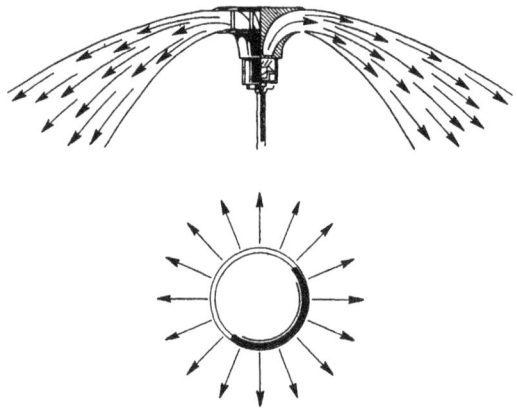

Schallausbreitung beim Rundstrahler von Telefunken.

Über der Grenzfrequenz ist die Trichterstrahlung derjenigen der Konusmembran mit Schallwand überlegen.

d) Der Rundstrahler (Pilzlautsprecher). Der Schall wird von der Membran nach oben gegen eine pilzförmige Fläche geworfen und von dieser schräg nach unten nach allen Seiten abgestrahlt; er füllt somit nur einen begrenzten Kegel mit Schall aus.

Der Rundstrahler ist besonders im Freien zur echofreien Schallversorgung zweckmäßig, wo eine größere Anzahl von Lautsprechern in 50...70 m Abstand aufgestellt wird.

C. Elektrische Schwingungen und Wellen

36. Geschlossener
Schwingungskreis

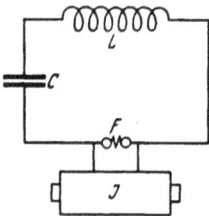

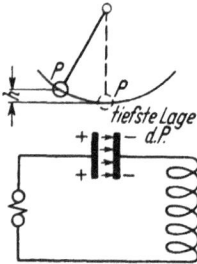

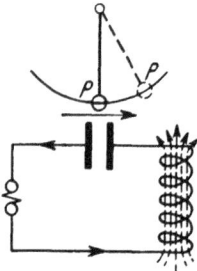

Zur Erzeugung der für die Funktechnik erforderlichen Wechselströme hoher Frequenz benutzt man den aus Kondensator C und Spule L zusammengesetzten geschlossenen Schwingungskreis. Die Erregung desselben kann durch Funken, Lichtbogen, Hochfrequenzmaschine und Elektronenröhre erfolgen. Obwohl die Funkenerregung heute nur im Laboratorium z. B. zur Erzeugung kleinster Wellen (4...10 mm) angewendet wird, soll sie hier wegen ihrer Anschaulichkeit der Erläuterung des Schwingungsvorganges zugrunde gelegt werden.

Die in den Kreis geschaltete Funkenstrecke F ist an einen Funkeninduktor I angeschlossen, durch welchen der Kondensator so lange aufgeladen wird, bis ein Funke überspringt.

Die Entladung des Kondensators beim Überspringen des Funkens erfolgt durch Schwingungen, die von ähnlicher Natur sind wie die Schwingungen eines Pendels.

I a) Das auf die Höhe h gehobene Pendel fällt beim Loslassen mit zunehmender Geschwindigkeit in seine tiefste Lage.

I b) Der auf die Spannung $(+U)$ aufgeladene Kondensator wird beim Überspringen des Funkens entladen, wobei ein Strom von zunehmender Stärke entsteht.

II a) Das Pendel kommt in der riefsten Lage mit größter Geschwindigkeit an und steigt infolge seiner Trägheit auf der anderen Seite wieder in die Höhe.

II b) Der Strom erlangt seine größte Stärke im Augenblick der Kondensatorentladung und wird durch die Trägheit des Magnetfeldes fortgesetzt, wodurch der Kondensator entgegengesetzt $(-U)$ aufgeladen wird.

III a) Das auf der Höhe h angelangte Pendel fällt mit zunehmender Geschwindigkeit wieder in seine tiefste Lage zurück.

III b) Der entgegengesetzt geladene Kondensator entlädt sich wieder, wobei ein Strom von zunehmender Stärke entsteht.

IV a) Das Pendel erreicht seine tiefste Lage mit größter Geschwindigkeit und steigt infolge seiner Trägheit wieder in seine Anfangslage h zurück.

IV b) Der Strom erlangt im Augenblick der Kondensatorentladung seine größte Stärke und setzt sich durch die Trägheit des Magnetfeldes fort. Der Kondensator wird wieder im ursprünglichen Sinne ($+ U$) aufgeladen.

Diesen Vorgang nennt man eine elektrische Schwingung. Beim Pendel setzt sich fortwährend das erlangte Fallbestreben in Geschwindigkeit, die Geschwindigkeit wieder in Fallbestreben usw. um. Bei der elektrischen Schwingung setzt sich die Kondensatorladung (elektrisches Kraftfeld) in Strom (magnetisches Kraftfeld), der Strom wieder in Kondensatorladung usw. um.

Mit dem Zu- und Abnehmen des Stromes nimmt auch die Helligkeit des Funkens stetig zu und ab. Der Helligkeitswechsel geht aber so schnell vor sich, daß man ihn mit bloßem Auge nicht wahrnehmen kann. Photographiert man aber den Funken F in einem sich schnell drehenden Spiegel S, so wird er auf der Platte P zu einem Lichtband auseinandergezogen, das aus einer Reihe einzelner heller und dunkler Streifen besteht. Aus der Drehzahl des Spiegels, der Streifenbreite und dem Abstand des Funkens vom Spiegel berechnet man die Schwingungsdauer. Diese ergibt sich je nach der Zahl der verwendeten Leidner Flaschen und Drahtspulen zu ein Zehntausendstel bis ein Hunderttausendstel Sekunde.

Die Dauer der Pendelschwingung ist um so größer, je länger das Pendel ist, und zwar wird sie 2-, 3-, 4mal so groß, wenn das Pendel 4-, 9-, 16mal so lang wird.

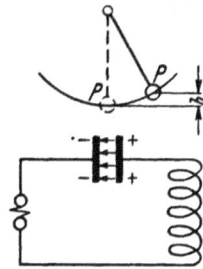

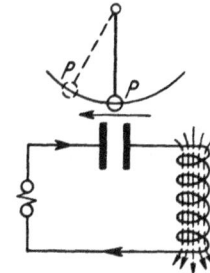

37. Nachweis der elektr. Schwingungen B. W. Feddersen 1857

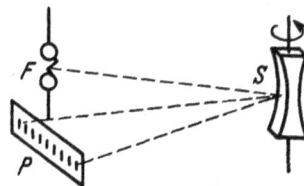

38. Schwingungsdauer
und Frequenz

$$T_{\text{sek}} = 2\,\pi\,\sqrt{C_{\text{Farad}} \cdot L_{\text{Henry}}}$$
$$= \frac{2\,\pi}{3 \cdot 10^{10}} \cdot \sqrt{C_{\text{cm}} \cdot L_{\text{cm}}}$$
$$f = \frac{1}{T} = \frac{1}{2\,\pi\,\sqrt{C_{\text{F}} \cdot L_{\text{H}}}}$$
$$\omega = 2\,\pi\,f = \frac{1}{\sqrt{C_{\text{F}} \cdot L_{\text{H}}}}$$

z. B.: $L = 20\,000$ cm
$C = 1\,800$ cm

$T = 1{,}25$ Millionstel Sek.

$f = 800$ kHz

39. Dämpfung der
Schwingungen

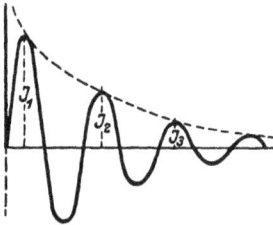

$$\frac{I_1}{I_2} = \frac{I_2}{I_3} = Y$$

$\dfrac{I_1}{I_2}$	$d = \log \text{nat}\ \dfrac{I_1}{I_2}$
$\dfrac{271}{100}$	1
$\dfrac{200}{100}$	0,7
$\dfrac{123}{100}$	0,2
$\dfrac{106}{100}$	0,05
$\dfrac{101}{100}$	0,01
$\dfrac{100,5}{100}$	0,005

$$d = \pi \cdot R_v\,\sqrt{\frac{C_{\text{F}}}{L_{\text{H}}}}$$
$$= \frac{\pi\,R_v}{\omega \cdot L_{\text{H}}}$$

Die Dauer der elektrischen Schwingungen ist um so größer, je größer die Kapazität und die Induktivität ist, und zwar wird die Schwingungsdauer 2- bzw. 3mal so groß, wenn die Kapazität oder Induktivität 4mal bzw. 9mal so groß wird.

Man kann die Schwingungsdauer T und ihren Kehrwert, die Frequenz $f = \dfrac{1}{T}$ aus der Thomsonschen Schwingungsformel berechnen, die je nach den Einheiten, in welchen man C und L mißt, verschiedene Zahlfaktoren erhält.

$2\,\pi = 6{,}28$ ist der Umfang eines Kreises vom Radius Eins.

An die 1. Schwingung schließt sich die 2., 3., 4. usw. an, bis infolge der Energieverluste (beim Pendel Reibung und Luftwiderstand) die Schwingungen ganz erlöschen. Wir erhalten einen Zug an Stärke abnehmender oder gedämpfter Schwingungen.

Die Dämpfung der Schwingungen erfolgt stets so, daß das Verhältnis zweier aufeinanderfolgender Schwingungsweiten (Amplituden) gleich bleibt.

Es ist also:

Die Berührungskurve der Wellenscheitel ist dann eine Exponentialkurve, die um so steiler abfällt, je größer die Dämpfung ist. Man kann das Amplitudenverhältnis durch Aufzeichnung der Schwingungen in der Braunschen Röhre (s. S. 116) ermitteln.

a) Dämpfungsdekrement und Spulengüte. Für die Rechnung und Messung ist es zweckmäßiger, an Stelle des Amplitudenverhältnisses dessen natürlichen Logarithmus zu verwenden, wie er nebenstehend für einige Amplitudenverhältnisse angegeben ist. Dieses logarithmische Dämpfungsdekrement d kann man ohne Kenntnis des Schwingungsverlaufs aus den Bestimmungsstücken des Schwingungskreises C, L und dem Verlustwiderstand R_v berechnen oder durch Aufnahme der Resonanzkurve (S. 82) messen.

Die Rechnung ergibt:

Bleiben C und L des Kreises konstant, so nimmt d mit dem Verlustwiderstand R_ϱ des Kreises zu.

Aus der Zeichnung ergibt sich, wie bei verschiedenen Dekrementen die Schwingungsamplitude abnimmt. Bei einem Dekrement von 0,1, wie es die alten durch Funken erregten Kreise hatten, kommen die Schwingungen bereits nach 50 Schwingungen zur Ruhe, während in einem verlustarmen Empfangskreis mit dem Dekrement 0,002 2500 Schwingungen bis zum Erlöschen ablaufen. Statt des Dämpfungsdekrementes wird in der Praxis zur Beurteilung einer Spule ihre Güte g verwendet, das ist das Verhältnis zwischen dem induktiven und dem Verlustwiderstand:

$$g = \frac{\omega L}{R_v} = \frac{\pi}{d}$$

In der Tabelle sind die Gütewerte typischer Spulen zusammengestellt.

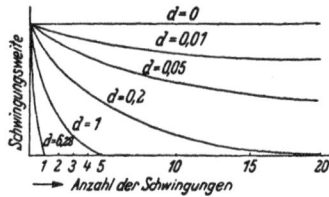

Gütewerte g verschiedener Spulen für die Frequenz 1 MHz

	Güte
a) 70 Windungen Cu-Lack-Draht 0,3 mm auf Hartpapierzylinder 60 mm ϕ	120
b) wie Spule a), jedoch mit HF-Litze 30 × 0,05 gewickelt	150
c) wie Spule b) in Aluminium-Abschirmtopf von 85 mm ϕ	115
d) 70 Windungen HF-Litze 30 × 0,05 auf HF-Topfkern	180
e) wie Spule d) in Abschirmtopf 45 mm ϕ	170
f) 100 Windungen HF-Litze 3 × 0,05 in Kreuzwicklung, ohne Spulenkörper, mittlerer Durchmesser 45 mm	160
g) freitragende Senderspule, 30 Windungen 50 cm ϕ, aus versilbertem Cu-Rohr	2200

b) Aperiodische Entladung.

Die Dämpfung eines schwingenden Systems kann so groß sein, daß schon innerhalb der ersten Halbschwingung die ganze Energie in Wärme verwandelt wird. In diesem Falle können keine Schwingungen entstehen; der Energieausgleich erfolgt nichtperiodisch oder aperiodisch.

Ein Pendel, welches z. B. in Öl aus seiner Ruhelage gebracht wird, kehrt langsam in seine Ruhelage zurück, ohne darüber hinauszupendeln. Die aperiodische Entladung tritt im Schwingungskreis ein, wenn der Verlustwiderstand des Kreises $R_v \geqq 2\sqrt{\dfrac{L}{C}}$ ist; das Dämpfungsdekrement wird dann:

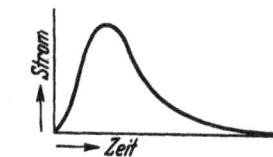

$$d \geqq 2\pi$$

40. Die Verlustquellen

Da im Schwingungszustand der Blindwiderstand R_L durch R_C aufgehoben wird, ist die Dämpfung ausschließlich durch den Verlustwiderstand bestimmt. Die Verlustquellen sind:

a) Die Stromwärme in sämtlichen Leitungsteilen, welche Ohmschen Widerstand bieten. Zu den Ohmschen Verlusten, die auch für Gleichstrom bestehen, treten für HF noch besondere Verluste, die die ersteren mitunter erheblich übertreffen. Hiezu gehören vor allem das Ansteigen des Widerstandes durch den Hauteffekt (S. 41) und die dielektrischen Verluste in der Isolation. Man kann den Hauteffekt bei Sendern durch Spulen aus Kupferbändern oder Rohren, bei Empfängern durch Verwendung von Litzendraht klein halten. Die HF-Litze besteht aus einem Bündel (5...30) einzelner lackisolierter Drähte von 0,03...0,1 mm ∅, die so verflochten sind, daß jeder Einzeldraht einmal im Innern nahe der Achse und dann wieder an der Oberfläche des Bündels verläuft.

z. B.: Widerstand von 10 m Kupferdraht von 0,5 mm ∅ 1,2 Ω für Gleichstrom 2,5 Ω bei $f = 10^6$ Hz

Für Frequenzen über 10 MHz ist der Gewinn bei Litzendraht nicht mehr nennenswert.

Der Verlustwiderstand R_v einer Spule läßt sich aus dem induktiven Widerstand R_L und der Güte g berechnen nach der Formel:

$$R_v = \frac{R_L}{g}$$

z. B. $L = 0,2 \cdot 10^{-3}$ Hy,
$f = 1000$ kHz, $g = 250$,
$R_L = 1256$ Ω,
$$R_v = \frac{1256}{250} = 5\ \Omega,$$

b) Die dielektrischen Verluste in der Spulenisolation und in der Zwischenschicht des Kondensators werden verursacht durch die rasche Umpolarisation des Dielektrikums und die hierbei zu leistende Arbeit der Elektronenverlagerung. Der Verlustwiderstand eines Kondensators ist gleich dem kapazitiven Widerstand R_C mal dem Verlustfaktor tg δ (Tangens Delta) des Isolators. Die Verlustleistung N nimmt mit dem Quadrat der angelegten Spannung U^2 und der Kreisfrequenz ω zu; sie hängt außerdem von dem Verlustfaktor tg δ des Isolators ab:

$$N = U^2 \cdot \omega\ \text{tg}\ \delta$$

δ ist dabei der Winkel, um welchen sich der Phasenunterschied des Stromes gegen die Spannung von 90° unterscheidet (S. 44).

Da tg δ für die praktisch verwendeten Isolatoren sehr klein ist (δ liegt für Quarz unter 1', für Porzellan bei 20′), gibt man in Tabellen meist das 10^4fache seines Wertes an.

Aus nebenstehender Tabelle ersieht man, daß der Verlustfaktor der keramischen Isolierstoffe (Calan, Frequenta usw.) erheblich niedriger liegt wie bei den früher verwendeten Isolierstoffen Porzellan, Hartgummi usw. Sie werden daher heute zum verlustarmen Aufbau von Kondensatoren und Spulen für Schwingungskreise bevorzugt. Bemerkenswert ist ferner die hohe Dielektrizitätskonstante ε von Condensa und Kerafar, welche zum Aufbau spannungsfester Kondensatoren dienen.

c) Die Wirbelströme, die in allen im Felde liegenden Metallteilen induziert werden. Die Anordnung des Schwingungskreises ist daher so zu treffen, daß größere Metallmassen von dem magnetischen Kraftfeld der Spule nicht geschnitten werden. Die Abschirmungen dürfen deshalb den Spulen nicht zu nahe stehen und sind aus gutleitendem Material (Kupfer oder Aluminium) herzustellen.

Auch durch Verwendung von Kernspulen oder von Ringspulen (S. 72) können infolge ihres geringeren Außenfeldes die Wirbelstromverluste klein gehalten werden.

d) Die Strahlung. Im Bereiche langer und mittlerer Wellen sind die Strahlungs-Verluste beim geschlossenen Schwingungskreis unbedeutend. Im Kurzwellengebiet können jedoch lange Leitungen in ungünstiger Anordnung, erhebliche Strahlungsverluste hervorrufen.

e) Die Übergangswiderstände an Lötstellen, Abgriffen. Die Verluste durch Oberflächenleitung und Sprühen sind durch sorgfältigen Bau in engen Grenzen zu halten.

Die Fernwirkung des geschlossenen Schwingungskreises ist für mittlere und lange Wellen gering, denn:

die elektrischen Kraftlinien gehen zwischen den Platten des Kondensators unmittelbar über und können nicht in den Raum austreten.

Isolator	ε	$tg\,\delta \cdot 10^4$ für f = 1000 kHz
Quarz . . .	3.8...4.7	1.0
Glimmer . .	6...8	1.6
Glas	6...8	5.3
Porzellan . .	5.4...6	55
Hartgummi .	2...3	65
Papier . . .	1.2...1.3	145
Pertinax . .	5.4	220
Calit	6.5	3.8
Calan . . .	6.5	3.2
Frequenta .	5.6...6.1	5.0
Trolitul . .	2.1...2.5	1.4
Condensa .	40...50	8.0
Condensa C	80...100	6.0
Kerafar R .	80	10...15

41. Offener Schwingungskreis

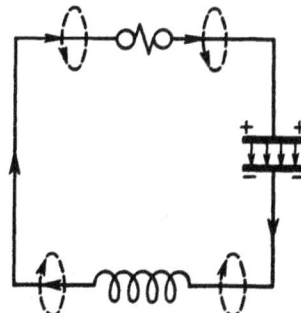

66

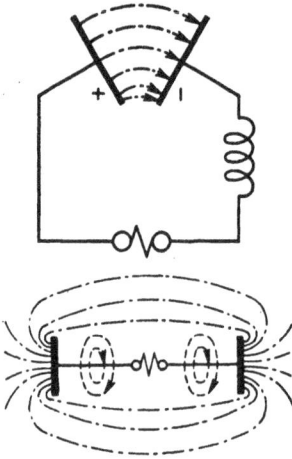

42. Elektrische Wellen

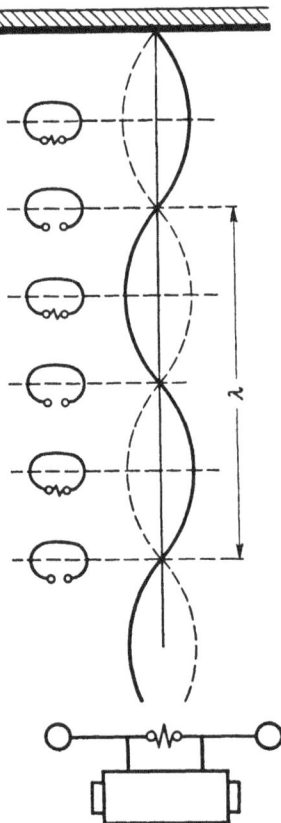

Die magnetischen Kraftfelder in zwei gegenüberliegenden Leitungsdrähten des Kreises sind entgegengesetzt gerichtet und heben sich in ihrer Fernwirkung auf.

Das Strahlungsvermögen des geschlossenen Schwingungskreises wird erhöht, sobald man die Kondensatorplatten voneinander trennt. Je weiter man die Platten entfernt, um so größer wird die Streuung der Kraftlinien und damit die Fernwirkung des Schwingungskreises. Im Grenzfall erhalten wir den offenen Schwingungskreis oder Dipol, der aus einer Funkenstrecke mit zwei geraden, an den Enden mit Kapazitätsflächen versehenen Drähten besteht. Der Dipol strahlt kräftig, denn die elektrischen Kraftlinien können sich weit im Raume ausbreiten, die magnetischen Kraftlinien sind in allen Teilen der Leitung gleichgerichtet und verstärken sich in ihrer Fernwirkung.

a) Nachweis (Heinrich Hertz 1886...89). Der Dipol wurde mit einem Funkeninduktor verbunden. Als Empfänger für die Wellen wurde ein Draht verwendet, der zu einem Ringe so weit zusammengebogen war, daß die Enden nur noch durch einen kleinen Abstand von rd. $1/5$ mm getrennt waren. Der Ring war mit Siegellack isoliert an einem Stativ befestigt. Brachte man diesen Drahtring (Resonator) dem arbeitenden Sender (Oszillator) in einiger Entfernung gegenüber, so zeigte sich die durch den Raum übertragene Energie durch Fünkchen zwischen den Enden des Ringes an.

Um die Länge der von dem Sender ausgehenden Wellen messen zu können, erzeugte man stehende elektrische Wellen im Raume. Gegenüber dem Dipol wurde in etwa 13 m Entfernung eine große Zinkwand angebracht, die zur Erde abgeleitet war. Während der Sender Wellen aussandte, wurde mit dem Drahtring das Feld abgetastet. Dabei fand man in gleichen Abständen von etwa 2 m Punkte, an denen keine Fünkchen auftraten, es waren dies die Knotenpunkte. Dazwischen waren Punkte, wo besonders kräftige Fünkchen auftraten, es waren die **Schwin-gungsbäuche**. Damit waren **stehende elek-**trische Wellen im Raum nachgewiesen. Die Länge der Wellen war gleich dem **doppelten** Abstand zweier aufeinanderfolgender Knoten, also im vor-liegenden Fall gleich 4 m.

b) **Frequenz, Wellenlänge und Ge-schwindigkeit.** Zwischen der Frequenz f und der durch die Schwingungen erregten Welle be-steht die Beziehung, daß die Wellen um so länger werden, je kleiner die Frequenz f ist. Ist c die feste Fortpflanzungsgeschwindigkeit der Wellen-bewegung, so besteht die Beziehung:

$$\lambda = \frac{c}{f}$$

Aus dieser Beziehung läßt sich die Geschwin-digkeit c der elektrischen Wellen aus λ und f be-rechnen. Es ist:

$$c = \lambda \cdot f$$

Zur Erzeugung von Wellen von 400 cm Länge ist z. B. ein Dipol erforderlich, dessen Frequenz 75 000 000 Hz beträgt. Hieraus folgt:

$$c = 4 \cdot 75 \cdot 10^8 = 3 \cdot 10^{10}\ \frac{\mathrm{cm}}{\mathrm{s}}$$
$$= 300\,000\ \frac{\mathrm{km}}{\mathrm{s}}$$

Es ist dies die gleiche Geschwindigkeit, mit der sich die Lichtwellen im freien Raum fortpflanzen. Damit ist bewiesen, daß die Lichtwellen wesens-gleich sind mit den elektrischen Wellen. Sie unter-scheiden sich nur durch ihre Länge, indem nämlich die für unser Auge als Licht und Farbe wahr-nehmbaren elektrischen Wellen nur 4...7 Zehn-tausendstel mm lang sind, wogegen in der Funken-telegraphie Wellen von 30 cm bis zu 30 km Länge verwendet werden.

Setzt man in obige Formel für λ den in Nr. 38 aus C und L berechneten Wert für f und den in cm/s ausgedrückten Wert für c ein, so erhält man:

$$\lambda_{\mathrm{cm}} = 2\,\pi\ \sqrt{C_{\mathrm{cm}} \cdot L_{\mathrm{cm}}}$$

Nebenstehende Tabelle zur Umrechnung von Wellenlängen in Frequenzen kann von links nach rechts oder von rechts nach links gelesen werden. Die 10-m-Welle entspricht z. B. der Frequenz 30 000 kHz oder die 30 000-m-Welle der Frequenz 10 kHz.

c) **Mechanismus der Wellenausbrei-tung im Raume.** Von den in der Umgebung

Wellenlänge in m	Frequenz in kHz
Frequenz in kHz	Wellenlänge in m
100	3 000
300	1 000
500	600
800	375
2 000	150
4 000	75
5 000	60
10 000	30
15 000	20
30 000	10

eines Dipols entstehenden magnetischen und elektrischen Kraftlinien schnürt sich im Takte der Schwingungen ein Teil ab, der sich als geschlossenes Bündel im Raume ausbreitet. Die Abschnürung und Fortpflanzung der elektrischen Kraftlinienbündel geht in folgenden vier Phasen vor sich:

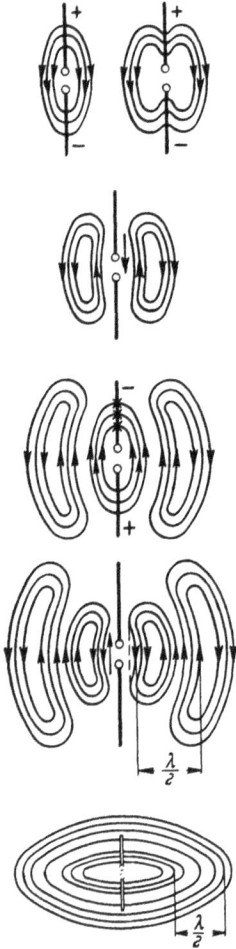

1. Viertel. Der aufgeladene Dipol ist von einem elektrischen Kraftfeld umgeben. Beim Übergehen des Funkens ziehen sich die Kraftlinien zusammen; es schnürt sich ein geschlossenes Kraftlinienbündel ab.

2. Viertel. Der Dipol ist entladen; das erste Kraftlinienbündel hat sich abgelöst. Der abwärts fließende Entladestrom wird durch die Induktivität des Dipols fortgesetzt. Der Dipol lädt sich umgekehrt, ein neues, dem ersten entgegengesetztes elektrisches Kraftfeld baut sich auf.

3. Viertel. Das neue elektrische Kraftfeld hat seine größte Ausdehnung und beginnt sich wieder abzuschnüren. Das ursprüngliche Kraftlinienbündel hat sich vergrößert und weiter entfernt.

4. Viertel. Der Dipol ist wieder entladen; das neue Kraftlinienbündel hat sich vollkommen abgelöst. Der Abstand zwischen den Mitten zweier aufeinanderfolgender Kraftlinienbündel ist die halbe Wellenlänge $\left(\frac{\lambda}{2}\right)$. Während der Dipol sich durch den aufwärts fließenden Strom von neuem auflädt, baut sich das elektrische Kraftfeld im ursprünglichen Sinne auf.

Mit den elektrischen Kraftlinien schreiten gleichzeitig die magnetischen Kraftlinien in konzentrischen Ringen von wellenförmig zu- und abnehmender Dichte fort.

Schwingt der Dipol weiter, so lösen sich weitere Bündel elektrischer und magnetischer Kraftlinien ab, die sich im Raume mit Lichtgeschwindigkeit fortpflanzen und die elektromagnetischen Wellen bilden.

Die elektrischen Kraftlinien laufen der Dipolachse parallel, während die magnetischen zu ihr senkrecht stehen. Beide Kraftfelder stehen senkrecht zur Strahlrichtung.

Während in der Nähe des Senders die elektrischen und magnetischen Kraftfelder ihre Höchstwerte abwechselnd durchlaufen, gehen sie in größerer Entfernung, wo die Änderung des magnetischen Feldes mit der Ausbildung eines elektrischen Feldes verknüpft ist, gleichzeitig durch ihre Höchstwerte bzw. durch die Werte Null hindurch. Ein von den Wellen durchzogenes Raumstück ist also im Takte der Schwingungen von gleichzeitig zu- und abnehmenden elektrischen und magnetischen Kraftfeldern erfüllt.

Für einen Dipol ohne Endkapazität ist die Wellenlänge der Grundschwingung rd. viermal so groß wie die Dipolhälfte l. Da sich die Welle im Draht langsamer ausbreitet als in Luft, ist sie im Draht kürzer wie in Luft. Die Dipolhälfte ist deshalb nur $0{,}95 \cdot \dfrac{\lambda}{4}$ lang zu nehmen.

Bei der Schwingungserregung eines Dipols können neben der Grundschwingung auch Oberschwingungen auftreten, deren Wellenlänge nach dem Gesetze $^4/_1\,l$, $^4/_3\,l$, $^4/_5\,l$ usw. abnimmt.

Während im geschlossenen Schwingungskreis die mittlere Stromstärke an allen Stellen den gleichen Wert besitzt, ist dies im offenen Kreis nicht der Fall.

In der Nähe der Funkenstrecke ist nämlich der Strom am größten (Strombauch), nach den Enden zu nimmt die Stromstärke allmählich ab und wird an den Enden selbst gleich Null (Stromknoten). Von dieser Stromverteilung kann man sich überzeugen, wenn man an verschiedenen Stellen eines horizontal ausgespannten Dipols Hitzdrahtamperemeter einschaltet.

Die Spannung verteilt sich umgekehrt; an den Enden liegen die Spannungsbäuche. Dort kann man die größten Funken ziehen. In der Mitte liegt der Spannungsknoten. Die Strom- und Spannungsverteilung' im offenen Schwingkreis entspricht einer stehenden elektrischen Welle.

43. Grund- und Oberschwingungen

$\lambda = 4\,l$

$\lambda = \tfrac{4}{7}\,l$ $\lambda = \tfrac{4}{3}\,l$ $\lambda = \tfrac{4}{5}\,l$

44. Verlängerung und Verkürzung der Welle eines Dipols

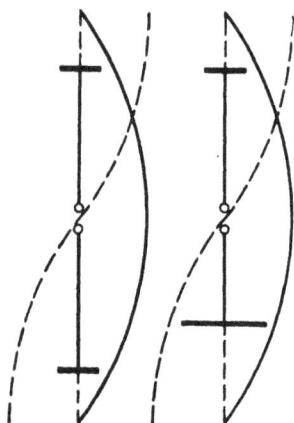

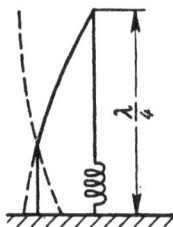

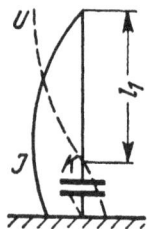

a) **Verlängerung durch Endkapazitäten.** Bringt man an den beiden Enden des Dipols Platten oder Kugeln zur Vergrößerung der Kapazität an, so wird die Schwingung verlangsamt und die Welle verlängert.

Sind die beiden Endkapazitäten gleich groß, so bleibt der Strombauch in der Mitte. Rückt man eine Kapazität näher an die Funkenstrecke heran, so muß man sie entsprechend vergrößern, damit der Strombauch in der Mitte bleibt. Befindet sich schließlich die Kapazität ganz nahe an der Funkenstrecke, so muß sie sehr groß gemacht werden, damit die Grundschwingung der oberen Senderhälfte bestehen bleibt. Als solche große Kapazität kann z. B. der gutleitende Erdboden oder ein isoliertes, über dem Erdboden gespanntes Drahtnetz (sog. Gegengewicht) dienen. Man kann also die eine Hälfte des Dipols durch eine Erdung ersetzen, ohne daß sich dabei die Grundschwingung ändert. (Geerdeter Halbdipol oder Antenne S. 87).

b) **Verlängerung durch Spule.** Schaltet man in den Strombauch der Antenne eine Spule, so wird ihre Induktivität vergrößert und damit die Welle verlängert. Die Einschaltung der Spule hat dieselbe Wirkung wie eine Verlängerung des Halbdipols.

Da die im Strombauch liegende Verlängerungsspule nur eine geringe Strahlung besitzt, macht man von der Möglichkeit der Antennenverlängerung bei Sendern nur in begrenztem Maße Gebrauch.

c) **Verkürzung durch Kondensator.** Schaltet man einen Kondensator in der Nähe des Strombauches einer geerdeten Antenne ein, so wird die Gesamtkapazität verkleinert, die Wellenlänge also verkürzt. Die Verringerung der Kapazität erklärt sich daraus, daß nunmehr zwei Kondensatoren hintereinander geschaltet sind, nämlich der Kondensator Antenne-Erde und der eingeschaltete Kondensator (S. 43).

Die Spannungsverteilung läßt die Verkürzung der Welle aus dem Hinaufrücken des Spannungsknotens K erkennen.

a) Die Zylinderspule aus versilbertem Kupferdraht oder Kupferrohr wird bei Sendern meist von zwei oder vier mit Kerben versehenen Holz- oder keramischen Stäben getragen. Von festen Kontakten oder von federnd aufsteckbaren Abgreifklammern können einzelne Windungen abgezweigt werden.

Die Zylinderspule wird für Kurzwellensender und -empfänger meist nur mit einer Halteleiste freitragend ausgeführt. Bei Kopplungen zweier Zylinderspulen empfiehlt es sich, die kleinere drehbar anzuordnen.

In Empfängern für mittlere Wellen werden die Zylinderspulen durch Aufwickeln einer Lage isolierten Drahtes (0,1...0,5 mm ⌀) auf einen Pertinax- oder Glimmerzylinder hergestellt. Besonders verlustarme Spulen erhält man durch Bewicklung eines Rippenrohres mit sternförmigem Querschnitt, das aus eingekerbten Pertinax- oder Glimmerstreifen, Trolitul oder Calit zusammengesetzt ist.

Sehr verlustfreie und konstante Spulen für Meßgeräte erhält man durch Einbrennen der Spulenwindungen auf Calitkörper in Form von Silberbelägen.

b) Stetig veränderbare Spulen (Variometer) beruhen auf der Anwendung zweier gegeneinander verstellbarer Spulen. Das Zylindervariometer besteht aus zwei ineinanderliegenden Zylinderspulen, von welchen die kleinere sich innerhalb der größeren drehen läßt. Stehen die beiden hintereinander geschalteten Spulen senkrecht zueinander, so besitzt die Gesamtinduktivität einen Mittelwert. Dreht man die innere Spule so in die äußere, daß die Wicklungen im gleichen Sinne laufen (a), so erhält man den größten Wert der Selbstinduktion, dreht man zurück, bis beide Spulen wieder ineinanderliegen und ihre Wicklungen entgegengesetzt verlaufen, so ergibt sich ihr kleinster Wert (b).

Um einen möglichst großen Bereich mit einem Variometer bestreichen zu können, muß der Luft-

45. Spulen im Schwingungskreis

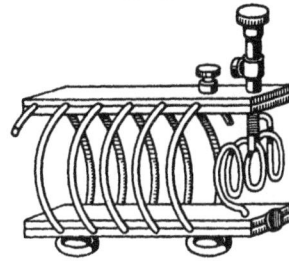

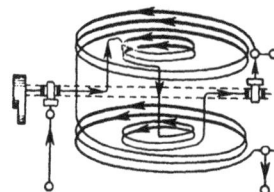

a) größte Selbstinduktion

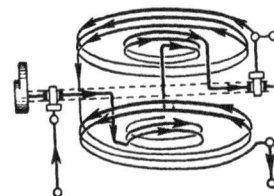

b) kleinste Selbstinduktion

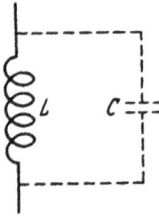

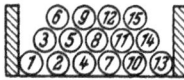

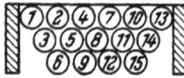

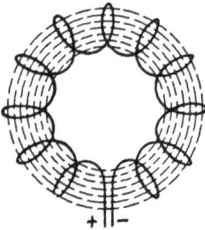

spalt zwischen der inneren und äußeren Wicklung möglichst klein gemacht werden. Man erreicht dies, indem man die Spulen auf eine Kugelkalotte wickelt (Kugelvariometer). Die Variometer sind bei Kleinhaltung der Eigenkapazität in Sendern für Wellen bis 15 m verwendbar.

c) Kapazitätsarme Spulen. Die Kapazität der Spule bildet für HF einen kapazitiven Nebenschluß, der den Scheinwiderstand der Spule herabsetzt oder im Schwingungskreis als unerwünschte Parallelkapazität wirkt. Man kann die Kapazität durch Unterteilung der Spule in mehrere Scheiben verringern. Mehrlagige Zylinderspulen werden nach nebenstehendem Schema kapazitätsarm gewickelt. Ferner kann der Abstand benachbarter Windungen durch kreuzweise Führung des Drahtes über die Stifte einer Schablone vergrößert und dadurch die Spulenkapazität verringert werden. Je nach der Anordnung der Stifte erhält man die Korbboden-, Korbmantel-, die Waben- und die Kreuzwickelspule.

d) Spulen mit schwachem Außenfeld und dadurch verringerter Kopplungsfähigkeit. Von außen einwirkende Kraftfelder, z. B. durch die Welle des Ortssenders, vermögen in derartigen Spulen praktisch keinen Strom zu induzieren, da sich die auftretenden Induktionsspannungen aufheben. Erwähnt sei hier:

Die Ringspule, bei welcher eine zylinderförmige Wicklung ringförmig zusammengebogen ist, so daß die Wicklungsenden an der gleichen Stelle nach außen führen.

e) Die Abschirmung der Spulen dient dazu, unerwünschte Kopplungen mit benachbarten Spulen sowie die Einwirkung von außen kommender Kraftfelder (z. B. des Ortssenders) zu verhindern. Sie wird bewirkt durch eine Haube aus Kupfer oder Aluminiumblech von 0,3...0,5 mm Stärke, deren Radius zur Kleinhaltung der Wirbelströme 1...1,5 cm größer sein muß wie derjenige der Spule.

f) Die HF-Kernspulen enthalten Kerne, die aus feinverteiltem mit Isolierlack zusammengepreßtem Eisenpulver (z. B. Sirufer) bestehen, das nur geringe Hysteresisverluste verursacht. Da der Kern die Induktivität bedeutend erhöht, kann man eine bestimmte Selbstinduktion mit einem Bruchteil (etwa $^1/_4$) der für Luftspulen erforderlichen Windungszahl und kleinerem Spulendurchmesser erreichen.

Die hierdurch erzielte Verringerung der Kupferverluste überwiegt in bestimmten Frequenzbereichen die zusätzlichen Eisenverluste, so daß die Gesamtverluste der Kernspule geringer sein können wie die einer Luftspule gleicher Induktivität.

Ein weiterer Vorteil der Kernspulen ist die bequeme Abgleichmöglichkeit auf eine bestimmte Induktivität durch Einstellung des Luftspaltes oder der Eintauchtiefe des Kerns in die Spule. Man kann diese Variation der Induktivität sogar zum Abstimmen der Schwingungskreise an Stelle der Drehkondensatoren verwenden. (Permeabilitätsabstimmung.)

a) Feste Kondensatoren werden gewöhnlich aus Stanniolbelägen zusammengesetzt, welche durch eine isolierende Zwischenschicht voneinander getrennt sind. Durch Aufeinanderlegen mehrerer Beläge, die abwechselnd rechts oder links verbunden werden, kann man hohe Kapazitäten auf kleinem Raum zusammenbringen. Je nach der Art des verwendeten Dielektrikums unterscheidet man:

Papierkondensatoren mit geöltem oder paraffiniertem Papier als Zwischenschicht, die häufig auch aus Bändern von Stanniol mit Papier gewickelt werden (Wickelkondensatoren).

Glimmerkondensatoren. Hier werden Metallfolien und Glimmer abwechselnd aufeinandergeschichtet und zusammengepreßt.

Neuerdings werden die Silberbeläge auch direkt auf den Glimmer aufgebrannt. Die feuerversilberten Glimmerplättchen lassen sich als flache Pakete in Isolierwannen aus Calit oder in Röhrenform (Rollglimmer-Kondensato-

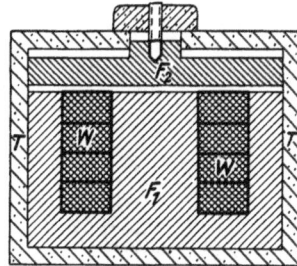

F_1 Siruferkern
F_2 verstellbarer Anker
W Wicklungen
T Trolitulgehäuse

46. Kondensatoren im Schwingungskreis

ren) mit eingelöteten Anschlußklemmen herstellen.

Luftkondensatoren mit feststehenden
Platten werden wegen ihrer geringen dielektrischen Verluste als Blockkondensatoren bei Kurzwellenschaltungen vielfach benützt.

Kondensatoren mit keramischen Isolierstoffen (Calit, Calan, Condensa...). Wegen
der hohen Dielektrizitätskonstante kann man (s.
S. 42) die Zwischenschicht dicker machen und so
Kondensatoren hoher Spannungsfestigkeit auf
kleinsten Raum zusammenbauen. Sie werden mit
aufgebrannten Silberbelägen in Platten-, Röhren-
und Hütchenform für Kapazitäten von 3...3500 cm
hergestellt. Ihre Spannungsfestigkeit liegt für
Empfängerkondensatoren bei 1500 V und für
Senderkondensatoren bei 18 000 V.

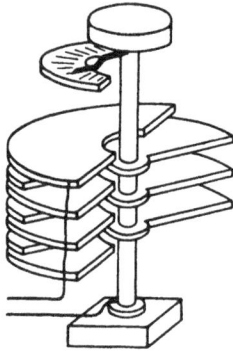

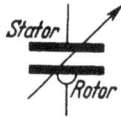

b) Drehkondensatoren stellen den veränderlichen Teil im Empfangsschwingungskreis
dar. Sie bestehen aus einem Satz feststehender
Messing- oder Aluminiumplatten (dem Stator)
und einem Satz um eine Achse drehbarer Platten (dem Rotor). Je mehr der Rotor in den Stator
hineingedreht wird, um so größer wird die Kapazität des Kondensators. Die 180 Grade umfassende
Halbdrehung des Knopfes wird jetzt allgemein in
100 Teile eingeteilt. Zur Einstellung kleinster Ka-
pazitätsunterschiede dient die Feineinstellung.
Der Rotor wird zur Beseitigung der Handkapazität
stets mit dem Gerätechassis verbunden und dadurch geerdet.

Das Gesetz der Zunahme der Kapazität mit
dem Drehwinkel ist durch die Randkurve der
Platten bestimmt. Wir unterscheiden danach:

I. Die Kreisplatten-Kondensatoren, bei
welchen die Kapazität proportional mit dem Drehwinkel φ zunimmt, was sich graphisch durch eine
Gerade darstellt. Schaltet man den Kondensator
mit einer Spule zu einem Schwingungskreis zusammen, so nimmt die Wellenlänge λ des Kreises
nach einer Kurve (nach oben gekrümmte Parabel)
mit dem Drehwinkel φ des Kondensators zu. Da

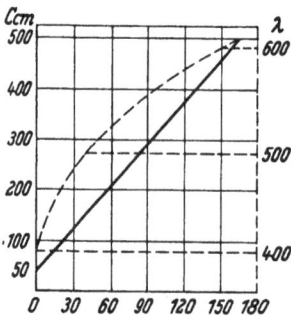

Plattenformen

Kreisplatten-
Kondensatoren
gerade Kapazitätskurve

die Kurve anfänglich sehr steil verläuft, drängen sich die Wellen im Bereich der kleinen Drehwinkel stärker zusammen, so daß eine scharfe Einstellung dort schwierig ist.

II. Der wellengleiche Kondensator ergibt durch die Nierenform (b) der Platten, mit einer beliebigen Induktivität zusammengeschaltet, eine geradlinige Zunahme der Wellenlänge mit dem Drehwinkel.

III. Der frequenzgleiche Kondensator, welcher Platten mit etwas spitzeren Randkurven (a) besitzt, liefert mit einer bestimmten Induktivität eine Frequenzgerade bei stetiger Drehung des Rotors. Stationen mit gleichem Frequenzabstand (z. B. Rundfunksender) verteilen sich demnach gleichmäßig auf die Gradeinteilung des Kondensators.

Glimmerdrehkondensatoren werden wegen der geringen Abmessungen vielfach in Sperrkreisen und als Rückkopplungskondensatoren verwendet. Wegen der höheren dielektrischen Verluste sind sie jedoch zu Abstimmkreisen weniger geeignet.

Gekoppelte Kondensatoren. Bei Mehrkreisempfängern setzt man zwei oder drei Rotoren auf dieselbe Achse und schirmt die Kondensatoren durch eine geerdete Metallwand gegeneinander ab.

c) Trimmer oder Quetschkondensatoren. Bei diesen wird die Kapazität durch mehr oder weniger starkes Zusammenpressen (Quetschen) zweier durch Glimmer G getrennter Beläge (A und B) verändert. Es lassen sich dadurch mit Belagflächen von einigen cm^2 Fläche Kapazitätsänderungen von 10...300 cm hervorrufen. Diese Trimmer werden zum Abgleichen von Schwingungskreisen verwendet.

d) Der Differentialkondensator mit zwei festen Plattensätzen (Stator A und B) und einem beweglichen Plattensatz (Rotor C) hat die Eigenschaft, daß beim Drehen die Kapazität zwischen Rotor und Stator A genau so viel zunimmt,

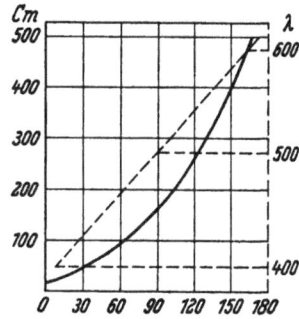

Nierenplatten-Kondensatoren gerade Wellenlängekurve

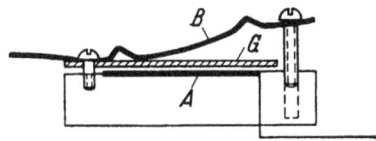

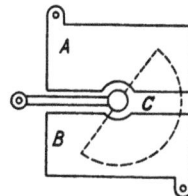

wie die Kapazität zwischen Rotor und Stator *B* abnimmt. Schaltet man beide Statoren parallel, so bleibt die gemeinsame Kapazität bei Drehung des Rotors unverändert.

Anwendung: Kapazitive Antennenkopplung, Rückkopplungsregelung.

47. Der Elektrolyt-kondensator

Der Elektrolytkondensator besteht aus einem Aluminium- und einem Stanniolbelag mit zwischenliegenden Papier- oder Leinwandstreifen, die so aufgewickelt sind, daß der Aluminium-streifen mit einem Zuleitungsdraht, der Stanniol-streifen mit dem umschließenden Becher verbunden ist. Die Leinwand wird mit einer Lösung von Borax und Natriumperborat getränkt.

Schließt man die Aluminiumfolie an eine positive, die Becherwand an eine negative Spannung, so überzieht sich der Aluminiumbelag mit einer dünnen Schicht von Aluminiumoxyd, die als Dielektrikum wirkt. Nach 24 stündigem Stromdurch-gang sind die Beläge formiert, die Zelle wirkt für die angeschlossene Gleichspannung als Kondensator. Da die Beläge sowie die Zwischenschichten sehr dünn sind, kann man hohe Kapazitäten bis 5000 μF mit Elektrolytkondensatoren herstellen. Sie eignen sich besonders in Netzanschlüssen zur Glättung des Gleichstromes. Hiebei spielt der geringe Reststrom, der sich bei Elektrolytkonden-satoren nicht vermeiden läßt, keine Rolle.

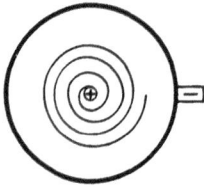

D. Resonanz

a) Resonanz zweier gleichgestimmter Stimmgabeln A und B (lose Kopplung). Schlägt man Stimmgabel A an, so fängt allmählich auch die Gabel B an zu schwingen, was durch die Bewegung des Pendelchens sichtbar wird.

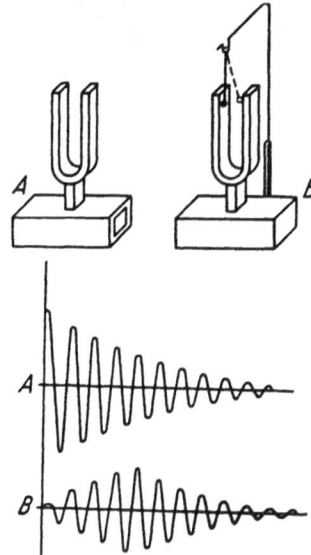

Die von A ausgehenden schwachen Stöße pflanzen sich in der Luft fort und treffen auf B. Jeder Stoß erteilt der Stimmgabel eine äußerst geringe Bewegung, die einzeln nicht wahrgenommen werden kann. Da aber in der Sekunde einige hundert Stöße genau in dem Takte auftreffen, dem die Stimmgabel B folgen kann, so verstärken sie sich gegenseitig, bis schließlich B in merkliche Schwingung gerät und tönt. Diese Übertragung der Schwingungen nennt man Mittönen oder Resonanz.

Sobald man B verstimmt, z. B. durch Ankleben von Wachs, ist B nicht mehr imstande, im Takte der von A ausgehenden Stöße zu schwingen, es findet keine Summierung der Stöße statt, die Stimmgabel bleibt in Ruhe.

Damit eine kräftige Resonanzwirkung auftritt, müssen die Schwingungen von A möglichst lang anhalten, also schwach gedämpft sein. Die von A nach B übertragene Energie ist so klein, daß kein Rückschwingen von B nach A stattfindet. Eine derartige Einwirkung zweier schwingungsfähiger Systeme bezeichnet man als lose Kopplung.

b) Resonanz zweier gleichlanger Federpendel P und Q, die an einer Schnur aufgehängt sind (feste Kopplung). Versetzt man P in Schwingung, so fängt allmählich Q an mitzuschwingen, wobei die Schwingungen von P abnehmen und in

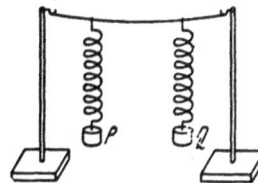

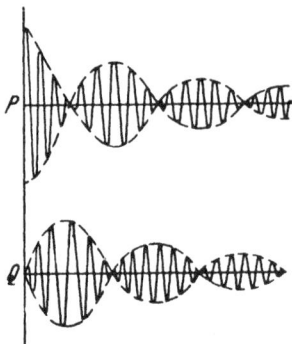

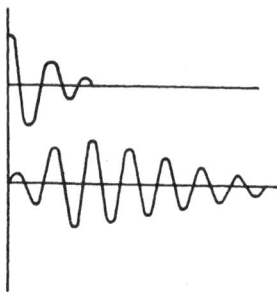

Beispiel: $f_s = f_2 - f_1$
$$f_1 = 20$$
$$f_2 = 22$$
$$f_s = 2$$

49. Elektr. Resonanz
(Lose Kopplung)

dem Augenblick aufhören, in welchem Q seine größte Bewegung erreicht hat. Von nun an übertragen sich die Schwingungen von Q wieder auf P zurück, bis Q zur Ruhe kommt. Die Energie pendelt zwischen P und Q so lange hin und her, bis die Schwingungen infolge der Dämpfung erlöschen. Jedes der beiden Pendel führt dabei Schwebungen, das sind Schwingungen von stetig zu- und abnehmender Stärke, aus. Man nennt diese Einwirkung zweier schwingender Systeme aufeinander enge oder feste Kopplung.

Der Übergang der Bewegung von einem Pendel zum andern erfolgt um so rascher, je fester die Kopplung ist, d. h. je näher sich die Aufhängepunkte der Pendel rücken.

c) Zerlegung der Schwebung. Jede Schwebung kann durch Zusammenwirken zweier wenig verschiedener Einzelschwingungen erzeugt werden, z. B. in der Akustik durch zwei verstimmte Pfeifen, bei welchen sich die Schwebung dem Ohr durch ein gleichmäßiges Zu- und Abnehmen der Lautstärke bemerkbar macht. Umgekehrt läßt sich jede Schwebung in zwei verschiedene Einzelschwingungen zerlegen, deren Unterschied um so größer ist, je rascher die Schwebungen folgen. Die Zahl der Schwebungen in der Sekunde f_s ist gleich der Differenz der beiden sich überlagernden Schwingungszahlen f_1 und f_2.

d) Stoßerregung. Wenn man das Pendel P, nachdem es das erstemal seine Schwingungsenergie auf Q übertragen hat, festhält, schwingt Q in seiner Eigenschwingung mit schwacher Dämpfung weiter. Pendel P diente also nur dazu, um die Schwingungen von Q anzustoßen.

Die Erscheinungen der Resonanz lassen sich auch mit elektrischen Schwingungskreisen hervorrufen. Der primäre Kreis I mit festem Kondensator C_1 und Spule L_1 wird durch Funkeninduktor erregt. Der sekundäre Kreis II mit Spule L_2 und Drehkondensator C_2 besitzt einen Hitzdraht-Strommesser A zum Anzeigen der aufgenommenen

Schwingungsenergie. Die in I erregten Schwingungen übertragen sich durch Induktion von der Spule L_1 auf L_2 und regen in II Schwingungen an. Diese erzwungenen Schwingungen sind bei beliebiger Einstellung des Kondensators C_2 so schwach, daß sie der Strommesser nicht anzeigen kann.

Macht man aber durch Regelung des Drehkondensators C_2 die Eigenschwingung von II gleich der von I, so summieren sich in II die von I übertragenen Stöße zu einem größten Wert, den das Hitzdrahtinstrument anzeigt (Resonanz). Die Bedingung der elektrischen Resonanz heißt:

Aus dieser Gleichung läßt sich eine Größe, z. B. C_2, ermitteln, wenn die drei übrigen C_1, L_1 und L_2 bekannt sind.

Die Kopplung, das ist die elektrische Verbindung der beiden in Resonanz befindlichen Kreise, wird als induktive, galvanische und kapazitive Kopplung angewandt.

a) Bei der induktiven Kopplung, wie sie im vorigen Versuche verwendet wurde, wirkt die Strombahn des primären Kreises durch das magnetische Kraftfeld auf den sekundären Kreis; sie ist also um so fester, je mehr Kraftlinien des Kreises I den Kreis II schneiden. Der Kopplungsgrad ist: darin ist M das Maß der gegenseitigen Induktion der Kreise I und II; es wird durch die Windungszahlen und den Abstand der Spulen L_1 und L_2 bestimmt.

b) Die galvanische Kopplung wird durch einen beiden Kreisen gemeinsamen Ohmschen Widerstand R hergestellt.

Die Übertragung der Energie von Kreis I auf Kreis II wird hier durch die Spannung an den Enden des Widerstandes bewirkt. Widerstände von einigen Zehnteln Ohm genügen meist zur optimalen Kopplung. Da durch den Ohmschen Widerstand jedoch eine unerwünschte Zusatzdämpfung bewirkt wird, verwendet man die Widerstandskopplung zwischen Schwingungskreisen selten.

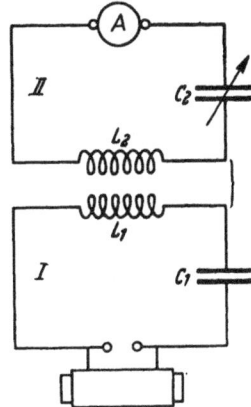

$$T_1 = T_2,\ \text{oder:}$$
$$2\pi\sqrt{C_1 \cdot L_1} = 2\pi\sqrt{C_2 \cdot L_2}$$
$$C_1 \cdot L_1 = C_2 \cdot L_2$$

50. Kopplungsarten

$$k = \frac{M}{\sqrt{L_1 \cdot L_2}}$$

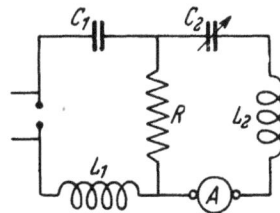

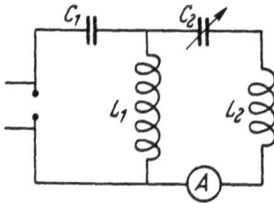

$$k = \sqrt{\frac{L_1}{L_2}} \text{ oder da:}$$

$$L_1 C_1 = L_2 \cdot C_2$$

$$k = \sqrt{\frac{C_2}{C_1}}$$

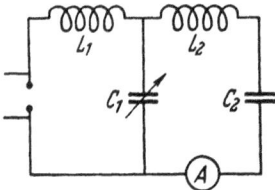

51. Wellen- oder Frequenzmesser

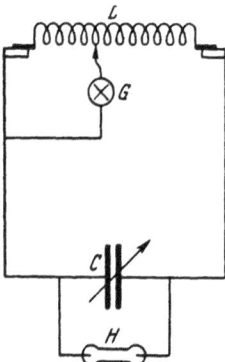

$G =$ Glühlampe,
$H =$ Heliumröhre
zur Resonanzanzeige

Eine Verbindung einer induktiven und galvanischen Kopplung erhält man, wenn man statt des gemeinsamen Widerstandes einen Teil oder die ganze Spule L_1 des Kreises I zur Kopplung verwendet. Es ist dann $M = L_1$.

Für den Fall, daß die ganze Spule des Kreises I eingeschaltet wird, ergibt sich für den Kopplungsfaktor die einfache Formel:

Aus der Formel sieht man, daß die Kopplung fester wird, wenn man C_2 auf Kosten von L_2 vergrößert.

c) Bei der kapazitiven Kopplung vermitteln die elektrischen Kraftlinien eines beiden Kreisen gemeinsamen Kondensators C_1 die Wechselwirkung zwischen Primär- und Sekundärkreis. Sie wird um so fester, je kleiner der gemeinsame Kondensator C_1 bzw. je größer dessen kapazitiver Widerstand ist.

a) Aufbau. Der Wellenmesser ist ein aus einer verlustarmen Spule L und einem ebensolchen Drehkondensator C (300 cm) bestehender Schwingungskreis, der für die einzelnen Stellungen des Kondensators nach Wellenlängen oder Frequenzen geeicht ist. Durch Auswechslung der Spule des Wellenmessers erhält man verschiedene Meßbereiche. Die Spulen müssen so gewählt sein, daß sich die einzelnen Meßbereiche überlappen. Die zu den verschiedenen Spulen L_1, L_2 usw. und den abgelesenen Kondensatorgraden gehörigen Wellenlängen bzw. Frequenzen werden aus einer Kurventafel entnommen.

Zur Messung kleinster Wellenunterschiede (z. B. bei kurzen Wellen) legt man dem Drehkondensator einen festen, sog. Bandkondensator (S. 197) parallel.

Die Wellenmessung beruht auf der Resonanz, wobei der Meßkreis zur Bestimmung der Welle eines Senders als Empfänger, zur Bestimmung der Welle eines Empfängers als Sender arbeiten muß.

b) Der Wellenmesser als Empfänger ist zur Feststellung der Resonanz mit einem Anzeigegerät (Indikator) versehen,

Als Indikator kann man an einige Windungen der Spule oder an einen Reihenkondensator C_1 (2000 cm) ein Hitzdrahtwattmeter anschließen. Da das Wattmeter aber durch Energieverbrauch den Meßkreis dämpft, verwendet man für genauere Messungen den Detektor (S. 166), der an die Spule L angekoppelt mit einem Telephon zu einem aperiodischen Kreis zusammengeschaltet wird. Zur Messung der Welle eines Senders koppelt man diesen lose mit der Spule des Meßkreises und dreht den Meßkondensator durch, bis das Anzeigegerät die Resonanz durch den Größtwert des Stromes im Galvanometer oder der Lautstärke im Telephon angibt. Aus der abgelesenen Einstellung des Drehkondensators ermittelt man aus dem Kurvenblatt die gesuchte Wellenlänge.

c) Der Wellenmesser als Sender. Will man die Welle eines nicht schwingenden Kreises messen, so muß der Meßkreis zu Schwingungen erregt werden, was am einfachsten durch den Summer geschieht.

Der Summer S liegt mit Element E und Taste T parallel zum Kondensator des Wellenmessers und wird durch Drücken der Taste T eingeschaltet. Bei jeder Schließung des Summerkreises nimmt der Kondensator eine Ladung auf, die sich nach Öffnung des Summerkreises in gedämpfte Schwingungen über die Spule L umsetzt.

Zur Messung der Welle erregt man den Empfangskreis II durch den Wellenmesser in Summerschaltung und koppelt den Detektorkreis mit Telephon an eine Schleife des Empfangskreises. Während man am Telephon horcht, dreht man den Meßkondensator durch, bis man ein Anwachsen der Stärke des Summertones vernimmt. Die Einstellung auf die größte Lautstärke im Telephon entspricht der Resonanz zwischen I und II. Die am Wellenmesser abgelesene Welle ist die gesuchte Welle des Kreises II.

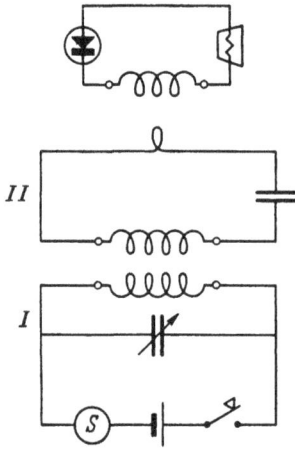

52. Resonanzkurve und Dämpfungsmessung

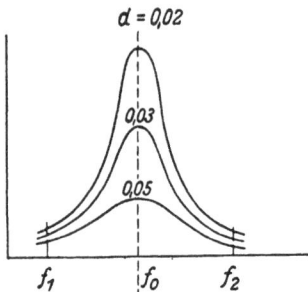

$d = 0,02$

$0,03$

$0,05$

f_1 f_0 f_2

Resonanzkurven für versch. Dekremente

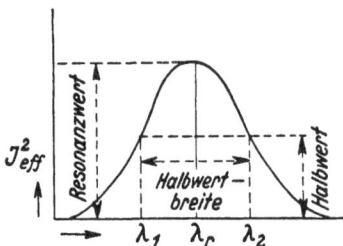

J^2_{eff}

Resonanzwert

Halbwert

Halbwert-breite

λ_1 λ_r λ_2

Die Genauigkeit des summererregten Wellenmessers ist wegen der Dämpfung der Schwingungen begrenzt; zu genaueren Messungen dient der Röhrenwellenmesser.

d) Die Eichung des Wellenmessers erfolgt am einfachsten mit einem Rundfunkempfänger, der auf die festen Wellen bekannter Sender eingestellt wird. Man beginnt z. B. mit der Einstellung auf den Ortssender. Hierauf koppelt man den durch Summer erregten Wellenmesser mit dem Empfänger und dreht dessen Kondensator durch, bis das Summergeräusch im Empfänger am stärksten ist. Die Einstellung des Kondensators entspricht der Welle des Ortssenders. Hierauf wiederholt man die Messung mit anderen gut vernehmbaren Sendern, trägt die gefundenen Werte in ein Koordinatennetz ein und verbindet die einzelnen Punkte durch eine Kurve (s. S. 74).

a) Aufnahme der Resonanzkurve. Wenn man mit dem Wellenmesser die Welle eines primären Kreises I mißt, so setzt der Ausschlag des Hitzdrahtwattmeters oder des Galvanometers bereits vor Erreichung des Resonanzwertes ein und hört erst nach seiner Überschreitung wieder auf. Es beruht dies auf einer Energieübertragung bei unscharfer Resonanz. Je näher man an die Stelle der scharfen Resonanz kommt, um so mehr wird der Ausschlag des Meßgerätes zunehmen.

Bestimmt man für die am Wellenmesser abgelesenen Wellen nahe vor und nach der Resonanzlage die zugehörigen Energiewerte und stellt sie graphisch dar, so erhält man die Resonanzkurve.

b) Dämpfungsmessung. Der Verlauf der Resonanzkurve hängt wesentlich von den Dämpfungen in beiden Kreisen ab. Je geringer diese sind, um so steiler ist der Anstieg und Abfall der Kurve und um so größer ist der bei gleichstarker Erregung erreichte Resonanzwert. Man kann daher aus der Resonanzkurve das Dämpfungsdekrement d (S. 62) ermitteln.

Man bestimmt hierzu die Werte der Wellen
vor und nach der Resonanzlage, für die das Wattmeter nur noch die Hälfte des Resonanzwertes
anzeigt. Das Dekrement des Schwingungskreises
ist dann:

$$d = \pi \cdot \frac{\lambda_2 - \lambda_1}{\lambda_r}$$

Falls der Meßkreis nicht nach Wellenlängen
geeicht ist, kann man statt der Wellen λ_1, λ_2, λ_r die
zugehörigen Kapazitätswerte C_1, C_2 und C_r des
Kondensators ablesen. Es ist dann:

$$d = \frac{\pi}{2} \cdot \frac{C_2 - C_1}{C_r}$$

Zur Messung der Dämpfung eines Empfangskreises verwendet man als Anzeigeinstrument
einen lose gekoppelten Galvanometerkreis und
zur Erregung der Schwingungen einen Röhren-
kreis, der ungedämpfte Wellen liefert. Um den
Galvanometerkreis vor einer direkten Einwirkung
des Röhrensenders zu schützen, legt man ihre
Kopplungsspulen senkrecht zueinander. Die Messung des Dekrements wird wie oben durchgeführt,
nur muß man berücksichtigen, daß das Galvanometer den Resonanzstrom anzeigt. Man muß daher die beiderseitige Verstimmung so vornehmen,
daß der Strom auf den $\frac{1}{\sqrt{2}} = 0{,}71$ten Teil sinkt.
I_{eff}^2 sinkt dann wie oben auf die Hälfte.

c) Die Halbwertbreite. Nimmt man die
Resonanzkurven mit einem nach Frequenzen geeichten Wellenmesser auf, so ist näherungsweise:

$$d = \pi \frac{f_1 - f_2}{f_r} = \pi \cdot \frac{b}{f_r}$$

Die Resonanzkurve ist dann gekennzeichnet
durch die Halbwertbreite b, d. i. der Frequenz-
unterschied $f_1 - f_2$ in halber Höhe des Resonanzwertes. Für eine feste Resonanzfrequenz ist die
Halbwertbreite um so kleiner, je geringer die
Dämpfung ist. Andererseits wird bei gleicher
Dämpfung die Halbwertbreite um so kleiner, je
kleiner die Resonanzfrequenz, d. h. je länger die
Resonanzwelle ist. Hierauf beruht die Erhöhung
der Trennschärfe beim Überlagerungsempfänger
(S. 193).

a) Bestimmung der Kopplungswellen.
Zwei Schwingkreise seien zunächst für sich allein
auf die gleiche Welle λ abgestimmt. Hierauf werden beide Kreise durch Nähern der Spulen eng

53. Elektr. Resonanz
in enger Kopplung

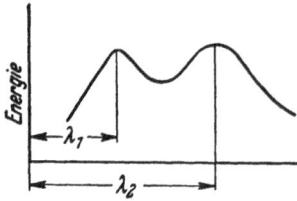

$$k = \frac{\lambda_2 - \lambda_1}{\lambda} \cdot 100\,{}^0/_0$$

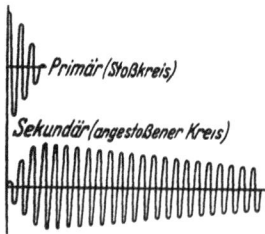

Primär (Stoßkreis)

Sekundär (angestoßener Kreis)

54. Messung von Kapazität und Induktivität

Aus $\lambda_m = \dfrac{2\,\pi}{100} \sqrt{L_{cm} \cdot C_{cm}}$

folgt:

$$C_{cm} = 253 \cdot \frac{\lambda^2{}_m}{L_{cm}}$$

$$L_{cm} = 253 \cdot \frac{\lambda^2{}_m}{C_{cm}}.$$

$$f = \frac{1}{2\,\pi \cdot \sqrt{L_H \cdot C_F}}$$

$$L_H = \frac{0,0253}{f^2 \cdot C_F}$$

$$C_F = \frac{0,0253}{f^2 \cdot L_H}$$

gekoppelt. Die Energie schwingt dann zwischen den beiden Kreisen ähnlich wie bei den enggekoppelten Pendeln hin und her; in jedem Kreise treten Schwebungen auf, die sich in einem an den Empfangskreis lose angekoppelten Wellenmesser durch das Auftreten zweier Kopplungswellen λ_1 und λ_2 anzeigen. Die Resonanzkurve weist zwei Höcker auf. Die beiden Kopplungswellen unterscheiden sich von der Eigenwelle der Kreise um so mehr, je enger die Kopplung ist. Man kann daher den Kopplungsgrad k (vgl. Nr. 50 auf S. 79) aus dem Unterschied der Kopplungswellen und der Eigenwelle ermitteln. Es ist nämlich:....

b) **Stoßerregung.** Das Zurückfluten der Energie vom Sekundärkreis in den Primärkreis bei enger Kopplung wird dadurch ermöglicht, daß die Funkenstrecke, auch nach dem Erlöschen des Funkens, infolge der Ionisierung der Luft ihre Leitfähigkeit noch kurze Zeit beibehält. Sorgt man aber dafür, daß die Funkenstrecke nach dem Abreißen des Funkens ihre Leitfähigkeit vollkommen verliert (Löschfunkenstrecke), so kann die Energie von Kreis II nicht mehr nach Kreis I zurückschwingen; sie ist vielmehr gezwungen, in der Eigenschwingung des Kreises II auszuschwingen. Kreis I diente dann nur dazu, die Schwingungen in II anzustoßen (Stoßerregung).

a) Man schaltet unter Verwendung möglichst kurzer und dicker Verbindungsdrähte die gesuchte Kapazität C_x mit einer bekannten Selbstinduktion L, oder die gesuchte Selbstinduktion L_x mit einer Kapazität C zu einem Schwingungskreis zusammen und mißt die Welle λ oder die Frequenz f.

Nach nebenstehenden Formeln berechnet man aus λ und L den gesuchten Wert für C, aus λ und C den Wert L.

Geht man von der Formel für die Frequenz aus, so ergibt sich entsprechend:

b) Statt der Formeln kann man sich mit großem Vorteil der nachstehenden Fluchtentafel bedienen. Auf dieser sind die Werte C_{cm}, L_{cm} und λ_m auf drei parallelen Achsen so aufgetragen, daß drei

L^{cm}

$1 \cdot 10^7$
8
6
$5 \cdot 10^6$
4
3
2

$1 \cdot 10^6$
8
6
$5 \cdot 10^5$
4
3
2

$1 \cdot 10^5$
8
6
$5 \cdot 10^4$
4
3
2

$1 \cdot 10^4$
8
6
$5 \cdot 10^3$
4
3
2

$1 \cdot 10^3$

λ_m

20000

10000
8000
6000
5000
4000
3000
2000

1000
800
600
500
400
300
200

100
80
60
50
40
30
20

C^{cm}

$1 \cdot 10^5$
8
6
$5 \cdot 10^4$
4
3
2

$1 \cdot 10^4$
8000
6000
5000
4000
3000
2000

1000
800
600
500
400
300
200

100
80
60
50
40
30
20

10

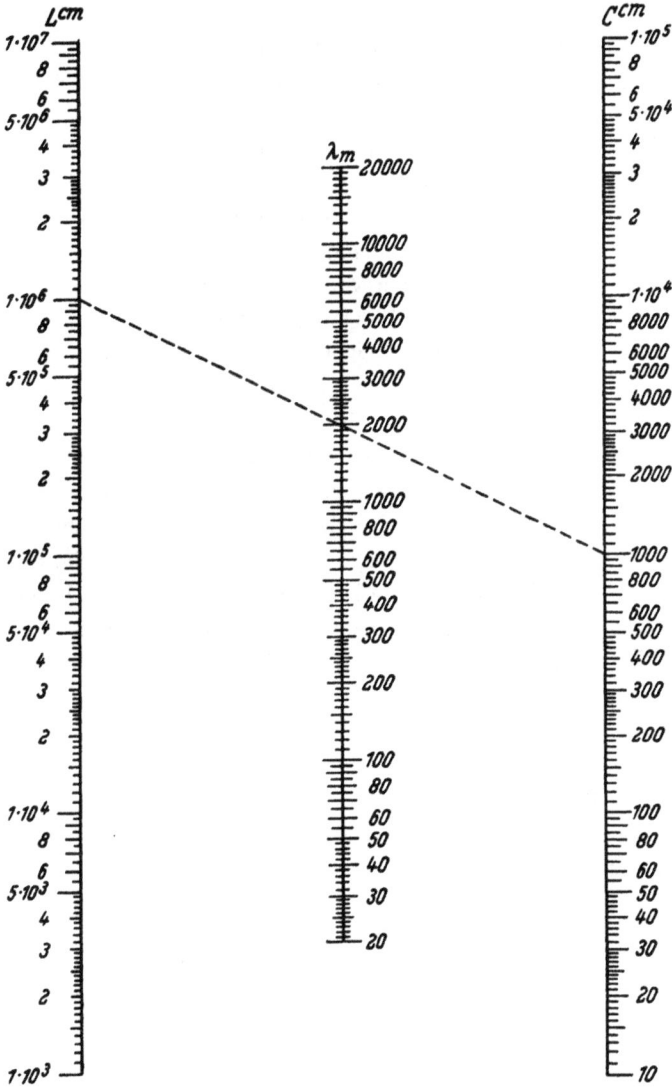

Fluchtentafel zur graphischen Ermittlung des Zusammenhanges von λ_m, L_{cm} und C_{cm}.

zusammengehörige Werte der Kapazität, Selbstinduktion und Wellenlänge stets auf einer Geraden liegen. Sucht man also zum Beispiel zu den Werten $\lambda_m = 2000$ m und $L_{cm} = 1\,000\,000$ cm den zugehörigen Wert C_x, so braucht man nur die den gegebenen Werten von λ und L entsprechenden Punkte durch eine Gerade zu verbinden. Wo diese Gerade

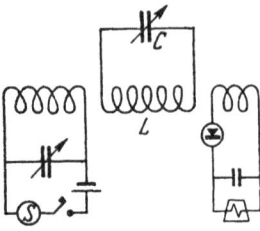

die C-Achse schneidet, liest man den Wert $C_x = 1000$ cm ab. Umgekehrt würde man durch Verbindung der Punkte $\lambda = 2000$ m und $C = 1000$ cm den zugehörigen Wert $L = 1\,000\,000$ cm finden.

c) Messung der Eigenkapazität von Spulen. Man schaltet die Spule L mit einem geeichten Drehkondensator C zusammen, erregt den Kreis durch einen Wellenmesser und liest bei verschiedenen Stellungen von C die zugehörigen Werte λ ab. Stellt man die Quadrate der erhaltenen Wellenlängen in Abhängigkeit von den zugehörigen Kapazitätswerten graphisch dar, so erhält man eine Gerade. Würde die Spule keine Kapazität besitzen, so müßte diese Gerade durch den Anfangspunkt des Achsensystems gehen. Dies ist jedoch nicht der Fall; die Gerade schneidet vielmehr die waagrechte Achse im Punkt E. Die Strecke OE stellt die gesuchte Eigenkapazität C_e dar, während das aus der Senkrechten abgeschnittene Stück OD das Quadrat der Eigenwelle $\lambda_e{}^2$ der Spule angibt.

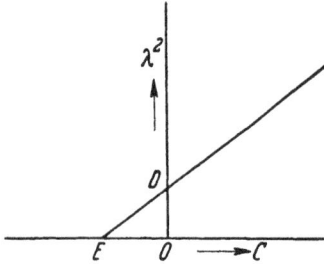

E. Antennen

Die Ausstrahlung und den Empfang der elektrischen Wellen ermöglicht der offene Schwingungskreis, der in der Antenne des Senders und Empfängers seine zweckmäßigste Form erhalten hat. Die wichtigsten Antennenformen sind: die geerdeten Antennen, Dipole und Schleifenantennen.

Die geerdete Antenne strahlt über die Erdoberfläche nach allen Richtungen gleich stark; die waagrechte Richtkennlinie ist also ein Kreis. Senkrecht nach oben ist ihre Strahlung gleich Null; in schräger Richtung nimmt sie bei langen Wellen und gut leitendem Erdboden bis zur Waagrechten zu, so daß die Punkte gleicher Feldstärke auf einem doppelten Halbkreis (senkrechte Richtkennlinie) liegen.

Die Hauptformen der geerdeten Antenne sind:

a) Die Eindrahtantenne (Marconi 1895) besteht aus einem senkrecht in die Höhe geführten Kupferdraht, der an einem Maste, am Gipfel eines Baumes usw. mit Isolierkette befestigt ist. Ihre Grundwelle ist: $\lambda_0 = 4 \cdot l$; sie schwingt dann in einer Viertelwelle. Der Strombauch liegt am Fuße der Antenne.

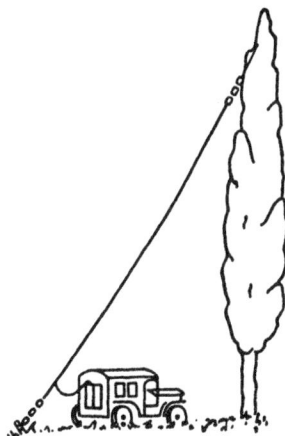

b) Die T-Antenne ist aus zwei oder mehreren zwischen zwei Masten an Isolierketten gespannten Drähten aufgebaut, die in der Mitte mit dem senkrecht nach abwärts führenden Zuführungsdraht verbunden sind. Sie wird für Land- und hauptsächlich für Schiffsstationen verwendet.

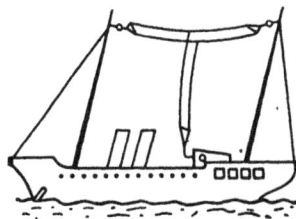

Eine Abart der T-Antenne stellt die L-Antenne dar, bei welcher die Zuführung an dem einen Ende der waagrecht gespannten Drähte angeschlossen ist.

c) Die Schirmantenne wird aus mehreren Drähten gebildet, die von der Spitze eines Mastes strahlenförmig schräg nach unten laufen. Die

55. Geerdete Antennen

88

56. Erdung und Gegengewicht

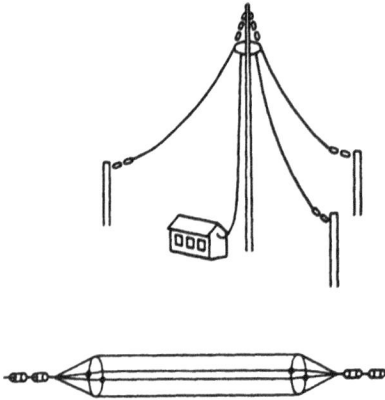

Enden der Drähte sind durch Isolierketten an Stützmasten befestigt oder im Erdboden verankert. Vom Vereinigungspunkt der Antennendrähte geht senkrecht nach unten der Zuführungsdraht.

Bei fahrbaren Stationen erfolgt der Aufbau der Antenne mittels eines ausziehbaren Mastes. Die Strahlung dieser Antenne ist um so geringer, je weiter die Enden der einzelnen Schirmdrähte zur Erde herabgeführt werden.

d) Die Reusenantenne wird aus vier bis acht parallel laufenden, am Umfang zweier Holz- oder Metallringe befestigten Drähten, hergestellt. Die entstehende Reuse wird mittels Isolierketten waagrecht oder senkrecht zwischen zwei Masten aufgehängt. Wegen der großen Kapazität und kleinen Induktivität kann man auch bei kleinen Ausmaßen eine ausreichende Energiemenge auf die Reuse bringen. Als Abart der Reuse sind die mit Drahtkäfigen als Endkapazität versehenen Stabantennen zu betrachten.

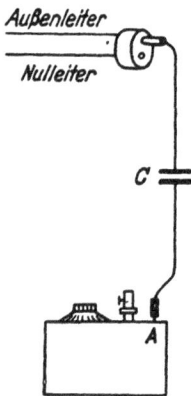

e) Behelfsantennen. Für den Rundfunkempfang innerhalb des Hauses genügt es, 20 bis 25 m Antennenlitze im Gang oder im Zimmer beliebig zu verspannen. Große Verbreitung hat hier die Lichtantenne gefunden, bei welcher die Antennenklemme des Empfängers über einen Kondensator C von 1000...2000 cm Kapazität und 3000 V Durchschlagsfestigkeit mit dem Außenleiter des Lichtnetzes verbunden wird. Bei den handelsüblichen Formen ist der Sperrkondensator unmittelbar in den Steckstift eingebaut.

Eine gute Erdung ist für die Ausbildung einer günstigen Stromverteilung und damit für die Strahlung wie für den Empfang von größter Wichtigkeit. Ausführung der Erdung bei verschiedenen Bodenverhältnissen:

a) Die Erdung eines Schiffes läßt sich in einfacher Weise durch Verbindung des zu erdenden Poles mit dem metallenen Schiffskörper ausführen. Der Schiffskörper bietet den elektrischen Strömen infolge seiner innigen Berührung mit dem gutleitenden Meerwasser eine nahezu widerstandslose Ableitung dar.

b) Erdung im freien Gelände. Bei feuchtem Boden (hochliegendes Grundwasser) senkt man um den Fußpunkt der Antenne herum mehrere Metallkörper (Platten, Netze, Rohre usw.) in das Grundwasser. Die Zuführungsdrähte zu den Metallkörpern laufen im Fußpunkt der Antenne zusammen.

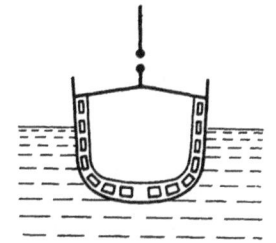

Bei trockenem Boden (tiefliegendes Grundwasser) würde das Eingraben einzelner Platten in den trockenen Boden zu einer großen Verdichtung der Kraftlinien und zu hohen Verlusten durch Erdströme führen. Man muß in diesem Falle ein strahlenartiges Drahtnetz in etwa $1/_2$ Meter Tiefe eingraben, dessen Fläche größer ist als die senkrechte Projektion der Antenne auf den Erdboden. Durch Verbindung des Netzes mit einigen in das Grundwasser versenkten Metallplatten oder mit benachbarten Brunnen, Teichen, Gräben kann die Erdung verbessert werden.

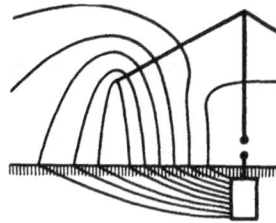

Schlechte Erdung

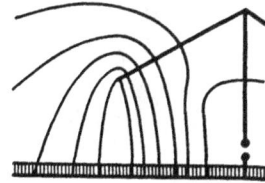

Gute Erdung

c) Das Gegengewicht wird aus mehreren radial verlaufenden Drähten in etwa $1/_{20}$ der Antennenhöhe über dem Erdboden auf Isolierpfählen verspannt.

Wegen der Möglichkeit raschen Auf- und Abbaues eignen sich Gegengewichte besonders für fahrbare Stationen. Bei festen Stationen werden sie wegen der auftretenden hohen Spannungen seltener verwendet.

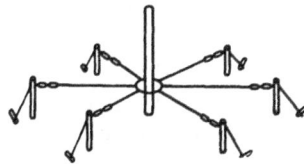

d) Erdungsschalter. Bei Hochantennen besteht die Möglichkeit, daß sich diese bei Gewittern auf hohe Spannungen aufladen, die vom isolierten Anschlußpunkt des Empfängers aus auf dem Wege des geringsten Widerstandes sich als Funke nach der Erde ausgleichen und dabei zünden können. Diese Blitzgefahr läßt sich dadurch beheben, daß man die Antenne, wenn man nicht empfängt, über einen Schalter dauernd erdet. Zum Schutze des Empfängers gegen Antennenaufladungen liegt außerhalb des Gebäudes zwischen Antenne und Erde eine Blitzschutzsicherung F.

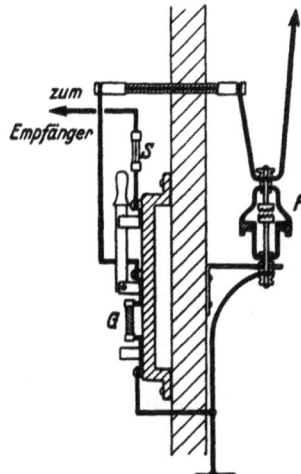

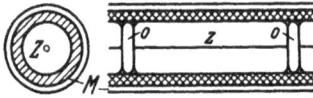

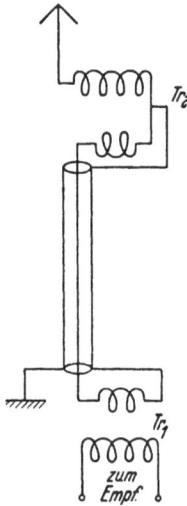

57. Dipolantennen

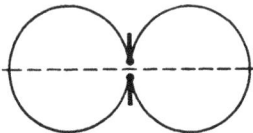

Bei angeschaltetem Empfänger ist dieser außerdem durch eine Schmelzsicherung *S* vor Überspannungen geschützt, während eine zwischen Antenne und Erde liegende Glimmlampe *G* schwächere Antennenaufladungen zur Erde ableitet.

Als behelfsmäßige Erdung in der Stadt z. B. für den Rundfunkempfang genügt eine Verbindung mit der Gas- oder Wasserleitung.

e) Durch die Abschirmung der Antennenzuleitung wird verhindert, daß die beim Betrieb elektrischer Geräte (Motore, Röntgenapparate usw.) entstehenden Störschwingungen auf die Antenne übergehen. Hierzu wird der Zuführungsdraht *Z* von einem Metallmantel *M* umgeben, der gegen den Antennendraht durch Isolierringe *O* abgestützt ist. Sobald die Zuführung aus dem „Störnebel“ heraus ist, endigt die Antenne frei; das freie Stück fängt die HF-Energie auf und führt sie über die Schirmleitung dem gleichfalls geschirmten Empfänger zu. Selbstverständlich wird der nunmehr störungsfreie Empfang durch die kapazitive Spannungsteilung des Kabels geschwächt. Zur Behebung dieser Schwächung setzt man am Eingang der geschirmten Leitung die HF-Spannung durch einen Transformator Tr_1 herab und paßt damit den kapazitiven Widerstand der Schirmleitung an den der Antenne an. Am Ausgang der Leitung dicht vor dem Empfänger muß die HF-Spannung wieder durch einen Transformator Tr_2 erhöht werden.

a) Der in der Grundschwingung erregte Dipol. Der ursprünglich von Hertz benutzte Dipol (S. 62) bildet noch heute die Grundform für die meisten im Kurzwellenverkehr verwendeten Antennen.

In der Grundschwingung strahlt der Dipol senkrecht zu seiner Achse am stärksten; in der Achse ist die Strahlung Null. Bei senkrechter Aufstellung ist die Richtkennlinie in der Waagrechten ein Kreis, diejenige in der Senkrechten ein Doppelkreis.

Für Wellen unter 10 m, die nur das $1\frac{1}{2}$fache der optischen Reichweite überbrücken, stellt man den Dipol auf hochgelegenen Punkten senkrecht auf. So befanden sich z. B. die für die Fernsehsendung auf Welle 7 m dienenden Dipole auf der Mastspitze des 138 m hohen Funkturms in Witzleben.

Für Wellen zwischen 10 und 100 m baut man den Dipol wegen der besseren Ausnützung der Raumstrahlung waagrecht auf. Auch hier ist eine hohe freie Lage günstig. Die Kopplung des Dipols mit dem Erregerkreis erfolgt durch 2...3 im Strombauch gelegene Windungen (Stromkopplung).

b) Der in harmonischen Schwingungen (Oberwellen) erregte Dipol. Die Hauptstrahlrichtung wird hier nach der Achse des Dipols um so mehr abgelenkt, je höher die Ordnungszahl der Harmonischen ist. Die flache und gerichtete Abstrahlung eines waagrecht gespannten Dipols ist bei Wellen unter 30 m vorteilhaft.

Durch Erregung einer Antenne von 53 m Länge in der 2., 3., 6. und 11. Harmonischen hat man z. B. die Möglichkeit, auf den für den Amateurverkehr freigehaltenen Wellen von 80 m, 40 m, 20 m und 10 m zu senden. Man muß dann nur die Unterschiede der für die Harmonischen errechneten Längen gegenüber der wirklichen Drahtlänge durch die Abstimmittel ausgleichen und das Gegengewicht auf ein Viertel der verwendeten Wellenlänge bringen.

Bei Berechnung der Drahtlänge der Antenne muß man den Verkürzungsfaktor (S. 69) berücksichtigen. Dieser beträgt für lange Wellen 0,94... 0,95, für kurze Oberwellen in langen Drähten 0,91.

c) Der Dipol mit Speiseleitung. Die Zuleitung vom Sender zum Dipol darf nur Energie übertragen und selbst nicht strahlen. Sie besteht aus zwei Paralleldrähten (Lecher-Leitung), die durch Isolierstützen in gleichem Abstand von 8...10 cm gehalten werden. Macht man die Länge der Zuleitung gleich einem geraden Vielfachen der Viertelwellenlänge, so kann man sie in Strom-

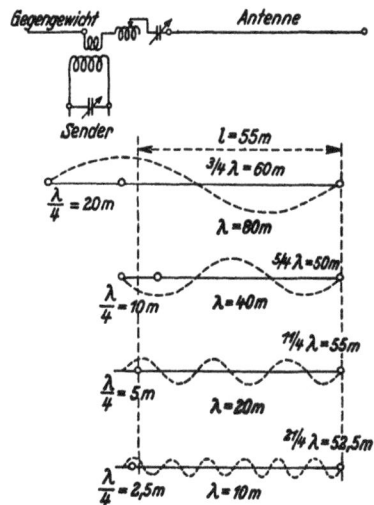

Gegengewicht — Antenne

Sender

$l = 55\,m$

$\frac{3}{4}\lambda = 60\,m$

$\frac{\lambda}{4} = 20\,m$

$\lambda = 80\,m$

$5\frac{1}{4}\lambda = 50\,m$

$\frac{\lambda}{4} = 10\,m$

$\lambda = 40\,m$

$11\frac{1}{4}\lambda = 55\,m$

$\frac{\lambda}{4} = 5\,m$

$\lambda = 20\,m$

$21\frac{1}{4}\lambda = 52,5\,m$

$\frac{\lambda}{4} = 2,5\,m$

$\lambda = 10\,m$

Beispiel:
in Luft: $\frac{3}{4}\lambda = 60$ m
im Draht: $\frac{3}{4}\lambda = 60 \cdot 0,95$
$= 57$ m

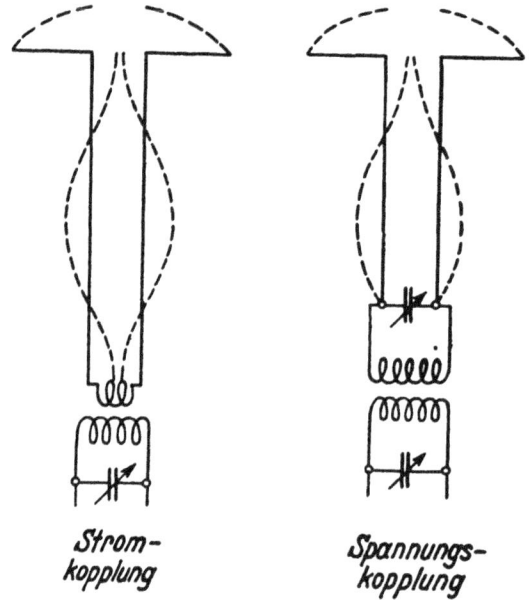

Strom-
kopplung

Spannungs-
kopplung

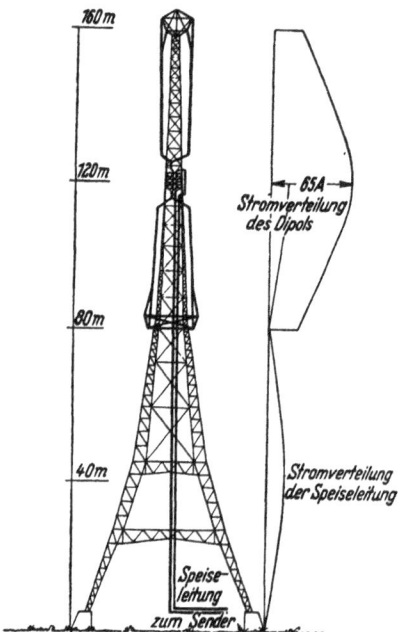

kopplung erregen. Es bilden sich dann stehende
Wellen aus, die sich auf der Speiseleitung infolge
ihrer entgegengesetzten Phase nach außen aufheben, während der in der Grundschwingung erregte Dipol strahlt. Erfordern die räumlichen Ver-
hältnisse, daß die Speiseleitung ein ungerades
Vielfaches der Viertelwelle wird, so muß man die
Spannungskopplung anwenden. Die beiden
Enden der Zuleitung werden hierbei zu den Polen
des Kondensators eines abgestimmten Schwingungskreises geführt, der mit dem Erregerkreis
gekoppelt ist. Es regen dann die abgenommenen
Spannungsstöße die Antenne zu stehenden Schwingungen an.

d) Dipol mit verminderter Steilstrahlung (Münchener Sender). In der oberen
Hälfte eines 163 m hohen Holzturmes ist ein 80 m
langer, aus zwei mit Endkapazitäten versehenen
Drähten bestehender Dipol aufgehängt. Die
Drähte laufen in 120 m Höhe, das ist die Mitte
des Dipols, in der Abstimmspule zusammen. Diese
wird durch die Kopplungsspule der im Innern des
Turmes aufsteigenden Speiseleitung erregt. Bei

dieser Anordnung wird die Steilstrahlung des Dipols (zwischen 60° und 90°) durch das Zusammenwirken mit den von der Erde reflektierten Strahlen aufgehoben. Dies hat zur Folge, daß die von der Ionosphäre reflektierten Raumwellen (S. 104), die bei einer in der Grundschwingung erregten Marconiantenne bereits nach 80 km zurückkehren, erst bei 120 km auf die Erde treffen. Damit ist die nahschwundfreie Zone bedeutend erweitert.

e) **Flugzeug- und Luftschiffantennen.** Zum Senden und Empfangen auf langen Wellen (900...2000 m) wird die Schleppantenne verwendet. Sie besteht aus einem 70 m langen, an seinem Ende durch ein Eisengewicht (Antennenei) beschwerten Bronzeseil, das durch den Antennenschacht in die Luft abgehaspelt wird. Vor der Landung muß die Antenne mit der Haspel wieder eingezogen werden. Das frei herabhängende Seil nimmt unter dem Einfluß des Luftstromes parabelförmige Gestalt an, so daß die Effektivhöhe auf etwa 8 m verringert wird.

Bei der Schleppantenne benützt man als Gegengewicht die unter sich verbundenen Metallteile des Flugzeugs bzw. Luftschiffs.

Für den Verkehr auf kurzen Wellen (12...80 m) wird die Dipolantenne bevorzugt, die entweder an der Flügelnase befestigt oder mit Hilfe von kleinen Stützmasten über den Tragflächen (Querdipol) oder über dem Rumpf (Längsdipol) verspannt wird.

f) **Die Erdantenne** (Braun, Kiebitz) wird von zwei gleichlangen, auf Isolierpfählen in 1...2 m Höhe über dem Erdboden gespannten Drähten von 15...50 m Länge gebildet. Der Sender oder Empfänger wird in die Mitte zwischen die beiden Drähte geschaltet. Die Erdantenne strahlt und empfängt in Richtung der gespannten Drähte am stärksten, weshalb sie nach der Gegenstation ausgespannt werden muß.

Sie dienen der Bündelung von kurzen Wellen (15...60 m) in einer bestimmten Richtung und be-

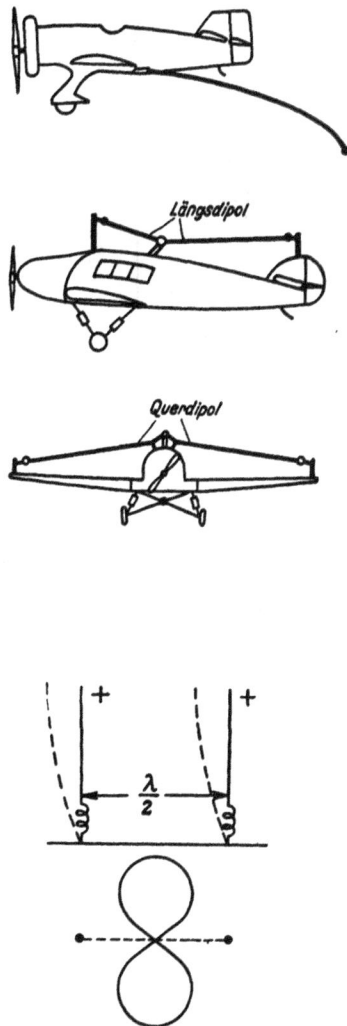

58. Richtstrahlantennen

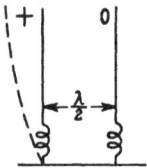

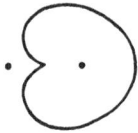

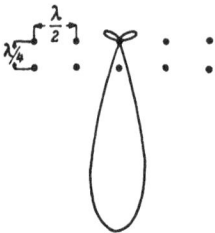

ruhen auf dem Zusammenwirken mehrerer regelmäßig angeordneter senkrechter und waagrechter Dipolantennen.

a) Die Vielfach-Antenne in Breitenstellung. Zwei im Abstand einer halben Wellenlänge in gleicher Phase schwingende senkrechte Eindrahtantennen summieren ihre Strahlung senkrecht in ihrer Verbindungsebene, während sie sich in dieser Ebene aufheben. Als Richtkennlinie ergibt sich ein Doppelkreis. Durch Zusammenwirken mehrerer gleichphasig schwingender Eindrahtantennen wird diese Richtwirkung erhöht, die Schärfe der Bündelung nimmt zu. So ergeben z. B. vier in der Breite nebeneinander aufgestellte Antennen, die in gleicher Phase schwingen, die vorstehend gezeichnete Richtkennlinie in Tropfenform mit zwei Zipfeln.

b) Der Reflektor. Zwei im Abstand einer Viertelwelle mit einem Phasenunterschied von 90° schwingende Eindrahtantennen summieren ihre Wirkung in der Verbindungsebene nach der einen Richtung, während sie sich in der entgegengesetzten Richtung aufheben. Man erhält eine Herzkurve (Kardioide) als Richtkennlinie. Bei einer Mehrfachantenne werden die Reflektordrähte in einer Viertelwelle Abstand von den Strahldrähten parallel gespannt und durch Ankopplung besonderer Schwingungskreise in der richtigen Phase erregt. Es ist dadurch möglich, die Rückstrahlung bis auf etwa $1/_{100}$ der Hauptstrahlung herabzudrücken.

Durch eine Umschaltvorrichtung können Strahl- und Reflektordrähte vertauscht werden, so daß man wahlweise nach entgegengesetzten Richtungen senden kann.

c) Die Richtsenderanlage mit 192 Dipolen (Telefunken) bezweckt eine Bündelung der Strahlung in senkrechter und waagrechter Richtung. Die Bündelung in der Senkrechten wird durch sechs im Abstand einer halben Wellenlänge übereinander liegende waagrechte Dipole erreicht, welche durch zwei senkrecht hochgeführte

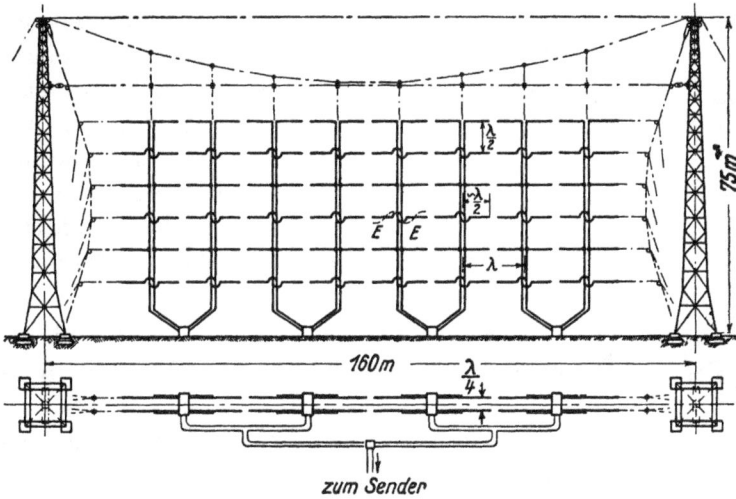

Richtsenderanderanlage (DFA) in Nauen, welche auf Welle
15,59 m mit New-York verkehrte.

Paralleldrähte gespeist werden. Durch Aufstellung
von 16 solcher Dipolsysteme nebeneinander wird
die Bündelung der Strahlung in der Waagrechten
bewirkt. Das Reflektorsystem, welches im Abstand
$\frac{\lambda}{4}$ hinter dem Antennensystem aufgestellt ist, wird
gleichfalls über einen Transformator vom Sender
gespeist.

59. Rahmenantenne
(Ferd. Braun 1913)

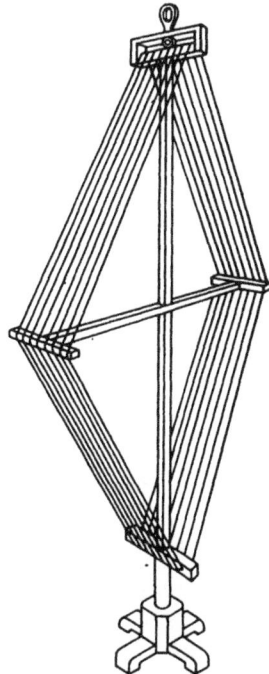

a) Aufbau. Auf einem senkrecht stehenden,
drehbaren, quadratischen oder kreisförmigen
Holzrahmen von 0,5...1 m Durchmesser ist eine
Drahtschleife aufgewickelt, die je nach der Länge
der aufzunehmenden Welle 10...100 Windungen
enthält. Die Rahmenantenne wird meist nicht geerdet; die Drahtenden werden unmittelbar zum
Empfangskondensator geführt. Zum Empfang
langer Wellen ist ein kleiner Rahmen mit vielen
Windungen, zum Empfang kurzer Wellen ein
großer Rahmen mit wenig Windungen vorteilhaft.
Bei Verwendung eines Drehkondensators von
500 cm Höchstkapazität genügt zum Empfang der
Rundfunkwellen ein Rahmen von 40...50 cm Kan-
tenlänge mit zwölf Windungen in 0,5 cm Abstand.

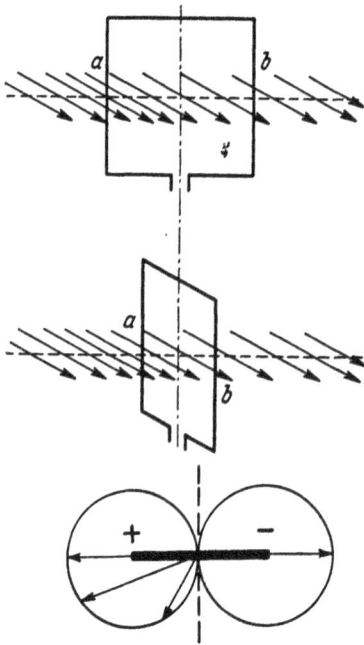

60. Die Kapazität der
Antenne

b) **Richtwirkung.** Weist die Rahmenantenne auf die zu empfangende Station hin, so erreicht die Wellenfront die dem Sender zugekehrte senkrechte Kante a früher als die abgekehrte b. Die Spannungen, die durch das Schneiden der magnetischen Kraftlinien erregt werden, sind in beiden Kanten gleichlaufend, aber durch die Phasendifferenz in ihrer Größe verschieden. (Höchstwert der Empfangsstärke.)

Steht die Rahmenebene senkrecht zur Strahlrichtung, so werden die beiden senkrechten Kanten a und b von der ankommenden Welle gleichzeitig erreicht; die induzierten Spannungen sind gleich groß und heben sich auf. (Kleinstwert der Empfangsstärke.)

Die **waagrechte Richtkennlinie** der Rahmenantenne ist ein Doppelkreis, dessen Mittelpunkte in der Rahmenebene liegen. Da die Ströme in den beiden senkrechten Seiten des Rahmens entgegengesetzt fließen, sind die Kreise mit entgegengesetztem Vorzeichen bezeichnet. Die Länge des vom Mittelpunkt ausgehenden Richtstrahles entspricht der Induktionsspannung, die ein in der Strahlrichtung liegender Sender im Rahmen erzeugen würde. Die in der Rahmenebene liegenden Sender ergeben danach den stärksten, die senkrecht zu ihr liegenden den schwächsten Empfang.

Zum Empfang stellt man den Rahmen auf den Größtwert der Lautstärke, während zum **Funkpeilen** (S. 203) auf den schärfer begrenzten Kleinstwert eingestellt wird.

Durch den Wegfall der Erdverluste und die geringe Rückstrahlung ist die Verlustdämpfung des Rahmens klein. Die geringe Empfangsenergie des Rahmens gleicht man durch hohe HF-Verstärkung aus.

Die **Kapazität der Antenne** setzt sich zusammen aus der meist geringen Kapazität des Zuleitungsdrahtes und derjenigen der Dachdrähte. Die Kapazität der Dachdrähte gegen Erde ist um so größer, je größer die umspannte Fläche und je geringer ihr Abstand von der Erde ist. Man hat daher die Möglichkeit, durch Verlängerung oder Verkürzung der Dachdrähte oder durch Änderung ihrer Entfernung vom Boden die Kapazität zu ändern. Da der Grundwasserspiegel bei Regenwetter steigt, bei Trockenheit fällt, so ändert sich damit auch die Kapazität der Antenne.

Wird statt der Erde ein Gegengewicht verwendet, so liegen die Kondensatoren Antenne-Erde C_{ae} und Gegengewicht-Erde C_{ge} in Hintereinanderschaltung, so daß ihre Gesamtkapazität C_A verkleinert wird.

$$C_A = \frac{C_{ae} \cdot C_{ge}}{C_{ae} + C_{ge}}$$

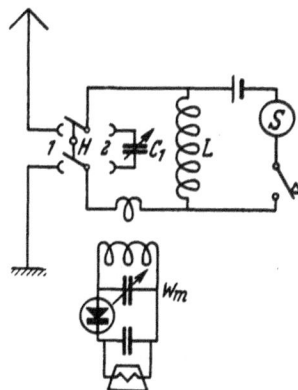

Je größer die Kapazität der Antenne ist, um so länger ist die Eigenwelle und um so mehr Energie kann die Antenne bei gleicher Spannungsbelastung aufnehmen.

Zur Berechnung der Antennenspulen zum Empfang eines bestimmten Wellenbereiches muß man die Kapazität der Antenne C_A kennen. Die Induktivität der Antenne ist bei kleinen Empfangsantennen gering und kann vernachlässigt werden.

Ist die in cm gemessene Antennenkapazität C_A bekannt und soll mit der Antenne eine Welle λ_m aufgenommen werden, so berechnet sich die Induktivität L der einzuschaltenden Spule nach der Formel:

$$L = 253 \cdot \frac{\lambda_m{}^2}{C_a}$$

Die Messung der Antennenkapazität erfolgt am einfachsten mit der Meßbrücke (s. S. 45). Steht ein Wellenmesser und ein geeichter Drehkondensator zur Verfügung, so schaltet man den Kondensator Antenne-Erde mit einer Spule L zu einem Schwingungskreis zusammen (Schalterstellung 1), erregt diesen durch den Summer S und mißt mit dem angekoppelten Wellenmesser W die Welle dieses Kreises. Hierauf schließt man durch Umlegen des Doppelschalters H den geeichten Drehkondensator C_1 an L an, erregt wieder durch den Summer S und stellt C_1 so ein, daß man bei unveränderter Stellung des Wellenmessers wieder Resonanz hat. Die Antennenkapazität C_a ist dann

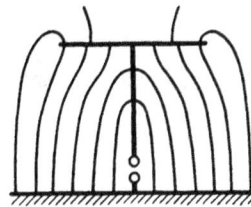

gleich der am Kondensator C_1 abgelesenen Kapazität.

61. Eigenwelle der Antenne

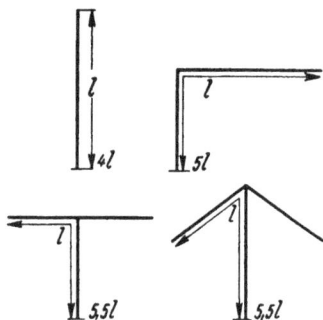

Die **Eigenwelle** der Antenne ist die Welle, welche die Antenne ausstrahlt, wenn sie weder Spulen noch Kondensatoren enthält. Als Faustregel gilt, daß für Antennen, die nur aus 2...3 Drähten bestehen, die Eigenwelle das 4...5,5fache der größten Drahtlänge, gemessen vom Anschlußpunkt der Antenne bis zum äußersten freien Drahtende, ist. Längere Wellen werden durch Einschalten von Verlängerungsspulen, kürzere durch Einschalten von Kondensatoren in die Antenne erzeugt. Die wirksamsten Wellen erhält man für Langwellen-Sendestationen bei $1\frac{3}{4}$...2facher Verlängerung der Eigenwelle. Die kleinste durch Kondensator erzeugte Betriebswelle soll nicht unter 70% der Eigenwelle liegen.

Die Messung der Eigenwelle λ_0 kann erfolgen:

a) durch Erregung der Antenne mit Funkeninduktor und Messung der Welle an einer Meßschleife. Dieses Verfahren darf jedoch wegen der mit ihm verbundenen starken Strahlung der Antenne nicht angewendet werden;

b) durch Anstoßen der Eigenschwingungen der Antenne durch einen Wellenmesser in Summerschaltung. Der Wellenmesser wird solange stetig verändert, bis an einer zweiten zur ersten senkrecht liegenden Meßschleife mittels eines aperiodischen Detektorkreises die Resonanz zwischen Wellenmesser und Antennenkreis festgestellt wird. Hierauf liest man am Wellenmesser die Eigenwelle der Antenne ab.

Über die Messung mit Schwingaudion und Absorptionskreis s. S. 186.

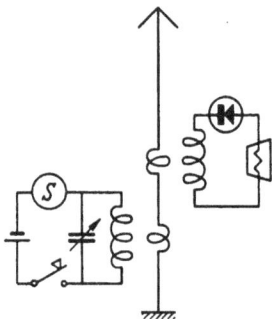

62. Ausstrahlung der Sendeantenne

Die Sendeantenne hat den Zweck, von der zugeführten Schwingungsenergie einen möglichst großen Teil auszustrahlen. Bei diesem Vorgang spielen die **Effektivhöhe**, die **Dämpfung** und der **Antennenwiderstand** eine wichtige Rolle.

a) Die **Effektivhöhe** bestimmt die Strahlung der Antenne. Sie ist etwas kleiner als die geometrische Höhe der Antenne und hängt von der Stromverteilung ab. Man ersetzt nämlich den in Wirklichkeit bis zur Spitze laufenden, allmählich abnehmenden Antennenstrom durch den nur bis zur Effektivhöhe laufenden gleichbleibenden Strom im Strombauch. Kennt man die Stromverteilung in der Antenne, so läßt sich die Effektivhöhe konstruieren, indem man die Höhe des Rechteckes (vertikal schraffiert) sucht, das bei gleicher Grundlinie (Stromstärke im Strombauch) denselben Inhalt hat wie die von der Stromverteilungskurve eingeschlossene (waagrecht schraffierte) Fläche. Es ergibt sich für die senkrechte Linearantenne, in welcher die Stromstärke nach einer Sinuslinie abnimmt:

Durch Einschalten einer Verlängerungsspule wird die Effektivhöhe der Linearantenne auf $0,5\ h$ vermindert. In gleicher Weise erhält man als Effektivhöhe der Schirmantenne:

In einer T-Antenne mit großer Endkapazität ist das obere Ende des Zuführungsdrahtes von nahezu derselben Stromstärke durchflossen wie der Fuß der Antenne, die Effektivhöhe ist gleich der geometrischen Höhe.

Ist die Stromverteilung, wie dies meistens der Fall ist, nicht bekannt, so muß man die Effektivhöhe indirekt durch Messung der Feldstärke $\mathfrak{E}$ ermitteln.

Eine in der Welle λ_m erregte, vom Strom I_A durchflossene Antenne von der Effektivhöhe h_1 erzeugt in r_m Entfernung die Feldstärke:

Da I_a, λ_m und r_m bekannt sind, kann h_1 durch Messung von $\mathfrak{E}$ berechnet werden.

Das Produkt $h_{eff} \cdot I_A$, die sog. Meteramperezahl, kennzeichnet die Strahlwirkung der Antenne. Aus der Formel für $\mathfrak{E}$ sehen wir ferner den großen Einfluß der Wellenlänge λ auf die Fernwirkung einer Antenne. Je kürzer die Wellenlänge, um so größer ist bei gleicher Meteramperezahl die erzeugte Feldstärke.

b) Die Dämpfung. Die Schwingungen in einer Sende-Antenne sind infolge der Energieverluste im Luftdraht und der Erde (Verlustdämp-

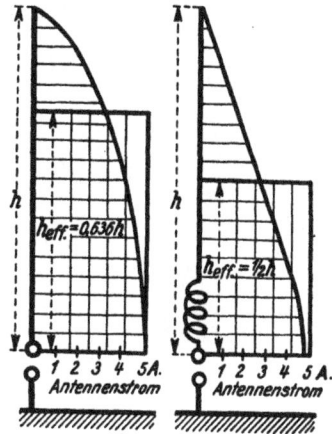

$$h_{eff} = 0,636\ h$$

$$h_{eff} = 0,6\ldots0,9\ h$$

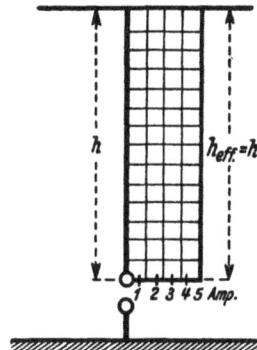

$$\mathfrak{E} = \frac{120 \cdot \pi}{r_m} \cdot I_A \cdot h_1 \cdot \frac{1}{\lambda_m}\left(\frac{\mathrm{V}}{\mathrm{m}}\right)$$

7*

fung), sowie infolge der Energieabgabe durch Strahlung (Nutzdämpfung) gedämpft. Die Ursachen der Verlustdämpfung sind:

I. Die Stromwärme in den Luftdrähten und Verlängerungsspulen. Bei Verwendung von 3...4 mm starken Kupferlitzen sowie von Spulen aus verlitzten Kabeln zur Verringerung des Skineffektes lassen sich diese Verluste kleinhalten.

II. Stromwärme durch Wirbelströme in den der Antenne benachbarten Leitern, wie Haltetauen, Masten usw. Zur Verringerung dieser Verluste muß man die Leiter von der Erde isolieren sowie durch isolierende Zwischenstücke unterteilen. Eiserne Maste müssen aus gleichem Grunde vom Erdboden isoliert werden.

III. Das Sprühen der Antenne und Überkriechen der Elektrizität über feuchte Isolatoren bei hoher Spannungsbelastung. Durch Vermeidung von Spitzen und scharfen Ecken sowie durch sorgfältige Isolierung können auch diese Verluste herabgedrückt werden.

IV. Die Stromwärme durch Erdströme kann bei schlechter Erdverbindung bedeutend sein. Die Erdung und das Gegengewicht müssen daher so ausgeführt sein, daß die elektrischen Kraftlinien im schlechtleitenden Erdboden einen möglichst kurzen Weg zurücklegen und sich auch nicht an einzelnen Punkten zusammendrängen.

Die Nutzdämpfung der Sendeantenne wird durch die Energieabgabe als Strahlung hervorgerufen. Sie nimmt mit der Effektivhöhe der Antenne zu und mit der Wellenlänge ab.

c) Der Antennenwiderstand. Die verschiedenen Ursachen der Verlustdämpfung wirken wie ein Ohmscher Widerstand R_v, der im Strombauch der Antenne liegt. Ebenso kann man sich die Strahlungsdämpfung durch den Strahlungswiderstand R_s verursacht denken. Dieser kann aus der Effektivhöhe h_{eff} und der Wellenlänge λ, in welcher die Antenne schwingt, berechnet werden. Es ist:

$$R_s = 1580 \left(\frac{h_{eff}}{\lambda}\right)^2 \text{Ohm}$$

Wir erkennen wiederum die starke Abhängigkeit des Strahlungswiderstandes von der Wellenlänge, die auch durch nebenstehende Tabelle veranschaulicht ist. Für kurze Wellen (10...100 m) nimmt der Strahlungswiderstand so hohe Werte an, daß mit geringster Energie und bei Verwendung niedriger Antennen große Reichweiten erzielt werden können.

Der Gesamtwiderstand der Antenne R_A läßt sich nach dem Verfahren der Vertauschung messen.

Ist I_a der Antennenstrom, so ist die in der Antenne schwingende Leistung:
Hievon wird als Strahlung abgegeben:
Der Strahlungswirkungsgrad der Antenne ist also bestimmt durch das Verhältnis:

Da sich der Strahlungswiderstand wegen der zu seiner Berechnung erforderlichen Effektivhöhe meist nicht genau ermitteln läßt, gibt man zur Kennzeichnung der Leistung eines Senders die in der Antenne verbrauchte Leistung N_a an.

Die Empfangsantenne wird aus dem elektromagnetischen Felde um so mehr Energie auffangen, je größer ihre Effektivhöhe und je kleiner ihre Gesamtdämpfung ist. Ist die Stärke des Feldes $\mathfrak{E}$, die Effektivhöhe h_{eff}, so ist die in der Antenne induzierte Spannung:

Durch diese Spannung wird der auf die einfallende Welle abgestimmte Empfangskreis in Schwingungen versetzt.

Die erforderlichen Eingangsspannungen betragen z. B. für einen Detektorempfänger 0,7 V, für ein Einkreisröhrengerät 7 mV, für einen Vierröhrensuper nur 5...100 μV.

Der im Empfangskreis fließende Strom ist: worin R der Leitungswiderstand des Empfängers, R_s der Strahlungswiderstand der Antenne ist.

Der Leitungswiderstand R des Empfängers setzt sich aus einem schädlichen und einem nützlichen Teil zusammen. Der schädliche Teil kann durch sorgfältige Isolierung der Luftdrähte, durch eine gute Erdung sowie durch Verwendung von Luftkondensatoren und verlustarmen Spulen als

z. B.: $h_{eff} = 50$ m

λ	R_s
1000 m	3,8 Ω
400 m	24,7 Ω
100 m	39 Ω

$$R_A = R_v + R_s$$

$$N_a = I_A{}^2 \cdot R_A \text{ Watt}$$

$$N_s = I_A{}^2\, R_s \text{ Watt}$$

$$\eta = \frac{R_s}{R_A}$$

63. Energieaufnahme der Empfangsantenne

$$U = \mathfrak{E} \cdot h_{eff}$$

$$I = \frac{U}{R + R_s}$$

Abstimmittel klein gehalten werden. Den nützlichen Teil (Detektorwiderstand) sucht man durch
Regelung der Kopplung möglichst groß zu machen.

Da die E.M.K. einer Empfangsantenne mit
der Höhe einfach, der Strahlungswiderstand qua-
dratisch ansteigt, gibt es für jede Welle eine günstigste Antennenhöhe; sie wird erreicht, wenn der
Leitungswiderstand R des Empfängers gleich dem
Strahlungswiderstand R_s ist.

Durch die Strahlung der Empfangsantenne ist
es bedingt, daß höchstens 50% der aufgefangenen
Feldenergie dem Empfangsapparat zukommen,
während der Rest als Strahlung an das Feld zurückgeht. Durch die Rückstrahlung wird das ursprüngliche Feld verändert. Die Feldstärke vor
der Antenne wird vergrößert, hinter ihr geschwächt.
Die Antenne schattet das Feld gleichsam ab.

Zur Prüfung der Isolation verbindet man den
einen Pol einer oder mehrerer hintereinander geschalteter Anodenbatterien mit der Antenne, den
anderen mit der Erde und mißt mittels eines Milli-
amperemeters MA den zur Erde fließenden Strom
I_A. Beträgt dieser Strom bei Verwendung von
400 V Spannung z. B. 0,01 mA, so ist der Isola-
tionswiderstand:

$$R = \frac{400}{0,01} \cdot 1000$$
$$= 40 \, \text{M}\Omega$$

Bei Ausführung der Prüfung empfiehlt es sich,
das Milliamperemeter zunächst kurz zu schließen
und eine Glühlampe einzuschalten. Erst wenn man
sich überzeugt hat, daß die Lampe dunkel bleibt,
löse man die Sicherung des Meßinstrumentes.

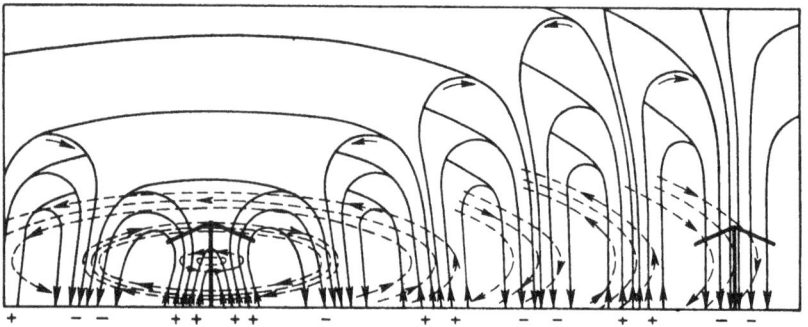

Die von einer Antenne ausgehenden Bodenwellen.
(Elektrische und magnetische Kraftfelder.)

Die Reichweite eines Senders ist außer durch seine Strahlungsleistung und die Energieaufnahme des Empfängers wesentlich durch die Verluste im Zwischenraum bestimmt.

Für die Beurteilung dieser Verluste ist grundlegend, daß ein Teil der Strahlung einer Antenne sich längs der Erdoberfläche fortpflanzt, wobei sich die elektrischen Kraftlinien auf den leitenden Boden stützen; ein anderer Teil geht in geschlossenen Kraftlinienbündeln unmittelbar in den Raum. Durch die Wahl der Antennenform und der Erregung kann man die eine oder andere Ausbreitungsart hervorheben; so liefert z. B. ein auf der Spitze eines Turmes oder an einem Flugzeug angebrachter Kurzwellendipol überwiegend Raumstrahlung, während eine in der Grundwelle erregte geerdete Antenne hauptsächlich Bodenstrahlung abgibt.

Die Absorption im Zwischengelände und in der Atmosphäre ist bei Boden- und Raumstrahlung grundsätzlich verschieden.

a) Die Absorption der Bodenwellen erfolgt so, daß die Strahlungsenergie mit der Entfernung, ähnlich wie bei einer gedämpften Schwingung (S. 62) nach einer Exponentialkurve abnimmt.

Die Abnahme hängt von der Leitfähigkeit des Bodens ab, sie ist z. B. über Land 3...4mal so groß wie über Wasser.

Aus der Erfahrung hat man einen Absorptionsfaktor α ermittelt, der in nebenstehenden Dämp-

64. Verluste im Zwischengelände

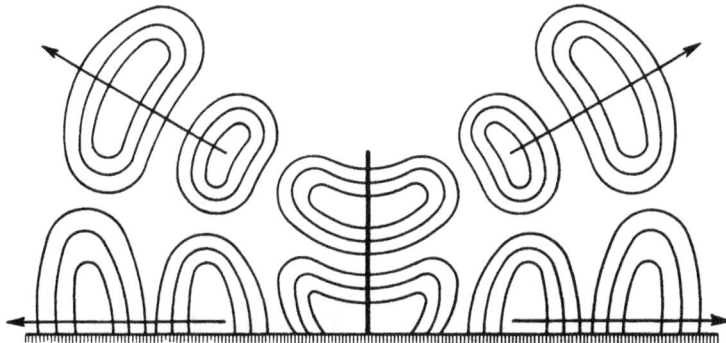

Die von einer in der 3. Harmonischen erregten Antenne ausgehenden Boden- und Raumwellen. (Elektrische Kraftfelder.)

$$D = e^{-\frac{\alpha\, r_{\mathrm m}}{\sqrt{\lambda_{\mathrm m}}}}$$

$$\mathfrak{E} = 377 \cdot \frac{J_A\, h_1}{r_{\mathrm m}\, \lambda_{\mathrm m}} \cdot e^{-\frac{r_{\mathrm m}}{\sqrt{\lambda_{\mathrm m}}}}$$

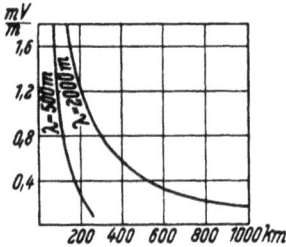

Abnahme der Feldstärken bei Bodenwellen

Betriebsdaten des ehemaligen Nauener-Maschinensenders:

Generator-Leistung
$N = 500$ kW
Frequenz $f_0 = 6000$
Ant.-Leistung $N_a = 400$ kW
Ant.-Strom $J = 400$ A
Sendewellen:
18 km $(f = 16\,670$ Hz$)$
13 km $(f_1 = 23\,080$ Hz$)$
Reichweite $= 20\,000$ km

Betriebsdaten eines Amateur-Senders:
Anodenspannung 600 V
Ant.-Leistung 20 Watt
Ant.-Strom 0,25 A
Ant.-Länge 65 m
Sendewellen: 10, 20, 40 und 80 m
Reichweite 20 000 km

fungsfaktor D eingesetzt, die Verminderung der Feldstärke gegenüber dem oben berechneten Werte angibt. Es muß also heißen:

α ist für Meerwasser 0,01, für den Erdboden 0,02, über der Großstadt 0,07. In nebenstehenden Kurven ist das in der Formel enthaltene Dämpfungsgesetz graphisch dargestellt.

Die Bodenverluste hängen erfahrungsgemäß von der Wellenlänge ab, sie sind für lange Wellen geringer als für mittlere und kurze Wellen. Man sendete daher früher auf Großstationen, z. B. Nauen, zur Überbrückung großer Entfernungen (20000 km) mit langen Wellen von 6 bis 18 km und verwendete zur Ausstrahlung sehr hohe und weit ausgedehnte Antennen. In der Atmosphäre erfahren die langen Wellen auch bei Sonnenstrahlung nur eine geringe Schwächung, so daß man den Verkehr Tag und Nacht sicher durchführen kann.

Allerdings ist der Langwellenverkehr wegen der aufzuwendenden hohen Leistungen und der erforderlichen großen Antennenanlagen kostspielig und wird daher in neuerer Zeit immer mehr durch den Kurzwellenverkehr mit Richtstrahlantennen ersetzt.

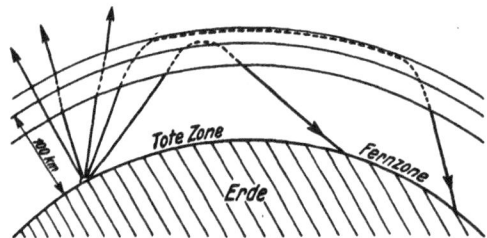

b) Ausbreitung und Absorption der Raumwellen. Für die drahtlose Übertragung haben die kurzen Raumwellen unter 100 m wegen ihrer geringen Absorption in der Luft größte Bedeutung erlangt. Während die kurzen Bodenwellen schon in der Nahzone des Senders vollständig absorbiert werden, kehren die in den Raum abgestrahlten Wellen in großer Entfernung mit nur wenig geminderter Intensität wieder zur Erde zurück.

Es bildet sich dabei zwischen der Nahzone des Senders und den ersten reflektierten Strahlen eine tote Zone aus, in die überhaupt keine Wellen gelangen und wo daher kein Empfang möglich ist. Außerhalb dieser Zone erhält man einen kräftigen, mit wachsender Entfernung nur langsam abnehmenden Empfang.

Die abweichende Ausbreitung der kurzen Raumwellen findet ihre Erklärung in Reflexionen und Brechungen in 100 bzw. 200 km hohen Luftschichten, welche durch die Elektronenstrahlung der Sonne sowie durch die kosmische Ultrastrahlung ionisiert, d. h. durch Ionen und Elektronen leitfähig gemacht werden. Die Ionisierung dieser Schichten — nach ihren Entdeckern Kenelly-Heaviside-Schichten genannt — erreicht um Mittag ihre größte Stärke, während sie nach Sonnenuntergang durch die Wiedervereinigung entgegengesetzter Ionen sinkt, ohne jedoch bei Nacht ganz zu verschwinden. Die Höhe der Ionosphäre ist bei Nacht größer als am Tage.

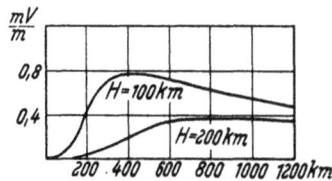

Abnahme der Feldstärke bei Raumwellen, die in 100 bzw. 200 km Höhe reflektiert werden

Der Strahlengang in der ionisierten Schicht hängt vom Ausstrahlwinkel, dem Konzentrationsanstieg und von der Wellenlänge ab. Während die steilen Strahlen durch die ionisierte Schicht in den Weltenraum treten und nicht mehr zurückkehren, werden die flacheren Strahlen von einem bestimmten Grenzwinkel an ganz in die Schicht hineingebogen und schließlich zur Erde zurückgeworfen.

Unter bestimmten Bedingungen läuft der Strahl in der Schicht sogar um die Erde herum, bevor er zur Erdoberfläche abgebeugt wird; man hört dann das Morsezeichen im Abstand von $^1/_7$ s, welche die Welle zur Umkreisung der Erde braucht, zum zweitenmal im Empfänger. Strahlen, die unterhalb des Grenzwinkels in die Schicht eindringen, werden durch totale Reflexion zur Erde zurückgeworfen.

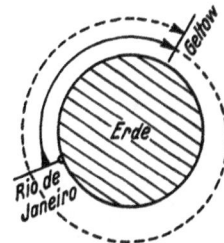

Umkreisung der Erde mit kurzen Wellen

Die Ablenkung der Wellen ist ferner um so stärker, je rascher die Konzentration in den übereinanderliegenden Schichten ansteigt. Da nun der Ionisationsanstieg bei Tag steiler ist als bei Nacht, wird die gleiche Welle bei Tag stärker abgelenkt und ·gelangt also früher zur Erde zurück als bei Nacht.

Der Radius der toten Zone bzw. die R e i c h - w e i t e ist daher bei Tag je nach der Welle 2- bis 10 mal kleiner als bei Nacht. Infolgedessen erfolgt frühmorgens das Einwandern der Stationen so, daß erst die entfernten und dann die nahe gelegenen Stationen hörbar werden, abends erfolgt das Auswandern in umgekehrter Reihenfolge; erst verschwindet der Empfang der näher liegenden, dann der der entfernten Stationen.

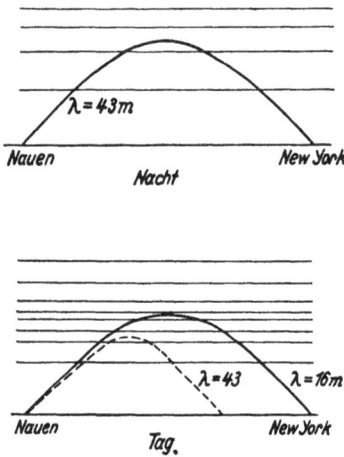

Die Verringerung der Reichweite bei Tage kann man durch Übergang auf eine kürzere Welle ausgleichen. Bei gleichem Ionisierungszustand erfährt nämlich die kürzere Welle eine geringere Abbeugung, sie kommt erst in größerer Entfernung zur Erde zurück. Hieraus erklärt sich auch, daß man zur Erzielung größter Reichweiten (20 000 km) Wellen von 15...50 m verwenden muß. Zur Überbrückung des Atlantik (6000 km) werden bei Tag Wellen von rd. 20 m, bei Nacht Wellen von 40...50 m verwendet, während für kontinentale Entfernungen (1000...3000 km) bei Tag Wellen von 40 m, bei Nacht Wellen von 80 m Länge benützt werden.

Da der Ionisationszustand auch dem Wechsel der Jahreszeiten und dem Fleckenzustand der Sonne unterworfen ist, muß man den hiedurch bedingten Ausbreitungsänderungen gleichfalls die Wellenlängen anpassen.

c) Die Entstehung des Nahschwundes (Fading). Im Bereich der mittleren Wellen (200 bis 600 m) bilden sich bei normaler Erregung der Antenne Raum- und Bodenwellen nahezu in gleicher Stärke aus. In größerer Entfernung vom Sender können dann beide Wellenarten zusammentreffen und sich je nach dem unterwegs erhaltenen Gangunterschied verstärken oder schwächen. Damit findet das insbesondere beim Rundfunk störende Abflauen der Lautstärke (Schwund) eine Erklärung.

Durch die Dipolantenne mit verminderter Steilstrahlung (S. 92) wurde die schwundfreie Zone erheblich erweitert.

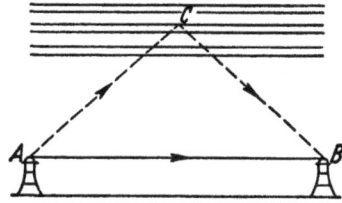

Entstehung des Schwunds

F. Die Zweipolröhre

Die Luft ist für gewöhnlich ein Nichtleiter der Elektrizität, unter besonderen Umständen gestattet sie jedoch den Durchgang der elektrischen Entladung. So geht z. B. zwischen zwei 1 cm voneinander entfernten Polen beim Anlegen einer Spannung von rd. 30000 V eine leuchtende Funkenentladung über, oder wir erhalten zwischen zwei glühenden Kohlestäben bei 40 V Spannung einen hellen Lichtbogen in der Luft, der einen Strom von vielen Ampere tragen kann.

Noch auffallender und mannigfaltiger sind die Entladungserscheinungen im luftverdünnten Raum, die wir in zwei Gruppen einteilen können, nämlich in die Entladungsvorgänge zwischen kalten und die zwischen einem kalten und einem glühenden Pol.

65. Die Entladung zwischen kalten Polen

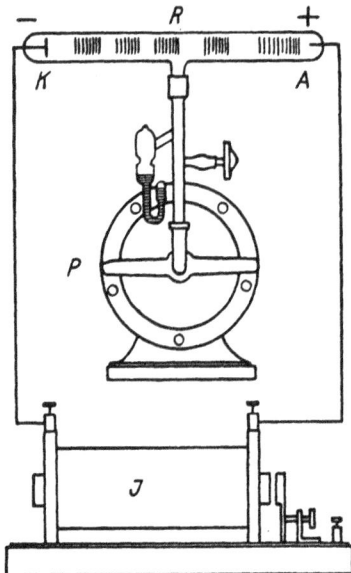

In die Entladungsröhre R sind zwei Zuleitungsdrähte oder Pole A und K eingeschmolzen, an welche ein Funkeninduktor I, der einige Tausend V Gleichspannung liefert, angelegt wird. Der positive Pol heißt Anode A, der negative Kathode K. Die Röhre ist durch Glasschliff mit einer Luftpumpe P verbunden und kann so allmählich leer gepumpt werden.

Während sich anfänglich (bei Atmosphärendruck d. i. 760 mm Quecksilbersäule) überhaupt keine sichtbare Entladung zeigt, werden bei steigender Luftverdünnung folgende Erscheinungen bemerkbar:

a) 10 mm Druck: zwischen den Polen treten dünne violette Funken auf;

b) 4 mm Druck: die Funken verbreitern sich zu einer rötlichen Lichtsäule, welche bis auf einen vor der Kathode gelegenen Dunkelraum die ganze Röhre ausfüllt;

c) 0,5 mm Druck: das positive Licht zerfällt in
helle und dunkle Schichten;

d) 0,2 mm Druck: das positive Licht zieht sich
allmählich zurück. Aus der Kathode treten
Strahlen, welche das Glas zur Fluoreszenz
erregen (Kathodenstrahlen);

e) 0,01...0,001 mm Druck: die Kathodenstrahlen bringen die ganze Röhrenwand zum
Leuchten.

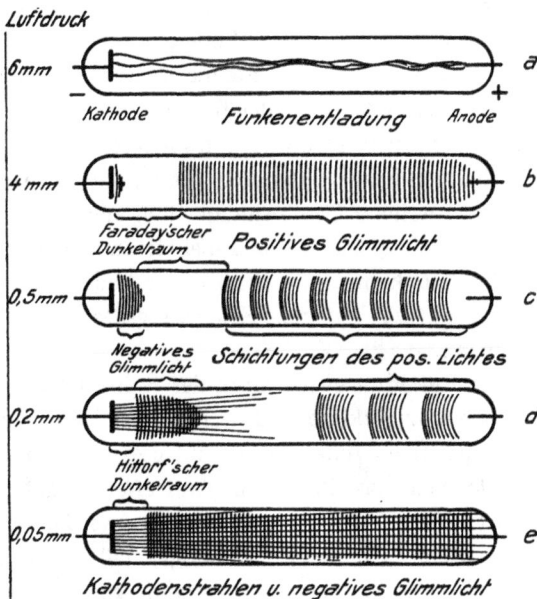

Bei weiterer Druckerniedrigung verschwindet
die Glasfluoreszenz, es geht auch beim Anlegen
höchster Spannungen kein Strom mehr durch die
Röhre. Die Elektrizität wird sich vielmehr trotz
des größeren Umweges durch die freie Luft entladen.

Wie in Flüssigkeiten kommt auch in der Luft
die Leitfähigkeit durch die Bewegung der positiven und negativen Ionen zustande (S. 20). Da
aber die Luft in gewöhnlichem Zustande nur
wenig Ionen enthält, geht in einem schwachen
Felde — etwa zwischen den Polen eines Akkumulators — kein Strom durch die Luft.

**66. Erklärung des
Entladungsvorganges**

Die Leitfähigkeit der Luft kann aber z. B. durch hohe Spannungen erheblich gesteigert werden, so daß unter plötzlichem Stromanstieg die unsichtbare Entladung in die leuchtende Funkenentladung übergeht. Man erklärt diesen Vorgang damit, daß jedes Ion, sobald es im elektrischen Felde eine genügend große Geschwindigkeit erlangt hat, die Fähigkeit erhält, neutrale Gasmoleküle beim Zusammenstoß in Ionen zu zerspalten (Stoßionisation). Die neu erzeugten Ionen werden ihrerseits wieder durch Stoß ionisierend wirken, so daß ein gewaltiger Anstieg der Ionenzahl eintritt.

Im luftverdünnten Raume werden die Ionen viel seltener mit Luftmolekülen zusammenstoßen und daher auch schon in schwächeren Feldern, d. h. bei geringerer Spannung, die zur Stoßionisation erforderliche Geschwindigkeit erlangen.

Wenn die positiven und negativen Ionen an den Polen ankommen, geben sie ihre Ladungen ab und regen im äußeren Schließungsdraht einen Strom an.

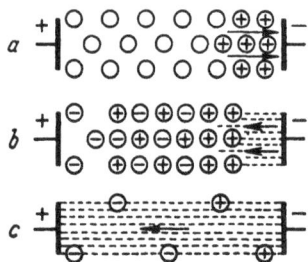

Der Entladungsvorgang in der Röhre läßt sich nun wie folgt erklären: die ursprünglich vorhandenen positiven Ionen fliegen auf die Kathode zu und treiben aus ihr beim Auftreffen negative Elektronen aus (Abb. a). Diese werden im elektrischen Felde so beschleunigt, daß sie nach dem im Faradayschen Dunkelraum gewonnenen Anlauf imstande sind, durch Stoß die Luftmoleküle zu ionisieren (Abb. b). Bei der Stoßionisation entsteht das Licht der positiven Säule.

Da das Leuchten der Entladungsröhre durch die Stoßionisation hervorgerufen wird, ist es verständlich, daß mit steigender Luftverdünnung und Verringerung der Ionenzahl das positive Licht verblaßt. Schließlich fliegen die von der Kathode austretenden Elektronen, ohne merkliche Ionisation zu erregen, geradlinig und mit großer Geschwindigkeit durch die Röhre, bis sie auf die Glaswand treffen und diese zur Fluoreszenz anregen (Abb. c).

Zur Unterhaltung der Entladung müssen aber auch dann noch genügend + Ionen vorhanden sein, die bei ihrem Auftreffen auf die Kathode die Elektronen auslösen. Hieraus erklärt es sich, daß im hohen Vakuum zwischen kalten Polen wegen Ionenmangels kein Strom mehr übergehen kann.

Das höchste praktisch erreichbare Vakuum ist etwa 10^{-9} mm; es sind dann immer noch 28 Milliarden Moleküle in 1 cm³ des Raumes enthalten.

Die Elektronenauslösung aus der Kathode im hohen Vakuum kann dadurch angeregt werden, daß man die Kathode zum Glühen bringt; durch die Temperaturerhöhung wird die Geschwindigkeit der zwischen den Molekülen der Kathode in dauernder Bewegung befindlichen Elektronen so gesteigert, daß sie, an die Metalloberfläche gelangend, die molekulare Anziehungskraft überwinden und frei in den Raum austreten können.

67. Die Entladung zwischen einem kalten und einem glühenden Pol

a) **Nachweis des Anodenstromes.** In der Achse einer zylindrischen hochevakuierten Röhre befindet sich ein dünner Wolframdraht K, der über einen Heizwiderstand R durch einen Akkumulator HB zum Glühen gebracht wird. Der Glühdraht ist umgeben von einem Metallzylinder A mit einer seitlichen Zuleitung. Schließt man an den Glühfaden den negativen, an den Metallzylinder den positiven Pol der Anodenbatterie AB von 50 V an, so zeigt das im Anodenstromkreis liegende Meßgerät MA einen Anodenstrom von einigen Milliampere an.

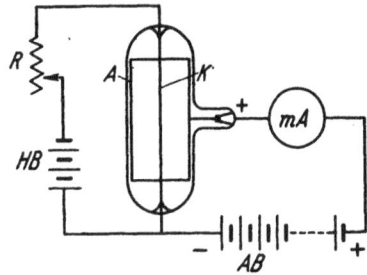

Die Stärke des Anodenstromes ist bestimmt durch die Zahl der in der Sekunde übergehenden Elektronen. (Bei 1 A sind dies rd. 6,3 Trillionen.) Sie hängt von der Elektronenergiebigkeit oder **Emission** der Kathode und von der zwischen Anode und Kathode liegenden **Anodenspannung** ab.

b) **Die Emission der Kathode** ist durch ihre Temperatur, den Werkstoff und ihre Oberfläche bestimmt. Bei einem Wolframdraht setzt die Emission bei einer Temperatur von rd. 2000° abs.[1]

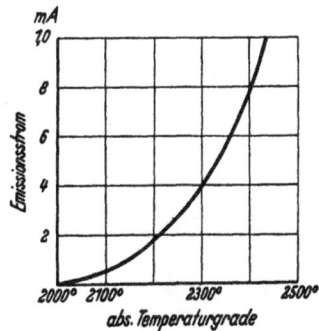

---

[1] Die hier und im folgenden angegebenen Temperaturgrade sind absolute. Da der absolute Nullpunkt bei —273° C liegt, so sind 2300° abs. = 2027° C. Der Schmelzpunkt des Wolframs liegt bei 2800° abs.

ein und steigt mit zunehmender Temperatur steil an. Bei 1% Heizstromänderung ändert sich die Emission um etwa 12%. Die Heizstromstärke und damit die Fadentemperatur muß also zur Festhaltung der Emission konstant gehalten werden.

Als Vergleichszahl für die Emission dient der durch eine Heizleistung von 1 W hervorgerufene in mA gemessene Anoden-Sättigungsstrom. Dieses „Heizmaß" nimmt mit der Temperatur des Fadens zu; man kann jedoch in der Temperatursteigerung nicht bis an die Grenze gehen, da dies die Lebensdauer des Fadens zu sehr verkürzen würde.

Das Heizmaß der ursprünglich (bis 1920) verwendeten blanken Wolframfäden betrug 2 mA/W. Wolframdrähte bzw. -stäbe werden heute nur noch für Senderöhren, bei welchen Heizströme bis 2000 A erforderlich sind, verwendet.

Verwendet man als Kathode einen mit Barium-Oxyd überzogenen dünnen Wolframdraht, so setzt die Emission schon bei 820° C (Rotglut) ein. Eine derartige Kathode liefert in Dunkelrotglut ein Heizmaß von 40...100 mA/W. Der dünne Metallfaden benötigt nur einen geringen Heizstrom und verträgt auch eine mäßige Überheizung.

Indessen sind die Oxyde gegenüber Gasresten sehr empfindlich. Man bringt daher in der Röhre zur Erhaltung des Vakuums auf der erhitzten Anode eine Spur Magnesium zum Verdampfen. Dieses schlägt sich unter Bindung der noch vorhandenen Gasreste als dünner Metallspiegel (Getter) auf der Röhrenwand nieder.

c) Die Kathodenheizung. Die unmittelbare Heizung der Kathode wird fast ausschließlich bei Verwendung von Batteriestrom für Heizspannungen von 1,2 und 4 V angewendet.

Bei Vorstufenröhren ist die unmittelbare Wechselstromheizung nicht anwendbar, da bei der geringen Wärmeträgheit des dünnen Heizfadens die Fadentemperatur im Rhythmus der Netzfrequenz schwanken und zu Brummstörung Anlaß geben würde.

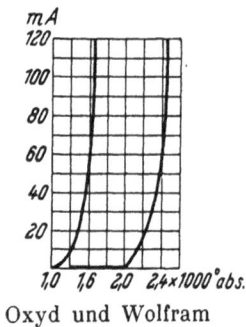

Oxyd und Wolfram

Bei Endröhren mit dicken Fäden ist dieser
Effekt nicht mehr störend, hingegen tritt als weitere Ursache für einen Netzton die am Heizfaden
liegende Wechselspannung auf, die sich zur Gittergleichspannung bald addiert bald subtrahiert.
Man kann dies dadurch beheben, daß man das
Gitter mit Hilfe eines dem Heizfaden parallelen
Spannungsteilers P an die von den Wechselspannungen unbeeinflußte Mitte des Fadens anschließt.

Das sicherste Mittel zur Unterdrückung des
Netztones ist die mittelbare Heizung der Kathode. Der verdrillte Heizdraht H wird hiebei auf
einen Dorn S aus keramischer Isoliermasse unver-
rückbar aufgewickelt und mit Isoliermasse bedeckt,
die von einer das Oxyd tragenden Nickelhülse
(Kathode K) umschlossen ist. Der glühende Heizdraht bringt die Isoliermasse auf eine hohe und
gleichmäßige Temperatur, die sich durch Leitung
auf die Kathode überträgt.

Die Fäden für die mittelbare Heizung werden
für 4...110 V Spannung bifilar gewickelt, wobei die
längeren Drähte für die höheren Spannungen
durch Wendelung auf kleinem Raum untergebracht
werden können.

Infolge der höheren Wärmeträgheit erfordert
die mittelbar geheizte Kathode eine Anheizzeit
von 50...60 Sekunden, die bei den neueren Schnell-
heizkathoden durch Verringerung der Isoliermasse auf die Hälfte herabgedrückt wird. Gleichzeitig konnte die Heizleistung der 4 V-Röhre von
4 W auf 2,6 W verringert werden.

d) Die Abhängigkeit des Anodenstromes von der Anodenspannung (Heizspannung fest). Der Anodenstrom nimmt mit zunehmender Anodenspannung erst langsam zu, wächst
dann in einer geraden Linie steil an, um schließlich
in die horizontale Sättigungslinie einzubiegen.

Der flache Verlauf am Anfang der Kennlinie
wird durch die Raumladung verursacht. Die
den Glühfaden dicht umgebenden Elektronen
wirken dem elektrischen Felde zwischen Anode
und Kathode entgegen und drosseln den Elek-

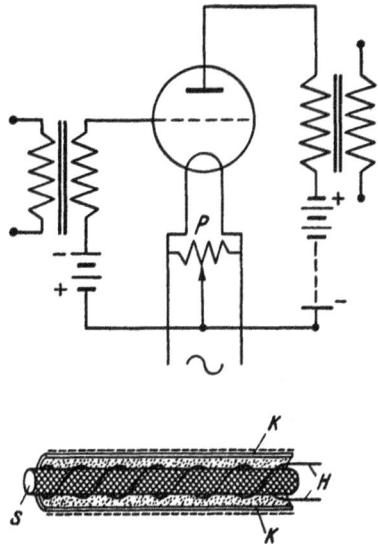

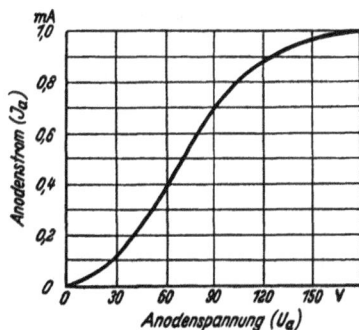

tronenübergang zur Anode bei niederen Anodenspannungen ganz ab. Erst wenn bei zunehmender Anodenspannung die Elektronen aus der Umgebung des Fadens abgesaugt sind, können auch die neu austretenden Elektronen ungehindert zur Anode fliegen.

Die Sättigungsstromstärke. Der Anodenstrom steigt indessen mit der Anodenspannung nicht beliebig an, sondern erreicht bei unveränderter Emission einen Sättigungswert I_s, bei welchem alle von der Kathode ausgehenden Elektronen übergeführt werden. Der Bestand an Elektrizitätsträgern ist damit erschöpft. Durch die Sättigung unterscheidet sich die Elektrizitätsleitung in freier oder verdünnter Luft grundsätzlich von der in Metallen und elektrolytischen Flüssigkeiten, in welchen ein unerschöpflicher Elektronenbestand zur Verfügung steht, weshalb die Strom-Spannungskennlinie gerade verläuft.

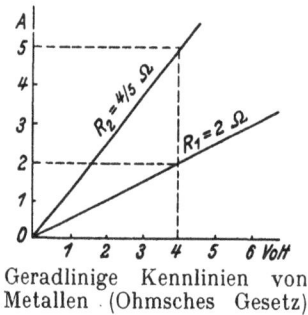

Geradlinige Kennlinien von Metallen (Ohmsches Gesetz)

Steigert man bei fester Anodenspannung die Heizung, so kommt die erhöhte Emission wegen der gleichzeitig zunehmenden Raumladung im Anodenstrom zunächst nur in geringem Maße zum Ausdruck. Erst eine Steigerung der Anodenspannung gibt einen erhöhten Sättigungsstrom. Nebenstehend ist z. B. der Anodenstrom für drei verschiedene Heizstromstärken I_h in Abhängigkeit von der Anodenspannung dargestellt.

Bei der Festlegung der Spannung zwischen Heizdraht und Anode muß man beachten, daß im Heizdraht ein Spannungsabfall = der Heizspannung stattfindet, so daß jeder Punkt des Heizdrahtes gegen die Anode eine etwas andere Spannung hat. Die Emission ist am positiven Ende des Fadens etwas geringer als am negativen, wo der größte Spannungsunterschied herrscht. Für alle Rechnungen bezieht man die Spannungen auf das negative Ende des Heizdrahtes.

e) Emission bei schlechtem Vakuum. Ist das Vakuum der Entladungsröhre schlecht (über 0,001 mm), so zeigt die Emissionskennlinie einen unregelmäßigen Verlauf, indem z. B. nach

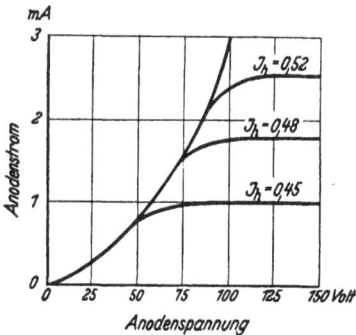

Erreichung des Sättigungsstromes bei weiterer Spannungserhöhung von einem bestimmten Punkte an nochmals ein starker Stromanstieg eintritt. Dies beruht darauf, daß positive und negative Ionen gebildet werden, die gleichfalls auf die entgegengesetzten Pole zufliegen und dadurch den Emissionsstrom verstärken. Häufig treten auch an bestimmten Stellen der Kennlinie sprunghafte Änderungen auf, die durch das plötzliche Hervorbrechen von Ionen verursacht sind.

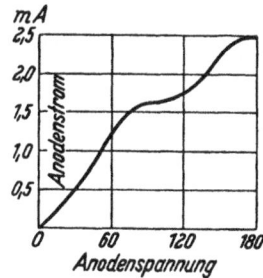

Durch die positiven Ionen kann ein Stromdurchgang auch beim Anlegen der positiven Anodenspannung an den Glühdraht bewirkt werden; diese Ionen fliegen auf den nunmehr als Kathode wirkenden Anodenzylinder zu. Die Stärke des Ionenstromes kann als Maß für den Grad der Luftverdünnung dienen (Ionisationsmanometer).

Die Braunsche Röhre dient dazu, durch magnetische oder elektrische Ablenkung eines ausgeblendeten Kathodenstrahles die Kurvenform von Wechselströmen auf einem Fluoreszenzschirm aufzuzeichnen. In ihrer neuzeitlichen Ausführung mit Glühkathode und Netzgerät stellt sie als tragbarer Oszillograph ein unentbehrliches Hilfsmittel der Funktechnik dar, weshalb sie hier erwähnt werden soll.

68. Die Braunsche Röhre
Ferd. Braun 1897

a) Aufbau. Am Ende des Halses eines hochevakuierten Glaskolbens ist eine indirekt heizbare Oxydkathode K eingesetzt. Sie ist zur Verringerung der Streuung der austretenden Elektronen von einem gegen die Kathode negativ aufgeladenen Zylinder W umgeben, der nach seinem Erfinder Wehneltzylinder heißt. Vor der Kathode sitzt die als Lochblende ausgebildete Anode A. Zwischen Anode und Wehneltzylinder befindet sich eine positiv aufgeladene Lochblende, die Linse, welche die Elektronenstrahlen so sammelt, daß auf dem Schirm ein scharfer Punkt entsteht. Für die elektrische Ablenkung in Richtung der Kraftlinien ist ein Plattenpaar $Px_1 Px_2$ eingebaut, während das außerhalb der Röhre angebrachte Spulenpaar $Sp_1 Sp_2$ für die senkrecht zu den Kraftlinien erfolgende

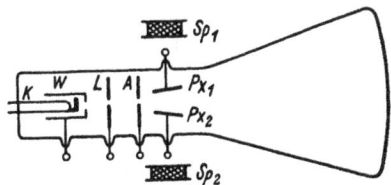

8*

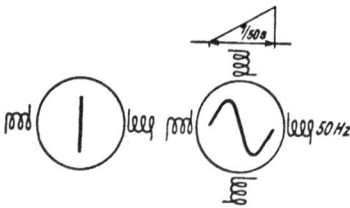

magnetische Ablenkung dient. Der Fluoreszenzschirm aus Zinksilikat oder Kalziumwolframat ist unmittelbar auf den Boden des Kolbens aufgestäubt.

Die für den Betrieb der Braunschen Röhre erforderlichen Spannungen (Heizung 4 V, Anode 3000 V, Linse 1500 V, Wehneltzylinder 200 V) werden einem durch Wechselstrom gespeisten Netzgerät entnommen.

b) Die Kurvenaufzeichnung. Wird das Spulenpaar vom Wechselstrom durchflossen, so erfährt der Lichtfleck eine synchrone Ablenkung nach oben und unten und erscheint infolge der Trägheit des Auges als senkrechter Strich. Zur Auflösung der Strahlbewegung nach der Zeit schickt man in ein zweites zum ersten senkrechtes Spulenpaar einen stetig anwachsenden Strom, der nach Erreichung seines Höchstwertes auf Null herunterkippt, um dann wieder von neuem anzusteigen.

Ist die Kippfrequenz gleich der des Wechselstromes, so wird gerade in jeder Periode eine Schwingung aufgezeichnet. Die sägezahnförmige Kippspannung wird in neuzeitlichen Geräten in einem Kippgerät mit Hochvakuumröhren erzeugt. Frequenz und Amplitude der Kippschwingungen sind durch Widerstände in weiten Grenzen regelbar. Wegen der Trägheitslosigkeit des Kathodenstrahles ist auch die Aufzeichnung von HF-Schwingungen möglich.

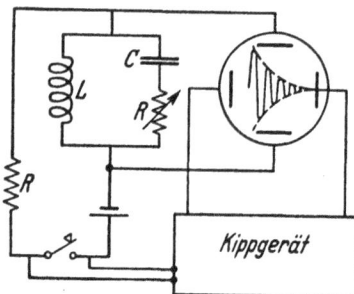

Aufzeichnung gedämpfter Schwingungen. Der Schwingungskreis L, C wird wie bei der Summererregung (S. 81) durch regelmäßiges Tasten angestoßen. Die Kondensatorspannungen legt man an die senkrechten, die Kippspannungen an die waagrechten Ablenkplatten. Synchronisiert man die Kippspannungen durch die Tastung, so kommt das Schwingungsbild zum Stehen und kann photographiert werden. Durch Regelung des Widerstandes R kann das Abklingen der Schwingungen merkbar beeinflußt werden.

c) Aufnahme der Resonanzkurve. Man erregt den Schwingungskreis LC durch Kopplung mit einem Oszillator $L_1 C_1$ von periodisch

veränderlicher Frequenz. Die Frequenzschwan-
kung wird durch Hin- und Herschwingen des Rotors
des Kondensators C_1 am Knopf K erzeugt. Die an
C abgenommene Spannung steigt beim Durchdrehen von C_1 nach rechts von Null zum Resonanzwert und fällt dann wieder auf Null zurück; beim
Zurückdrehen von C_1 nach links durchläuft die
Kreisspannung dieselben Werte in umgekehrter
Richtung. Nach Gleichrichtung durch den Detektor D werden die Kreisspannungen an die senkrechten Ablenkplatten Py_1 Py_2 der Braunschen
Röhre gelegt; sie bewirken ein Auf- und Abschwin-
gen des Lichtflecks in der Senkrechten. Mit dem
Vor- und Zurückdrehen des Knopfes K wird gleichzeitig ein Kontaktarm über den Sektor eines Poten-
tiometers bewegt, von dem aus eine Ablenkspannung an die waagrechten Platten Px_1 Px_2 abgezweigt wird. Durch Zusammensetzung beider Bewegungen beschreibt der Lichtfleck die Resonanzkurve, die bei genügend raschem Hin- und Her-
drehen ($f \gtrsim 10$) als stetige Kurve erscheint. Statt
der mechanischen Steuerung der Ablenkspannung
und Oszillatorfrequenz wird in der Praxis die
elektrische Steuerung durch ein Röhrenkippgerät
angewandt.

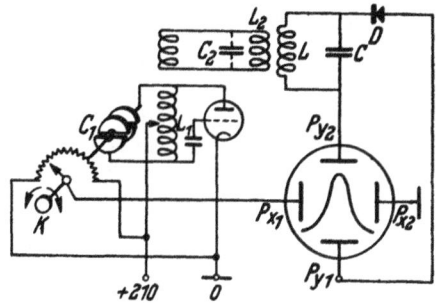

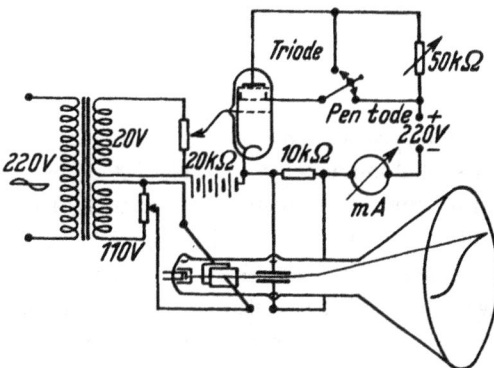

d) **Anodenstrom-Gitterspannungskennlinie.** Zu ihrer Aufnahme wird an das Steuergitter
einer Fünfpolröhre außer der negativen Vorspan-

nung eine regelbare Wechselspannung (50 Perioden) gelegt. Ein etwas höherer Wert der aus dem gleichen Transformator entnommenen Spannung kommt an die waagrechten Platten der Braunschen Röhre. Die Wechselspannung des Gitters ruft im Anodenstromkreis der Röhre einen zwischen Null und der Sättigung schwankenden Wechselstrom hervor; dieser erzeugt an den Enden eines Widerstandes von 10 kΩ eine Wechselspannung, die an die senkrechten Ablenkplatten gelegt wird. Beide Ablenkungen setzen sich zur dynamischen Röhrenkennlinie zusammen.

Durch Verbindung des Schirmgitters mit der Anode können wir die Röhre in eine Dreipolröhre umwandeln, wir erhalten dann eine etwas flacher verlaufende Kennlinie.

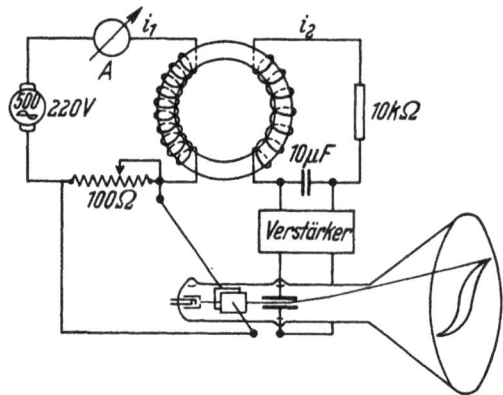

d) Magnetisierungskurve (Hysteresisschleife). Zu ihrer Aufnahme wird z. B. ein 500 periodischer Wechselstrom über einen regelbaren Widerstand von etwa 100 Ω in die Eingangswicklung eines Ringtransformators geschickt. Von den Enden des Widerstandes wird ein Teil der Netzspannung an die waagrechten Zeitplatten der Braunschen Röhre gelegt. An der Ausgangswicklung liegt der induktionsfreie Widerstand von 10 kΩ vor einem Kondensator von 10 μF zur Drehung der Phasenlage um ca. 90°. Die Spannung an den Klemmen des Kondensators ist proportional der magnetischen

Induktion. Der Strom im Ausgangskreis muß klein
gehalten werden, damit er den primären Magnetisierungsstrom nicht merklich schwächt. Damit
wird auch die Kondensatorspannung klein, weshalb
sie vor Anschluß an die senkrechten Meßplatten
der Braunschen Röhre verstärkt werden muß.
Durch die Zusammensetzung beider Ablenkungen
erhält man die Hysteresisschleife.

Die Sättigung des Eisens wird durch Ab-
flachung der Schleifenenden erkennbar.

G. Drei- und Mehrpolröhren

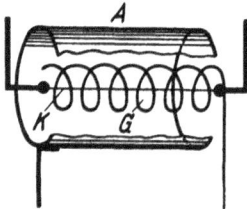

Die Elektronenröhre erlangte ihre Bedeutung für die Funktechnik durch Einführung einer dritten Elektrode, des Gitters, welches die Steuerung des Anodenstromes ermöglicht. Die von der Kathode ausgeschleuderten Elektronen fliegen zwischen den Windungen des Gitters hindurch und können, ehe sie die Anode erreichen, durch eine negative Ladung des Gitters abgebremst, durch eine positive beschleunigt werden.

a) Aufbau der Dreipolröhre. Zwischen der zylindrischen Anode A und dem in der Achse liegenden Glühfaden, der Kathode K, sitzt sorgfältig isoliert das als Zylinderspirale ausgebildete Gitter G. Zur Unterbringung eines längeren Heizfadens auf kleinem Raum spannt man diesen V-förmig oder im Zickzack auf. Man gibt dann der Anode die Form eines flachgedrückten Zylinders oder eines Kastens.

Die Zuleitungsdrähte zu Anode, Kathode und Gitter laufen durch einen Glasfuß zu den am Röhrensockel befestigten vier Steckstiften. Die Stifte sind unvertauschbar angeordnet. Der das Röhrensystem umschließende Glaskolben ist bis an die praktisch erreichbare Grenze ausgepumpt, so daß eine reine Elektronenentladung stattfindet. Um das hohe Vakuum zu erhalten, ist die Röhrenwand im Innern durch Verdampfen von Magnesium verspiegelt. Der Glaskolben ist außen zum Schutz vor elektrostatischer Beeinflussung meist metallisiert.

b) Die Stromkreise der Röhre sind:
1. Der Heizkreis, bestehend aus der Heizbatterie HB und dem Glühfaden K. In Schaltbildern wird von diesem Kreis meist nur die Kathodenzuführung angegeben.

2. Der Anodenkreis, der durch Anschluß, des
   negativen Poles der Anodenbatterie AB an den
   Glühfaden und des positiven Poles an die Anode gebildet wird. Zur Messung des Anoden-
   gleichstromes J_a ist ein Milliamperemeter MA
   eingeschaltet.
3. Der Gitterkreis, der durch Verbindung der
   Gitterspannungsquelle GB mit dem negativen
   Ende des Glühfadens und dem Gitter entsteht.
   Zur Messung der Gitterspannung U_g dient das
   Voltmeter V.

a) Die J_a-U_g-Kennlinie. Die Steuerung
des Anodenstromes durch die Gitterspannung wird
durch die Anodenstrom-Gitterspannungskennlinie
anschaulich, deren Aufnahme an einem Beispiel
erläutert werden soll. Bei einer festen Anodenspannung von 100 V gehöre zur Gitterspannung
Null ein Anodenstrom von 5 mA. Legt man durch
Verbindung mit den Polen der Gitterbatterie GB
eine negative Spannung von 1,5 V zwischen Gitter
und Glühfaden, so geht der Anodenstrom durch
Abbremsung der Elektronen auf 4 mA zurück.
Mit zunehmender negativer Gitterspannung nimmt
der Anodenstrom weiter ab, bis er bei der Verschiebespannung $U_v = -9$ V ganz unterdrückt
wird. Dies ist der Anfangspunkt der Kennlinie, die
einen ähnlichen Verlauf nimmt wie die Anodenstrom-Anodenspannungskennlinie der Zweipolröhre (s. S. 113). Legt man an das Gitter positive
Spannungen, z. B. 1,5; 3; 4,5 V, so steigt der Anodenstrom durch Elektronenbeschleunigung, bis
die der Ergiebigkeit der Kathode entsprechende
Sättigung erreicht ist und die Kennlinie waagrecht
verläuft.

Bei Röhren mit Wolframkathoden, wie sie
heute nur noch bei großen Senderöhren ver-
wendet werden, arbeitet man bis zur Sättigung.
Bei Oxyddampfkathoden kann hingegen die
Sättigung nicht erreicht werden, da bei der großen
Ergiebigkeit der Kathode der Anodenstrom mit
Erhöhung der Anoden- bzw. Gitterspannung so
hohe Werte annehmen würde, daß die Kathode,

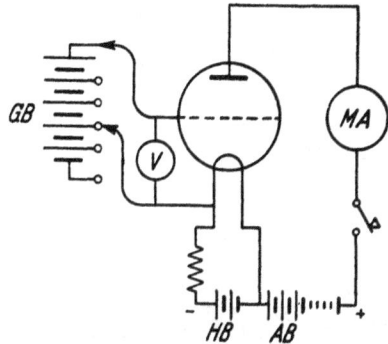

70. Röhrenkennlinien

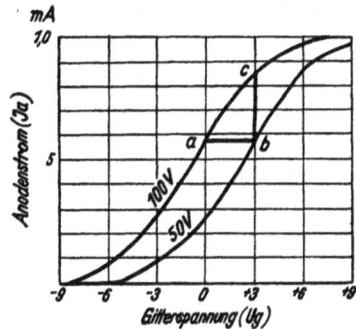

welche den Anodenstrom zu tragen hat, durch-
brennen müßte. Die Kennlinien endigen daher
in dem für den Betrieb zulässigen Anoden- und
Gitterspannungsbereich geradlinig.

b) Das $U_a - I_a$ Kennlinienfeld stellt den Zusammenhang zwischen Anodenspannung U_a und
Anodenstrom I_a für verschiedene Stufen der Gitterspannung U_g dar. Man bestimmt bei der Gitterspannung 0 V durch stufenweise Erhöhung der
Anodenspannung, z. B. von 50 zu 50 V das Ansteigen
des Anodenstromes bis an die Grenze der zulässigen
Anodenbelastung. Erniedrigt man dann stufenweise, z. B. um je 2 V die Gitterspannung, so kann
die hervorgerufene Abnahme des Anodenstromes
durch eine Erhöhung der Anodenspannung ausgeglichen werden. Die $U_a - I_a$-Kennlinien rücken
mit abnehmender Gitterspannung nach rechts.
Aus dem $U_a - I_a$-Kennlinienfeld läßt sich die $U_g - I_a$
Kennlinie durch Übertragung der Schnittpunkte
der Widerstandskennlinie mit den Gitterspannungs-
linien in das $U_g - I_a$-Koordinatensystem herauszeichnen. Diese Kennlinien werden den Röhrenlisten beigegeben.

c) Der Gitterstrom. Die aus dem Glühfaden
austretenden Elektronen werden bei positiver
Aufladung des Gitters zum Teil abgefangen und
geben Anlaß zu dem Gitterstrom, den ein in den
Gitterkreis eingeschaltetes empfindliches Dreh-
spuleninstrument anzeigt.

Bei fester Anodenspannung wird der Gitterstrom um so größer, je stärker positiv das Gitter
gegen die Kathode gemacht wird. Die Gitterstromkennlinie nimmt dann einen ähnlichen Verlauf wie die Kennlinie für den Anodenstrom. Da
die Elektronen schon bei ihrem Austritt aus der
Kathode eine gewisse Geschwindigkeit besitzen, so
ist der Gitterstrom bei der Spannung Null gegen
die Kathode nicht ganz Null. Erst wenn das Gitter
etwa 1...2 V stärker negativ als der Glühfaden ist,
nimmt es keine Elektronen mehr auf; der Gitterstrom wird Null.

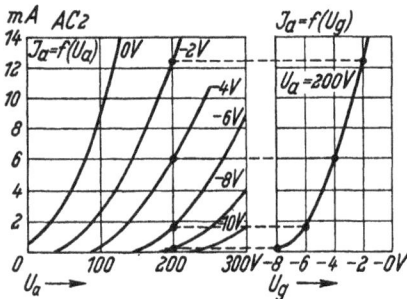

Bei den meisten Verstärkungsschaltungen sucht man den Gitterstrom zu vermeiden, um keine Leistung im Gitterkreis zu verbrauchen. Es gibt jedoch Fälle, z. B. im Gegentakt B Verstärker (S. 176) oder in Sendern, wo bewußt das Gitterstromgebiet mit ausgenützt wird. Hier gewinnt auch die Gitterstromkennlinie Bedeutung.

d) Die Steilheit S der Kennlinie bestimmt die Steuerwirkung des Gitters. Sie wird gemessen durch die Änderung des Anodenstromes in mA, welche eine Änderung der Gitterspannung um 1 V im geradlinigen Teil der Kennlinie hervorruft. Es ist also:

Im Punkte a der Kennlinie auf S. 121 ruft z. B. eine Zunahme der Gitterspannung um 3 V eine Zunahme des Anodenstromes um 2,4 mA hervor; die Steilheit ist also:

Aus dem Verlauf der Kennlinie sieht man, daß die Steilheit in den unteren und oberen gekrümmten Teilen gering ist, während sie im mittleren geradlinigen Teil ihren größten Wert S_{max} annimmt. Dieser Wert wird in den Röhrenlisten angegeben.

Die Steilheit ist um so größer, je näher das Gitter dem Heizfaden liegt und je ergiebiger die Kathode ist. Die Zunahme der Steilheit durch die Erhöhung der Emission geht aus nebenstehenden Kennlinien hervor. Während die älteren Empfängerröhren mit Wolframdraht nur eine Steilheit von $\dfrac{0,5 \text{ mA}}{\text{V}}$ besaßen, beträgt die Steilheit neuer Oxydröhren ... $\dfrac{9 \text{ mA}}{\text{V}}$; bei Senderöhren werden durch hohe Emissionen Steilheiten bis $\dfrac{270 \text{ mA}}{\text{V}}$ und mehr erzielt.

e) Der Durchgriff. Der Einfluß der Anodenspannung auf die Elektronenbewegung wird durch das Gitter geschwächt, da nur ein Teil der elektrischen Kraftlinien durch die Maschen des Gitters „hindurchgreifen" kann.

Man bezeichnet den Teil der Anodenspannung, der vom Gitter aus die gleiche Elektronen-

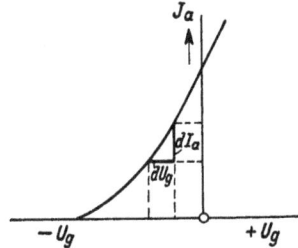

$$S = \frac{\text{Zunahme d. Anodenstromes}}{\text{Zunahme d. Gitterspannung}}$$

$$= \frac{d I_a}{d U_g} \text{ bei konstanter Anodenspannung}$$

$$S = \frac{2,4 \text{ mA}}{3 \text{ V}} = 0,8 \frac{\text{mA}}{\text{V}}$$

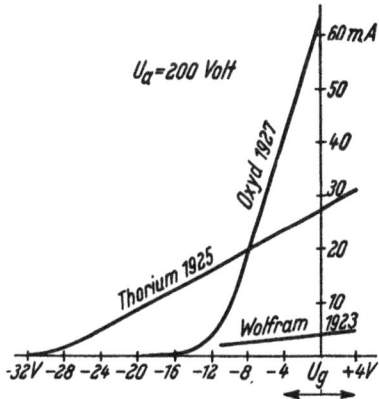

beschleunigung hervorrufen würde wie die Spannung an der Anode, als den Durchgriff D der Röhre und drückt ihn in Prozenten aus.

Hat z. B. eine Röhre einen Durchgriff von $10^0/_0$, dann kann die gleiche Elektronenbeschleunigung, welche durch 100 V Anodenspannung hervorgerufen wird, auch durch $+ 10$ V Gitterspannung erzeugt werden. Sie kann daher auch durch $- 10$ V Gitterspannung aufgehoben werden; der Anodenstrom wird Null. Die auf die Elektronen wirkende Steuerspannung setzt sich aus U_a und U_g nach der Formel zusammen:

$$U_{st} = D U_a + U_g$$

Bei unveränderter Elektronenergiebigkeit ist der Anodenstrom nur von der Steuerspannung abhängig, gleichgültig, wie sich diese im einzelnen aus der Gitter- und Anodenspannung zusammensetzt. Ist U_g negativ, so wird U_{st} gleich Null, wenn:

$$D U_a = - U_g$$

Wir nannten (S. 121) die negative Gitterspannung, welche den Anodenstrom zu Null macht, die Verschiebespannung U_v; sie läßt sich also mit Hilfe des Durchgriffs aus der Anodenspannung berechnen. Es ist:

$$U_v = - D U_a$$

Erhöht man stufenweise die Anodenspannung einer Röhre, so kann die dadurch hervorgerufene Zunahme des Anodenstromes durch eine entsprechende Erhöhung der negativen Gitterspannung aufgehoben werden. Dies drückt sich graphisch durch eine Verschiebung der Kennlinie nach links aus. Aus dieser Verschiebung kann man den Durchgriff ermitteln. Man nimmt (s. S. 121) die Kennlinien für zwei verschiedene Anodenspannungen (z. B. 70 und 100 V) auf und bestimmt im mittleren geradlinigen Teil ihren waagrechten Abstand. Den ermittelten Wert $a\,b$ überträgt man auf die Grundlinie und erhält damit sein Maß in Volt. Beträgt dieser nach nebenstehender Abbildung 3 V, so ist der Durchgriff:

$$D = \frac{3\,\mathrm{V}}{30\,\mathrm{V}} = \frac{1}{10} = 10 \;^0/_0$$

Der Durchgriff ist durch die Bauart der Röhre bestimmt. Er ist um so größer, je näher das Gitter der Anode liegt und je weitmaschiger es ist. Die Durchgriffe von Dreipol-Verstärkerröhren liegen zwischen 1 und 30%, diejenigen von Senderöhren zwischen 0,1 und 10%.

f) Der Innenwiderstand. Liegt an einer Röhre eine Anodenspannung U_a und beträgt der Anodenstrom I_a, so ist der Gleichstromwiderstand der Röhre:

$$R = \frac{U_a}{I_a}$$

Dieser Wert hat aber wenig praktische Bedeutung, da es bei allen Anwendungen der Röhre auf die Wechselströme ankommt. Man setzt daher als „Innenwiderstand" der Röhre ihren „Wechselstromwiderstand" fest, der bestimmt ist durch die Gleichung:

$$R_i = \frac{\text{Änderung der Anodenspannung}}{\text{Änderung des Anodenstromes}}$$
bei konstanter Gitterspannung

Man kann den Innenwiderstand aus der Größe der Steigung der Anodenstrom-Anodenspannungskennlinie oder ebenso wie den Durchgriff aus zwei für verschiedene Anodenspannungen aufgenommenen Anodenstrom-Gitterspannungskennlinien entnehmen. Aus vorstehendem Kennlinienpaar für die Spannungen 70 und 100 V liest man z. B. auf der zur Gitterspannung $+3$ V gehörigen Senkrechten eine Anodenstromänderung $b\,c = 3$ mA ab. Der Innenwiderstand ist dann:

$$R_i = \frac{30\,\text{V}}{0,003\,\text{A}} = 10000\,\Omega$$

$$S = \frac{b\,c}{a\,b} \quad D = \frac{a\,b}{30\,\text{V}}$$

$$R_i = \frac{30\,\text{V}}{b\,c}$$

g) Beziehung zwischen S, D und R_i. Wenn man die aus vorstehendem Kennlinienpaar abgelesenen Werte für Steilheit, Durchgriff und Innenwiderstand, welche die inneren Vorgänge der Röhre kennzeichnen, miteinander multipliziert, ergibt sich die einfache Beziehung:

$$S \cdot D \cdot R_i = 1$$

Man kann daraus z. B. den Widerstand R_i durch $S \cdot D$ ausdrücken.

$$R_i = \frac{1}{S \cdot D}$$

Hieraus folgt, daß für festes D der innere Widerstand dort am kleinsten ist, wo S den größten Wert annimmt, also im mittleren geradlinigen Teil der Kennlinie, während R im untern und oberen flachen Teil der Kennlinie besonders groß wird. Bei gleicher Steilheit der Kennlinien hat die Röhre mit dem kleineren Durchgriff den größeren Innenwiderstand.

h) Die Arbeitskennlinien. Bei den bisherigen statischen Kennlinien blieb die Anodenspannung auch bei Änderung des Anodenstromes unverändert; dies setzt voraus, daß die Anodenspannungsquelle unmittelbar an der Anode liegt (Kurzschlußschaltung). Liegen aber, wie dies in der Praxis stets der Fall ist, im Anodenkreis Gleich- und Wechselstromwiderstände (R_a, $\Re_a$), so entstehen an ihnen Spannungsverluste ($I_a \cdot R_a$, $\Im_a \cdot \Re_a$), um welche die Anodenspannung verringert wird. Arbeitet z. B. eine Röhre $AC\,2$ über einen Transformator auf einen Kopfhörer, so beträgt der Gleichstrom-Außenwiderstand 2000 Ω, der Wechselstromwiderstand 20 000 Ω. Die Spannungsverminderungen lassen sich graphisch im $I_a\,U_a$-Kennlinienfeld für Gleich- und Wechselstrom durch je eine Arbeitskennlinie darstellen.

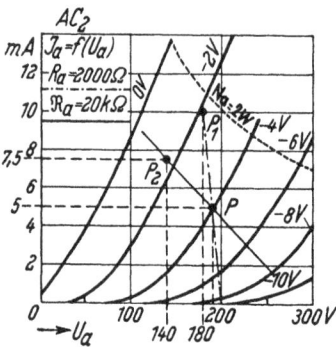

I. Die Gleichstromwiderstandslinie wird so konstruiert, daß man für zwei verschiedene Stromwerte die an der Anode liegenden Spannungen errechnet. Der erste Punkt ergibt sich sehr einfach für den Anodenstrom Null, wo die volle Betriebsspannung (z. B. 200 V) an der Anode liegt. Für den, zweiten Punkt nimmt man einen beliebigen Anodenstrom an (z. B. 10 mA), errechnet den am Außenwiderstand ($R_a = 2000$ Ω) entstehenden Spannungsabfall (20 V) und zieht diesen von der Betriebsspannung ab. Die Kennlinie geht dann durch den Punkt P_1 (180 V, 10 mA) hindurch. Je größer der Widerstand, um so flacher verläuft die Widerstandskennlinie; für $R_a = 0$ steht sie senkrecht.

Der Schnittpunkt der Widerstandslinie mit der Kennlinie der gewählten Gitterspannung (z. B. — 4 V) liefert den Arbeitspunkt P und den Anodengleichstrom ($I_a = 5$ mA).

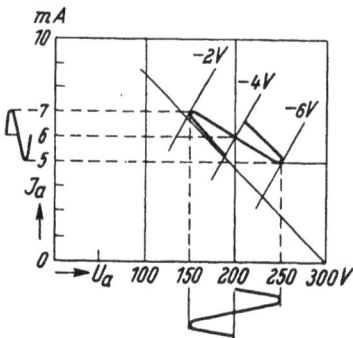

II. Die Wechselstromwiderstandslinie. Wenn wir den Wechselstromwiderstand zu 20 kΩ annehmen, so rufen vom Arbeitspunkt P gerechnet 2,5 mA Anodenstromänderung 50 V Anodenspannungsänderung hervor. Damit ist P_2 (140 V, 7,5 mA) und durch Verbindung mit P die Wechselstromarbeitskennlinie festgelegt.

Wenn wir die so ermittelte Arbeitskennlinie getrennt herauszeichnen, wird ersichtlich, daß eine Gitterwechselspannung mit dem Scheitelwert 2 V

einen Anodenspannungswechsel von 100 V und einen
Anodenstromwechsel von 2 mA ergibt.

Wir sehen ferner, daß die Anodenwechselspannung gegenüber der Gitterwechselspannung um
180⁰ in der Phase verschoben ist, also die Wirkung
der Gitterwechselspannung schwächt. Diese Anodenrückwirkung ist um so größer, je größer
der Durchgriff der Röhre ist.

Bei der praktischen Berechnung von Verstärkerstufen nach dem angegebenen Verfahren muß man
darauf achten, daß in dem gewählten Arbeitspunkt
P die zulässige Anodenverlustleistung der Röhre
nicht überschritten wird. Diese Grenze stellt sich
im U_a-I_a-Kennlinienfeld als eine Hyperbel ($U_a \cdot I_a$
= const.) dar.

Die Wahl der Arbeitsbedingungen der Röhre
als Verstärker richtet sich nach dem Zweck der
betreffenden Verstärkerstufe. Man unterscheidet
S p a n n u n g s v e r s t ä r k u n g, durch die kleine Wechselspannungen erhöht werden, ohne daß nennens-
werte Leistungen abgegeben werden müssen und
L e i s t u n g s v e r s t ä r k u n g, deren Ziel die Abgabe
einer bestimmten Nutzleistung bei möglichst geringer Steuerleistung ist. Ein dritter Betriebsfall,
die S t r o m v e r s t ä r k u n g, hat mehr theoretisches
Interesse. Die Betriebsbedingungen unterscheiden
sich im wesentlichen durch die Lage des Arbeitspunktes und die Größe des Arbeitswiderstandes.

a) D i e S t r o m v e r s t ä r k u n g; R_i klein gegen
R_i. Legt man zwischen Gitter und Kathode eine
Wechselspannung u_g, so ruft diese einen Anodenwechselstrom i_a hervor, der sich dem der Gittervorspannung U_g entsprechenden Anodengleichstrom I_a überlagert. Die Scheitelwerte des Anodenwechselstromes sind um so höher, je größer
die Steilheit der statischen Kennlinie ($R_a = 0$) in
der Nähe des Arbeitspunktes ist. Die Stromverstärkung ist also:

Wir sehen, daß für die Verstärkung eine große
Steilheit der Kennlinie vorteilhaft ist. Sie läßt sich
aus der Gitterspannungs-Anodenstromkennlinie
unmittelbar entnehmen. Die Anodenwechsel-

71. Die Röhre als Verstärker

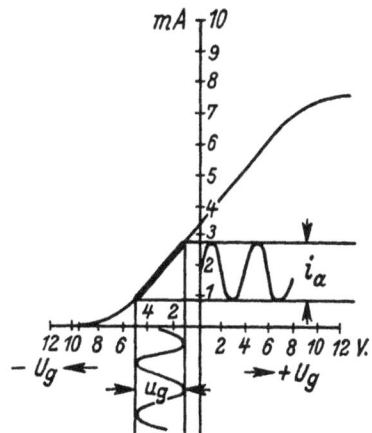

$$i_a = S \cdot u_g$$

$$V_{str} = \frac{i_a}{u_g} = S$$

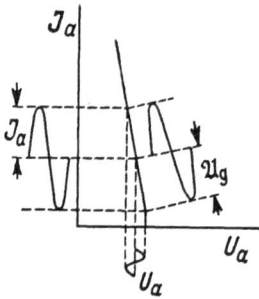

$$u_a = i_a \cdot R_a$$
$$= \frac{u_g}{D} \frac{R_a}{R_i + R_a}$$

$$V = \frac{u_a}{u_g} = \frac{1}{D} \cdot \frac{R_a}{R_i + R_a}$$

$$V_{sp} = \frac{1}{D}$$

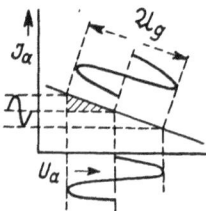

ströme sind von gleicher Frequenz wie die angelegten Gitterspannungen, sie haben aber nur so lange die gleiche Kurvenform, als man im geraden Teil der Kennlinie arbeitet. Geht man aus dem geraden Teil heraus, so tritt eine Verzerrung ein.

Im U_a—I_a-Kennlinienfeld ergibt sich eine hohe Stromverstärkung aus der steilen Lage der Arbeitskennlinie (R_a klein).

b) Die Spannungsverstärkung; R_a groß gegen R_i. Soll durch die Röhre die angelegte Gitterspannung u_g ohne Leistungsabgabe im Anodenkreis erhöht werden, so schaltet man in den Anodenkreis einen Widerstand ein, der 5...10 mal so hoch wie der Innenwiderstand der Röhre ist. Hierdurch wird der Anodenruhestrom sowie der Scheitelwert des Anodenwechselstromes erheblich herabgedrückt. (Flacher Verlauf der Arbeitskennlinie.)

Die an den Enden von R_a auftretenden Wechselspannungen sind dann:

Danach ergibt sich für das Verhältnis der am Anodenwiderstand abgegebenen Wechselspannung u_a zu der an das Gitter gelegten u_g, den sog. Verstärkungsfaktor:

Im Grenzfall R_a gegen R_i unendlich groß wird der Verstärkungsfaktor:

Zur Erzielung einer hohen Spannungsverstärkung, wie· sie in den Anfangsstufen gebraucht wird, muß man daher Röhren mit kleinem Durchgriff (4...6%) wählen. Aus $R_i = \frac{1}{S \cdot D}$ folgt, daß zur Kleinhaltung von R_i, S möglichst groß sein soll.

Im Anodenspannungs-Anodenstromkennlinienfeld läßt sich die Spannungsverstärkung unmittelbar ablesen.

c) Die Leistungsverstärkung. Soll die an eine Röhre gelegte Wechselspannung im Anodenkreis ein Telephon oder einen Lautsprecher erregen, so muß an diese Verbraucherapparate eine möglichst große Wechselstromleistung abgegeben werden. Bei der Leistungsverstärkung muß man

unterscheiden, ob es auf praktisch unverzerrte
Verstärkung ankommt oder ob die Verzerrungen
keine Rolle spielen. Für maximale Leistungsabgabe ohne Rücksicht auf die Verzerrung, wie sie
z.B. für Sender angewendet wird (S. 150), gilt die Bedingung $R_a = R_i$. Das Leistungsdreieck hat dann
größten Inhalt. Wo es aber auf geringe Verzerrung
ankommt, muß man R_a als Kompromiß zwischen
bester Leistungsabgabe und möglichst geringer
Verzerrung auswählen.

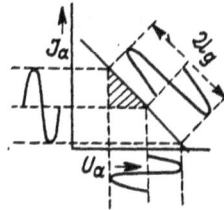

Die dem Gitter zugeführte Leistung kann durch
Unterdrückung des Gitterstromes I_g nahezu gleich
Null gemacht werden. Es muß hiezu die Gittervorspannung so stark negativ sein, daß sie auch bei
Überlagerung der positiven Scheitelwerte der Gitterspannung negativ bleibt. Es folgt daraus, daß man
in der Endstufe die Verschiebespannung U_v und
damit den gitterstromfreien Steuerbereich durch
hohe Anodenspannung (200...400 V) bei großem
Durchgriff (25...50 $^0/_0$) möglichst groß machen
muß, um ein Übersteuern der Röhre zu verhindern. Die an den Verbraucher mit dem Ohmschen
Widerstande R_a abgegebene unverzerrte Wechselstromleistung ist:

$$N_a = i_{\text{eff}}^2 \cdot R_a$$

wobei i_{eff} der Effektivwert des Anodenwechselstromes ist. Durch Einführung der effektiven Gitterspannung $u_{g\,\text{eff}}$ erhält man:

$$N_a = \left(\frac{u_{g\,\text{eff}}}{D}\right)^2 \cdot \frac{Ra}{(R_i + R_a)^2}$$

Dieser Ausdruck erlangt ·einen Höchstwert,
wenn:

$$R_a = R_i$$

Die Empfindlichkeit ist um so größer, je steiler
die Kennlinie verläuft und je kleiner der Durchgriff der Röhre ist. Ein kleiner Durchgriff ist in
bezug auf den Wechselstrom günstig, weil die
Anodenrückwirkung, welche die Steuerwirkung
des Gitters schwächt, klein ist.

In bezug auf den Gleichstrom ist dagegen ein
großer Durchgriff erwünscht, damit man eine
große Verschiebespannung $D \cdot U_a$ erhält. Der
günstigste Durchgriff muß daher den jeweiligen
Betriebsverhältnissen angepaßt werden.

An Stelle des Verstärkungsfaktors bei der Spannungsverstärkung tritt zur Kennzeichnung der

z. B.: *AL* 4 Empf.   0,33 V
   Bedarf 3,6 V
   Endleistg. 4,3 W
AD 1 Empf. 3,3 V
   Bedarf 30 V
   Endleistg. 4,2 W

72. Mehrpolröhren

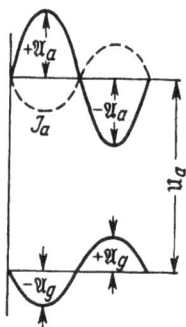

Leistung einer Endröhre die Angabe derjenigen effektiven Gitterwechselspannung, die für 50 mW Endleistung benötigt wird (Empfindlichkeit) und der Gitterwechselspannung, bei der die maximal abgebbare unverzerrte Ausgangsleistung erreicht wird. (Gitterwechselspannungsbedarf.)

Der Verstärkungsgrad einer Eingitterröhre ist durch die Anodenrückwirkung begrenzt. Diese kann durch Einbau eines zweiten Gitters beseitigt werden.

a) Die Anodenrückwirkung. Die Anodenstromänderungen i_a, die durch die Gitterwechselspannung u_g erzeugt werden, rufen am Anodenwiderstand einen Spannungsabfall $i_a \cdot R_a$ hervor, um welchen die Anodenbetriebsspannung schwankt. Hat die Gitterspannung z. B. ihren positiven Scheitelwert $+\mathfrak{U}_g$ erreicht, so wird auch der Anodenstrom und damit der Spannungsabfall am größten. Um diesen Spannungsabfall vermindert sich die Anodengleichspannung U_a. Die Anodenbetriebsspannung erreicht also ihren kleinsten Wert $U_a - \mathfrak{U}_a$, wenn die Gitterspannung ihren größten Wert $\mathfrak{U}_g$ erlangt. Bei größter negativer Gitterspannung $-\mathfrak{U}_g$ erreicht die Anodenspannung ihren Größtwert $U_a + \mathfrak{U}_a$. Es wirkt also die Anodenwechselspannung der Gitterwechselspannung gerade entgegen. Diese Anodenrückwirkung setzt die Wirksamkeit der Gitterspannung um so mehr herab, je größer der Durchgriff der Röhre ist.

b) Das Schirmgitter. Die Anodenrückwirkung kann durch ein die Anode gegen das Steuergitter elektrostatisch abschirmendes Gitter, das Schirmgitter, unterdrückt werden, wenn dieses eine positive Spannung von etwa $2/5$ der Anodengleichspannung erhält. Für die Elektronenbewegung wirkt das Schirmgitter als Anode, gegen welche die Elektronen mit großer Geschwindigkeit anfliegen. Einen Teil der Elektronen fängt das Schirmgitter ab, die meisten fliegen durch dessen Maschen hindurch auf die Arbeitsanode.

Der Durchgriff des Schirmgitters durch das Steuergitter beträgt etwa 20...30%, während der

Durchgriff der Anode durch beide Gitter hindurch nur 0,002...1% beträgt. Änderungen der Anodenspannung U_a üben daher durch das Schirmgitter hindurch nur einen geringen Einfluß auf den Anodenstrom aus; die Anodenrückwirkung ist nahezu aufgehoben, die Kennlinienverschiebung ist gering.

Hingegen rufen Änderungen der Schirmgitterspannung U_{sg} große Verschiebungen der Kennlinien hervor. Durch passende Wahl der Schirmgitterspannung hat man daher die Möglichkeit, trotz des kleinen Gesamtdurchgriffs die Kennlinien aus dem Bereich der positiven Gitterspannung herauszulegen. Die Schirmgitterspannung muß wegen des hohen Schirmgitterdurchgriffs während des Betriebs sorgfältig auf gleicher Höhe gehalten werden. Der Einbau des Schirmgitters hat für HF-Verstärkung den weiteren Vorteil, daß er die Gitteranodenkapazität auf etwa 0,01 cm verringert.

c) Das Bremsgitter. Unter dem Einfluß der hohen Schirmgitterspannung treffen die Elektronen mit großer Geschwindigkeit auf Schirmgitter und Anode und lösen aus ihnen Sekundärelektronen aus. Ist das Schirmgitter gleich oder stärker positiv als die Anode, so fliegen die Sekundärelektronen auf das Schirmgitter und verringern dadurch den Anodenstrom. Die Kennlinie erfährt hiedurch eine Einsenkung und wird in diesem Anodenspannungsbereich unbrauchbar. Um diesen schädlichen Einfluß der Sekundärelektronen zu beseitigen, bringt man zwischen Anode und Schirmgitter ein drittes negatives Gitter an, welches die Sekundärelektronen nach ihrem Ausgangspunkt zurücktreibt. Gewöhnlich verbindet man dieses „Bremsgitter" innerhalb der Röhre mit der Kathode.

d) Die Fünfpolröhre. Die $U_a - I_a$-Kennlinien der Fünfpolröhre oder Pentode zeigen einen stetigen Verlauf und sind bis zu kleinen Anodenspannungen herab ausnützbar.

Die Fünfpolröhre eignet sich wegen ihrer geringen Eigenkapazität, ihres kleinen Durchgriffs

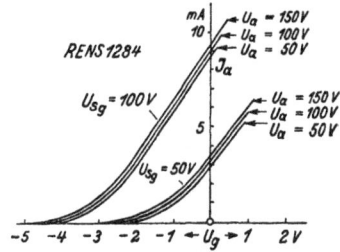

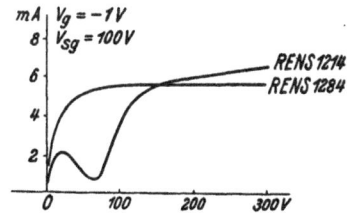

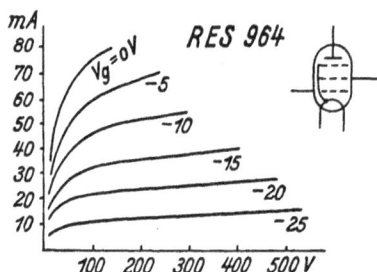

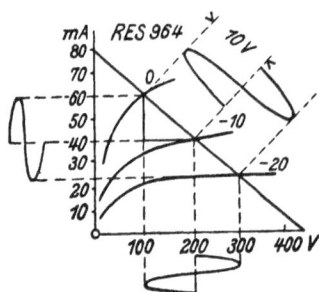

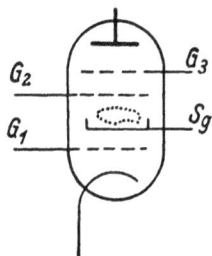

und ihres hohen Innenwiderstandes ($R_i = 0,5...$ 2 MΩ) vorzüglich zur HF-Verstärkung.

Zur NF-Leistungs- und Spannungs-Verstärkung wird die Fünfpolröhre gleichfalls verwendet. Da hiebei die Kleinhaltung der Gitter-Anodenkapazität keine große Rolle spielt, kann das Schirmgitter einfacher und unter Rücksichtnahme auf die erleichterte Wärmeabstrahlung der Anode aufgebaut werden.

Die Notwendigkeit zur Wahl eines großen Durchgriffs wird bei der Pentode durch die Wirkung des Schirmgitters vermieden, daher wird die Empfindlichkeit der Pentode bei gleicher Ausgangsleistung erheblich höher.

e) Die Sechspolröhre ermöglicht es, den Elektronenstrom zweimal unabhängig voneinander zu steuern. Die Röhre besitzt ein Steuergitter G_1 und ein Regelgitter G_2, die durch ein Schirmgitter Sg getrennt sind. Um Rückwirkungen der Anodenwechselspannung auf das Regelgitter zu verhindern, ist zwischen diesem und der Anode ein drittes Gitter G_3 angebracht.

An G_1 liegt die zu verstärkende HF, welche die erste Steuerung des Anodenstromes bewirkt. An G_2 kann je nach der Verwendung der Röhre eine Wechselspannung oder eine Gleichspannung gelegt werden. Die Wechselspannung (Hilfsfrequenz) mischt sich mit der HF zu einer Zwischenfrequenz (Mischröhre), während durch eine Gleichspannung die Steilheit der Röhrenkennlinie geregelt wird (Regelröhre). In letzterer Eigenschaft wird die Sechspolröhre meist verwendet, wobei das Gitter G_3 als Schirmgitter zur Verhinderung der Anodenrückwirkung ausgebildet wird.

Zur Erklärung ihrer Wirkungsweise kann man sich die Röhre in zwei Einzelröhren zerlegt denken: in eine Dreipolröhre, bestehend aus Kathode K, Steuergitter G_1 und Schirmgitter Sg_1 und in eine Schirmgitterröhre mit den Gittern G_2 und Sg_2 und einer „virtuellen Kathode", die durch eine vor dem negativen Gitter G_2 liegende Elektronenwolke gebildet wird; sie ist um so dichter, je weniger negativ das Gitter G_1 ist. Verringert man die negative Spannung Ug_2 des Regelgitters G_2 von —5 auf 0 V, so läßt es immer mehr Strom hindurch, was gleichbedeutend mit einer Erhöhung der Steilheit der Kennlinie ist. Da sich die Steilheit durch die Regelspannung an G_2 in weiten Grenzen ändern läßt, kann man mit geringer Regelspannung (15 V) den Verstärkungsgrad im Verhältnis 1:1000 ändern.

f) **Die Achtpolröhre** stellt eine Fortentwicklung der Sechspolröhre dar. Auf das Steuergitter G_1 folgt ein als Hilfsanode wirkendes positiv vorgespanntes Gitter G_2. Die beiden Gitter stellen in Verbindung mit der Kathode eine Dreipolröhre dar, welche als Schwingungserzeuger (Oszillator) geschaltet wird. Die übrigen Pole der Röhre bilden eine HF-Fünfpolröhre, wobei als virtuelle Kathode die dem negativen Steuergitter G_3 vorgelagerte Elektronenwolke wirkt. Beide Systeme sind durch das Schirmgitter Sg getrennt, so daß eine Rückwirkung des Schwingungserzeugers auf den Antennenkreis ausgeschaltet ist. Man kann dem Steuergitter G_3 neben der Hochfrequenzspannung die Regelspannung zuführen, d. h. die Achtpolröhre kann gleichzeitig als Misch- und Regelröhre verwendet werden (Schaltung S. 196).

g) **Verbundröhren.** Aus Ersparnisgründen baut man zwei oder mehr Röhrensysteme mit gemeinsamer Kathode in einen Kolben wie z. B. bei nebenstehender **Dreipol-Sechspolröhre**. Über Gitter (5) erfolgt die Mischung der Oszillatorschwingung mit der aufgenommenen Empfangsschwingung zur modulierten Zwischenfrequenz. Durch die Trennung von Mischröhre und Oszillator vermeidet man die bei den Sechspol- und Achtpolröhren mitunter auftretenden Frequenzverwerfungen. Das Schirmgitter (4) verhindert den Übergang der Oszillatorschwingung auf den Eingangskreis. Die Zwischenfrequenz wird an der Anode (7) abgenommen.

h) **Stahlröhren.** Das Elektrodensystem ist waagrecht zwischen zwei auf die Grundplatte auf-

1. Oszillatorsteuergitter, verbunden mit dem 3. Gitter der Sechspolröhre
2. Oszillatoranode
3. Steuergitter der Sechspolröhre
4. erstes Schirmgitter
5. Regelgitter der Sechspolröhre
6. zweites Schirmgitter
7. Anode der Sechspolröhre

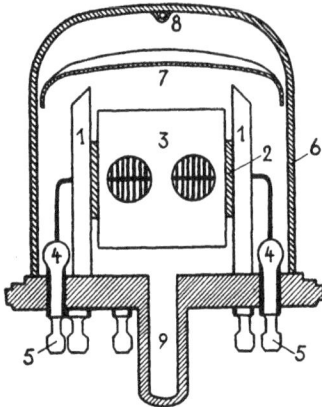

1. U-Träger   6. Stahlmantel
2. Glimmer   7. Schutzblech
3. Anode   8. Gitter
4. Glasperle   9. Pumpstutzen
5. Metallstift

geschweißten U-Trägern, in die eine Glimmerhalterung eingesetzt ist, befestigt. Die Zuführungsdrähte werden mit Glastropfen in die mit einer Eisen-Nickel-Kobaltlegierung ausgekleideten Bohrungen der Grundplatte eingeschmolzen und auf dem kürzesten Wege angeschlossen.

Nach Montierung des Systems wird ein Stahlkolben auf die Grundplatte elektrisch $\left(\frac{1}{400}\text{ s,}\right.$ 100 000 A) aufgeschweißt. Die Evakuierung erfolgt durch einen im Mittelpunkt der Grundplatte eingesetzten Stutzen, der zugeschweißt wird. Der Stiftsockel ist achtpolig, wobei die Stifte in zwei Gruppen (3 und 5) im Kreise stehen.

Die Vorteile der Stahlröhre sind: Geringe Abmessungen, Verminderung der schädlichen Kapazitäten und Kopplungen zwischen den Zuführungsdrähten, hohe Unempfindlichkeit gegen Erschütterung und günstige Wärmeabstrahlung.

i) Röhrenbezeichnung. Man bezeichnet die Röhren einheitlich durch zwei oder mehrere Buchstaben und eine Ziffer. Der erste Buchstabe kennzeichnet die Heizart (s. S. 140), der zweite den Systemaufbau. Bei einer Mehrfachröhre wird das zweite und dritte Röhrensystem durch weitere Buchstaben angegeben. Die Zahl gibt die Erscheinungsfolge der Röhre an (vgl. untenstehende Tabelle).

1. Kennbuchstabe	Heizart:
A ..	4 V $\sim$ Strom
C ..	200 mA $\cong$ Strom
D..u. K..	Batterie 1,2 u. 2 V
V ..	50 mA $\cong$ Strom
E ..	6,3 V $\cong$ od. Batterie

2. Kennbuchstabe	Röhrensystem:
.C	Dreipolröhre
.D	Endröhre
.F	Pentode
.H	Hexode
.K	Oktode
.L	Endpentode

H. Der Netzanschluß

Die zur Entnahme des Heizstromes und der Anoden- und Gitterspannung aus dem Netz dienenden Anschlußgeräte setzen sich zusammen aus dem Netztransformator, dem Gleichrichter, der Siebkette und dem Spannungsteiler. Beim Anschluß an das Gleichstromnetz kommt der Transformator und Gleichrichter in Fortfall, beim Allstrombetrieb wird ohne Transformator, jedoch mit Gleichrichter gearbeitet.

a) Der Röhrengleichrichter enthält eine Heizkathode und eine oder zwei Anoden. Die Gleichrichtung einer Wechselspannung erfolgt dadurch, daß die Röhre nur dann Strom durchläßt, wenn an ihrer Kathode eine negative Spannung liegt; bei positiver Kathode ist der Strom gesperrt. Wir unterscheiden den Hochvakuumgleichrichter, der heute ausschließlich in den Netzteilen von Empfängern verwendet wird, von den gasgefüllten Gleichrichterröhren, die zum Laden von Akkus, zur Herstellung des Erregerstromes für dynamische Lautsprecher und in Kraftverstärkern Verwendung finden.

I. Der Hochvakuumgleichrichter. Im Innern einer flachgedrückten Metallhülse, welche die Anode bildet, sind als Kathode je nach der erforderlichen Leistung 2, 4 oder 6 Oxydfäden ausgespannt. Auch indirekt geheizte Kathoden werden verwendet. Bei der Einwegröhre ist ein, bei der Doppelwegröhre sind zwei Elektrodensysteme in einem hochevakuierten Glaskolben eingeschlossen.

Die von einer Gleichrichterröhre über einen Ausgleichkondensator abgegebene Gleichspannung nimmt mit der zugeführten Wechselspannung und mit der Kapazität des Ladekonden-

73. Gleichrichter

mA
150 | RGN 2004
      2 x 300 V
120
90
60 | RGN 1064
     2 x 500 V
30

200   300   400   500   600   700 V

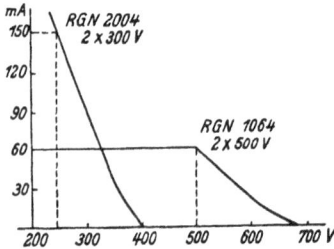

sators zu, dagegen mit steigender Stromentnahme ab. Für jede Röhre ist die Höchstwechselspannung sowie die höchste Stromentnahme vorgeschrieben. Man kann die Spannungsabnahme mit der Strombelastung für eine feste Ausgleichskapazität (z. B. $4\,\mu$F) und eine feste Wechselspannung durch Kennlinien darstellen. Aus diesen Kennlinien kann man, wenn der Höchstbedarf für Spannung und Strom eines Empfängers bekannt ist, die Type der Gleichrichterröhre ermitteln. Wird z. B. 60 mA Strom und eine Höchstspannung von 500 V benötigt, so entnimmt man aus nebenstehenden Kennlinien, daß für diese Leistung die Röhre *RGN 1064*, die bei 60 mA 500 V liefert, ausreicht; dagegen würde man bei 150 mA Strom und 250 V Spannung die Röhre *RGN 2004* wählen.

II. Der gasgefüllte Gleichrichter erhält den gleichen Systemaufbau, der Kolben ist jedoch zur Herabsetzung des Spannungsabfalles mit Spuren von Edelgasen (Argon, Neon, Helium) unter einem Druck von einigen Millimetern Quecksilber gefüllt. Die von der Kathode ausgehenden Elektronen ionisieren das Gas und erhöhen dadurch den Anodenstrom. Gleichzeitig wird der innere Spannungsabfall auf 7...15 V herabgesetzt, so daß man ohne großen Leistungsverlust mit kleinen Röhren starke Ströme gleichrichten kann.

Ein Nachteil der gasgefüllten Gleichrichterröhren, der ihre Verwendung in Empfangsgeräten ausschließt, liegt in ihrer Neigung zur Erregung von Schwingungen in der angeschlossenen Siebkette. Die Röhren zeigen nämlich in bestimmten Gebieten eine durch die positiven Raumladungen verursachte fallende Kennlinie, welche Anlaß zur Selbsterregung ist. Man kann durch Einsetzen von Drosseln zwischen die Röhre und die Siebkette die Schwingungserregung weitgehend unterdrücken.

b) Der Kupferoxydulgleichrichter baut sich aus mehreren Plattenelementen auf, die zur Aufreihung auf einen Preßbolzen in der Mitte durchbohrt sind. Jedes Element setzt sich zusammen aus einer Kupferplatte, die mit einer dünnen Schicht Kupferoxydul überzogen ist, und einer als Gegenelektrode dienenden Bleiplatte, die fest gegen die Oxydschicht gepreßt wird. Zur besseren Ableitung der Stromwärme ist jedes Element zwischen zwei kupferne Kühlplatten von größerem Durchmesser gepreßt. Legt man an die beiden Kühlplatten eine Spannung von 2 V, so geht in der Richtung vom Oxyd zum Kupfer ein Strom von z. B. 4 mA durch, während in der umgekehrten Richtung nur ein Strom vom Bruchteil eines Milliamperes durchgeht (vgl. nebenstehende Kennlinie).

Diese Ventilwirkung beruht darauf, daß die Elektronen in der kristallinen Grenzschicht leichter vom Kupfer zum Oxyd übergehen, als in umgekehrter Richtung. Da die Bewegungsrichtung der Elektronen der Stromrichtung gerade entgegengesetzt ist, erfolgt also der Stromdurchgang nur in der Richtung vom Oxyd zum Kupfer. Eine elektrolytische Wirkung und eine Veränderung der Zwischenschicht tritt hierbei nicht auf, so daß die Lebensdauer dieses Gleichrichters eine sehr hohe ist.

Um höhere Wechselspannungen gleichzurichten, schaltet man mehrere Plattenelemente hintereinander. Zum Laden eines 2-, 4-, 6-V-Akkumulators benutzt man z. B. 2, 3, 4 Elemente. Für höhere Stromstärken müssen zur Vergrößerung der ꞏOberfläche mehrere Elemente parallel geschaltet werden.

Zur Doppelweggleichrichtung wird die nebenstehende Graetzsche Brückenschaltung häufig verwendet. Der Wirkungsgrad des Kupferoxydulgleichrichters ist bei günstiger Kühlung 50%.

c) Der Selengleichrichter setzt sich gleichfalls aus einzelnen Elementen zusammen. Das Gleichrichterelement besteht aus einer vernickelten Eisenplatte, auf welche eine dünne Selenschicht aufgebracht ist, die zur Abnahme des Stromes mit einer aufgespritzten Metallschicht bedeckt ist. In der Richtung vom Eisen zum Selen ist das Element

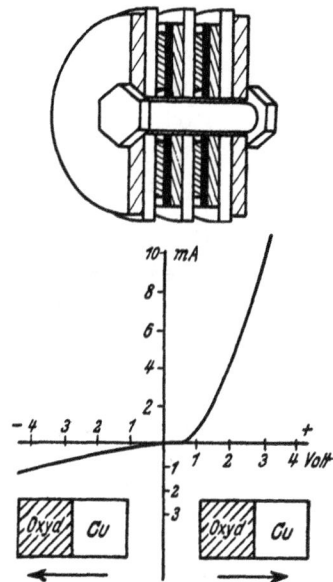

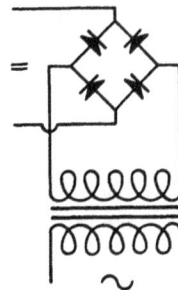

stromdurchlässig, während es in der entgegengesetzten Richtung den Strom sperrt.

74. Schaltung der Netzgeräte

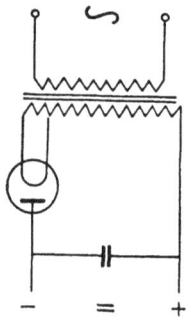

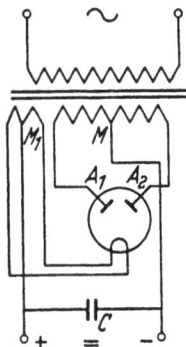

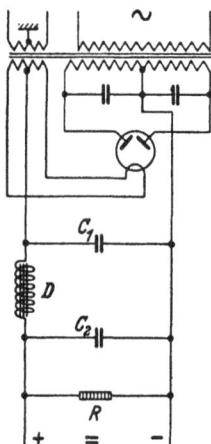

a) Einwegschaltung. Die Heizung der Kathode erfolgt durch die Heizwicklung des Transformators, während die Anodenwicklung an die Gleichrichterröhre eine Wechselspannung legt, deren Höhe — innerhalb einer vorgeschriebenen Grenze — sich nach der Größe der gewünschten Gleichspannung richtet. Die Polwechsel, in welchen die Kathode negativ ist, gehen durch die Röhre, während die entgegengesetzten gesperrt werden. Man erhält eine in der Frequenz des ursprünglichen Wechselstromes (50 Hz) schwankende Gleichspannung, deren Pulsation durch einen Kondensator $C = 4 \,\mu\mathrm{F}$ geglättet werden kann.

b) Doppelwegschaltung. Die Gleichrichterröhre besitzt zwei Anoden A_1 und A_2. Von den Mittelpunkten M und M_1 der Anoden- und Heizwicklung geht die Verbindung zum Glättungskondensator C. Die Spannungen an den Enden der Anodenwicklung sind — auf den Mittelpunkt M bezogen — entgegengesetzt gerichtet. Es ist daher stets eine Anode der Gleichrichterröhre positiv, der Strom fließt während des einen Polwechsels nach A_1, während des folgenden nach A_2; nur in dem Augenblick, in welchem die Spannung durch Null geht, ist auch der Strom gleich Null. Es entsteht ein pulsierender Gleichstrom, dessen Frequenz 100 Hz beträgt.

c) Die Siebkette. Die gleichgerichteten Halbwellen werden zunächst durch einen Kondensator $C_1 = 4 \,\mu\mathrm{F}$ geglättet; er gibt die stoßweise aufgenommenen Ladungen in den Ladungspausen in die Leitung und füllt dadurch die Lücken zwischen den Wellenscheiteln aus. Je größer der Kondensator ist, um so mehr nähert sich die abgegebene Gleichspannung der Scheitelspannung des Transformators. Eine weitere Glättung erfolgt dann in der Drossel D (10...20 Hy), indem diese die bei Stromanstieg aufgenommene Feldenergie dem abnehmenden Strom als Induktionsstrom

wieder zuführt. Sie läßt den Gleichstrom fast ungeschwächt hindurch. Sollte der Strom nach Ver-
lassen der Drossel noch wellenförmige Bestand-
teile enthalten, so werden diese über den Kondensator C_2 abgeleitet. Der Widerstand R verhindert
die Aufladung der Kondensatoren auf den Spitzen-
wert und entlädt sie nach Abschaltung des Transformators.

Als Drossel wird heute meistens die Erregerwicklung des dynamischen Lautsprechers benützt
oder sie wird durch einen Widerstand ersetzt, wobei die verminderte Siebwirkung durch Erhöhung
der Kapazität des Kondensators ausgeglichen
wird.

Als Anhaltspunkte für die Bemessung der Sieb-
elemente dienen Kurventafeln über die Höhe der
Brummspannung am ersten Kondensator bei verschiedener Strombelastung.

d) Gleichspannungsversorgung von
Mehrröhrengeräten. Die Spannungsverteilung
vom Netzgerät auf die einzelnen Röhren findet
meist im Empfänger selbst statt.

Die aus dem Netz gewonnene Gleichspannung
von 200 V wird an die positive und negative Sam-
melleitung eines Dreiröhrenempfängers geführt.
Die Anode sowie das Schutzgitter der Fünfpolendröhre erhalten die volle Spannung von 200 V,
während die Anodenspannungen für die Schirm-
gitter- und Dreipolröhre durch Spannungsabfall
an den Widerständen $R_1 = 25\ \text{k}\Omega$ und $R_2 = 200\ \text{k}\Omega$
auf 150 bzw. 100 V vermindert werden.

Die Schirmgitterspannung für die HF-Verstärkerröhre wird an einem Spannungsteiler, bestehend aus den Widerständen $R_3 = 50\ \text{k}\Omega$ und
$R_4 = 150\ \text{k}\Omega$, abgenommen. Da Änderungen des
Schirmgitterstromes den konstanten Querstrom
des Spannungsteilers nur wenig beeinflussen,
bleibt die Schirmgitterspannung ziemlich konstant.

Die negativen Gittervorspannungen (1, 3, 6
und 15 V) können nicht in der Gitterzuleitung erzeugt werden, da ja kein Gitterstrom fließen darf.
Sie müssen vielmehr durch Spannungsabfall an

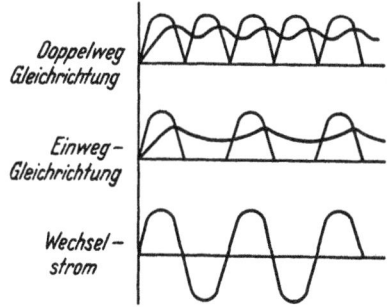

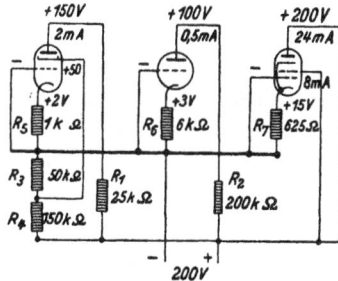

140

den Widerständen R_5, R_6, R_7 der Kathodenzuleitung gebildet werden, die vom Anodenstrom
durchflossen sind.

Die erwähnten Spannungen beziehen sich auf
die negative Sammelschiene. Die wirksamen Spannungen im Innern der Röhre beziehen sich auf
die Kathode als Spannungsnullpunkt; so ist z. B.
für die Endröhre die wirksame Anodenspannung
und die Schirmgitterspannung 185 V, die Gittervorspannung — 15 V.

75. Heizschaltung der Röhren

Je nach der zur Heizung verwendeten Strom-
art ist die Röhre und Heizschaltung zu wählen.
Wir unterscheiden:

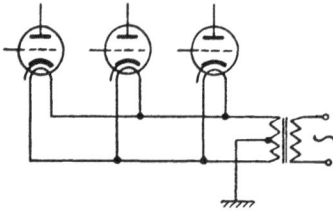

a) Die Wechselstromheizung mittelbar.
An die Heizwicklung des Netztransformators
sind die Röhren parallel angeschlossen. Die Faden-
spannung beträgt 4 V oder 6,3 V, der Heizstrom
je Röhre 0,2...1,2 A. In der Endstufe kann auch
eine unmittelbar geheizte Röhre verwendet werden; es ist dann zur Verminderung des Netz-
brummens der Mittelpunkt der Heizspule zu erden.

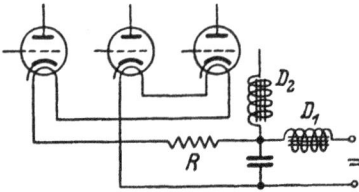

b) Die Gleichstromheizung. Zur Glättung des dem Netzstrom überlagerten Wellen-
stromes schickt man diesen vor Anschluß an die
Röhre durch eine Siebkette, die aus zwei Drosseln
und einem Kondensator (4...6 μF) zusammengesetzt ist. Die Drossel D_1 (1...2 Hy) wird vom
Heiz- und Anodenstrom, die Drossel D_2 dagegen
nur von dem Anodenstrom durchflossen.

c) Die Allstromheizung. Die auf einen
Heizstrom von 200 mA geeichten Röhren können
wahlweise an das Gleich- oder Wechselstromnetz
angeschlossen werden. Ihre Heizspannungen betragen 6,3 bis 26 V. Sind die Röhren in einen
Allstromempfänger eingebaut, so schaltet man sie
mit der Gleichrichterröhre und einem der Netzspannung angepaßten Vorwiderstand R in Reihe.

Die Gleichrichterröhre bleibt bei Gleichstrom-
speisung angeschlossen, wobei man beachten muß,
daß der Pluspol unmittelbar an die Anode d

Gleichrichters angeschlossen ist. An der Kathode des Gleichrichters entsteht der äußere Pluspol, von welchem die Spannung nach Glättung durch eine Siebkette zur Anode geführt wird. Für billige Kleinempfänger werden mehrere Allstromröhren mit 50 mA und für mittelgroße Empfänger mit 100 mA Heizstrom gebaut. Die unmittelbare Verbindung mit dem Netz macht die Einschaltung je eines Kondensators in die Antennen- und Erdleitung erforderlich.

Alle metallischen Teile des Allstromgerätes müssen wegen ihrer Verbindung mit dem Netz vor Berührungsmöglichkeit gesichert werden.

Als Schutzwiderstand wird in die Heizleitung ein Urdoxwiderstand R gelegt (s. S. 16).

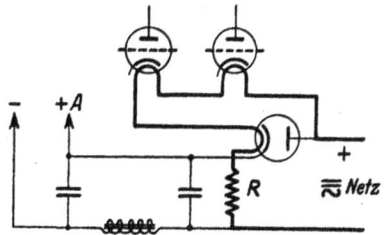

I. Röhrensender

76. Röhre als
Schwingungserzeuger

Die Selbsterregung von Schwingungen beruht auf der Rückkopplungsschaltung der Röhre.

a) Die Meißner Rückkopplung (1913). Der zu erregende Schwingungskreis C, L wird in den Anodenkreis der Röhre gelegt und durch die Gitterspule L_2 mit dem Gitterkreis induktiv gekoppelt. Anodenkreis und Gitterkreis wirken daher außerhalb der Röhre durch die Rückkopplung L, L_2 aufeinander ein.

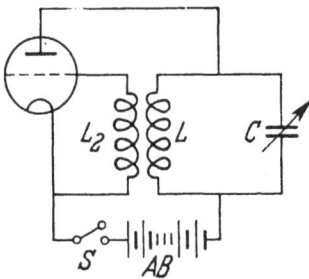

Der Schwingungsvorgang. Wird im Schwingungskreise C L etwa beim Anlegen der Anodenspannung eine schwache Schwingung angestoßen, so überträgt sich diese durch die Rückkopplung auf den Gitterkreis. Die Spannungsschwankungen am Gitter rufen verstärkte Stromschwankungen im Anodenkreis hervor, welche die ursprünglichen Schwingungen in C L verstärken. Die so verstärkten Schwingungen werden durch die Rückkopplung auf den Gitterkreis abermals verstärkt und summieren sich wieder zu den Schwingungen in C L. Dieser Vorgang des Aufschaukelns wiederholt sich, bis die Schwingungen ungedämpft verlaufen.

Das gegenseitige Aufschaukeln der Schwingungen im Anodenkreis und Gitterkreis läßt sich vergleichen mit der Verstärkung von Ankerstrom und Feldmagnetismus in den selbsterregenden Dynamomaschinen (S. 39).

Die Frequenz der Schwingungen ist durch C und L bestimmt. Da sich beim Durchdrehen des Kondensators C die Frequenz der Gitterschwingung in gleichem Maße ändert wie die des Anodenkreises, so bleiben die Schwingungen für alle Werte des Kondensators C erhalten.

Der Einschwingvorgang und die Erhaltung der Schwingungen ist durch den Kopplungsgrad der Spulen und die Eigenschaften der Röhre bestimmt. Wie die Schwingungen eines Uhrpendels durch die von der Hemmung übertragenen Impulse auf gleicher Stärke (Amplitude) erhalten werden, so muß auch dem Schwingungskreis durch den vom Gitter gesteuerten Anodenwechselstrom Energie in der geeigneten Phase und Stärke zugeführt werden, um die Schwingungen ungedämpft zu erhalten.

Die geeignete Phase ergibt sich aus folgender Überlegung:

1. Während der Entladungsstrom des Kondensators in der Spule zur Anode fließt, muß am Gitter eine positive Spannung induziert werden, damit sich die positive Halbwelle des Anodenwechselstromes durch Energiezufuhr erhöht.

2. Fließt der Entladungsstrom des Kondensators dem Anodenstrom entgegen, so muß am Gitter eine negative Spannung induziert werden.

Die negative Halbwelle wird durch Verminderung der Energiezufuhr vertieft.

Praktisch folgt hieraus, daß der Wicklungssinn der Spule L_1 demjenigen von L entgegengesetzt sein muß, so daß die induzierten Gitterspannungen um 180^0 in der Phase gegen die an den Enden der Spule L bzw. an der Anode herrschenden Spannungen verschoben sind (Phasenbedingung).

Das Einsetzen der Schwingungen zeigt ein auf der Kondensatorseite eingeschaltetes Hitzdrahtinstrument I_{hf} an.

Zur Aufrechterhaltung des Schwingungsvorganges im Anodenkreis muß ferner die Rückkopplung so festgemacht werden, daß die Gitterwechselspannung u_g mindestens $D\%$ von u_a wird (Amplitudenbedingung). Die Anodenwechselspannung u_a entsteht am Resonanzwiderstand $\Re_a$ des Schwingungskreises C, L:

Um ein möglichst großes $\Re_a$ zu erhalten, macht man L groß, C und R möglichst klein.

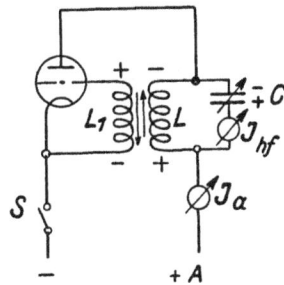

$$\Re_a = \frac{L}{C \cdot R}$$

b) Weitere Rückkopplungsschaltungen. Die Abzweigung der Erregerspannung vom Schwingungskreis kann statt durch eine Gitterspule (Transformatorkopplung) auch durch eine Spannungsteilung bewirkt werden.

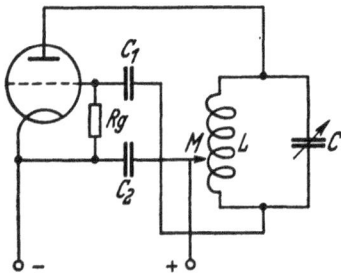

I. Induktive Spannungsteilerschaltung (Dreipunktschaltung). Hier ist die Spule des Schwingungskreises mit einem Ende an die Anode, mit dem andern über einen Sperrkondensator C_1 (300 cm) an das Gitter angeschlossen. Der Gitterwiderstand R_g dient zur Aufstauung der notwendigen negativen Gitterspannungen und soll je nach Leistung 1000...20 000 Ω betragen. Über- oder unterschreitet man diesen Wert, so geht die Schwingleistung zurück. Die an den Enden der Spule auftretenden Wechselspannungen haben entgegengesetzte Phase. Der Abgriff M führt über einen Sperrkondensator C_2 zur Kathode, die geerdet ist. Zur Erfüllung der Amplitudenbedingung muß der Kopplungsgrad durch Verschiebung des Abgriffs so geregelt werden, daß das Teilungsverhältnis der Anoden- zur Gitterspule dem Durchgriff der Röhre entspricht. Bei hohem Durchgriff (über 30%) liegt der Teilpunkt in der Mitte; je kleiner D, um so mehr rückt M nach unten. Die Abstimmung des Schwingungskreises erfolgt am Kondensator C.

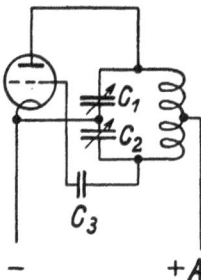

II. Kapazitive Spannungsteilerschaltung. Die Kapazität des Schwingungskreises besteht aus zwei hintereinander geschalteten Kondensatoren C_1 und C_2, zwischen denen der Mittelabgriff liegt. An den äußeren Enden der Kondensatoren liegen entgegengesetzte Spannungen. Das Amplitudenverhältnis der Anoden- und Gitterwechselspannungen ist durch das Verhältnis der Kapazitäten C_1 und C_2 bestimmt. Der Kondensator C_3 hält die Anodengleichspannung vom Gitter fern.

III. In der Huth-Kühn-Schaltung wirken die an Anode und Gitter angeschlossenen Kreise $L_2 C_2$ und $L C_1$ induktiv überhaupt nicht aufeinander. Die Rückkopplung wird lediglich durch die innere Kapazität zwischen Anode und Gitter C_{ag} bewirkt. Die Spannungsteilung erfolgt im Verhältnis des Scheinwiderstandes von C_{ag} zu dem des Gitterkreises. Da C_{ag} fest ist, kann man die Kopplungsspannung nur durch Vergrößerung des Gitterkreiswiderstandes erhöhen. Da ferner der Gitterkreis für seine Eigenfrequenz den größten Resonanzwiderstand besitzt, muß man zur Unterhaltung kräftiger Schwingungen den Anodenkreis auf den Gitterkreis abstimmen (Rückkopplung auf den Anodenkreis). Die Welle wird also hier durch den Gitterkreis mitbestimmt. Bei fester Betriebswelle kann statt des Schwingungskreises eine abgestimmte Drossel an das Gitter gelegt werden.

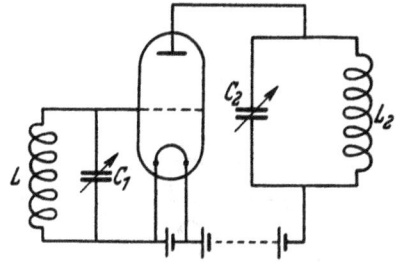

a) Schwingender Quarz. Der Quarz gehört dem hexagonalen Kristallsystem an und besitzt daher eine optische oder Hauptachse H und senkrecht dazu drei elektrische Nebenachsen, die um 120⁰ gegeneinander versetzt sind. Eine Quarzplatte wird senkrecht zu einer der elektrischen Achsen N so herausgeschnitten, daß die Plattenränder senkrecht und parallel zur optischen Achse H verlaufen. Mit dieser Kristallplatte kann man folgende Versuche machen: Übt man auf die durch zwei Kondensatorplatten geschützten Flächen des Kristalls einen Druck — also in Richtung der elektrischen Achse — aus, so entstehen auf den gedrückten Oberflächen entgegengesetzte elektrische Ladungen (Piezoeffekt). Führt man den Kondensatorplatten, welche die Kristallflächen berühren, entgegengesetzte Ladungen zu, so dehnt sich der Kristall in der Richtung der elektrischen Achse aus oder er zieht sich zusammen, je nach der Lage der positiven Seite (indirekter Piezoeffekt).

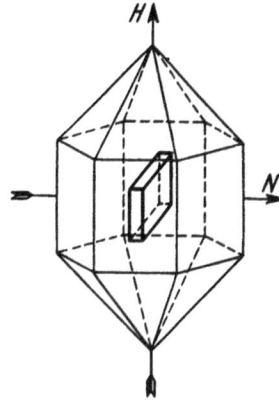

Legt man an die Kondensatorplatten eine Wechselspannung, so regen diese den Kristall zu elastischen Schwingungen an, die sich durch Resonanz verstärken, wenn die aufgedrückte elektrische Frequenz gleich der Eigenfrequenz des Kristalls ist.

Die Eigenfrequenz der Kristallschwingungen hängt hauptsächlich von seiner Dicke ab, sie be-

77. Schwingungssteuerung durch Kristalle

trägt z. B. bei 1 mm Dicke etwa 3 000 000 in der Sekunde; dies entspricht einer elektrischen Welle von 100 m. Einer Dicke des Quarzes von 1 cm entsprechen elektrische Wellen von 1000 m.

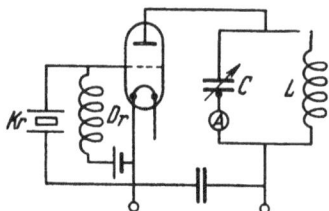

b) Kristallgesteuerte Röhrenschwingungen. Der Quarzkristall Kr liegt im Gitterkreis einer Huth-Kühn-Schaltung. Zum Abfluß des Gittergleichstromes dient ein Ohmscher Widerstand, dessen Größe je nach dem Durchgriff der Röhre zwischen 10 000 und 100 000 Ω liegen soll. Mit Erhöhung des Widerstandes nimmt die Stabilität der Schwingungen zu, die Leistung hingegen ab. Beim Durchdrehen des Kondensators C von höhern nach niedern Werten zeigt sich die Resonanz durch ein scharfes Absinken des Anodenstromes an, dem ein langsameres Ansteigen folgt. Dem Kleinstwert des Anodenstromes entspricht ein Größtwert des HF-Stromes im Schwingungskreis. Zur Ermöglichung eines sicheren Anschwingens des Senders rückt man vom Resonanzpunkt nach kleineren Kapazitätswerten etwas ab.

Die mechanische Beanspruchung des Quarzes hängt von der angelegten Spannung bzw. von der elektrischen Belastung ab. In Verbindung mit der Dreipolröhre liefert der Quarzsender 1...5 W Schwingleistung. Diese Leistung kann durch einen HF-Verstärker bei 80 m Welle auf das Zehnfache, bei 20 m Welle auf das Fünffache erhöht werden. Da die Frequenz des Quarzes von der Temperatur abhängt, baut man den Kristall z. B. bei Rundfunksendern in einen Thermostaten ein, der bis auf Hundertstel Grade die Temperatur konstant hält.

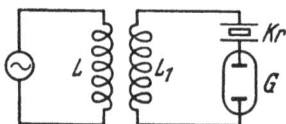

c) Frequenzkontrolle durch Kristalle (Quarz-Resonator). Bei der hohen Resonanzschärfe von rd. 0,05 % der Quarzschwingungen eignet sich der Quarz vorzüglich zur Kontrolle eines auf eine feste Welle abgestimmten Sendekreises. Der auf die Sendewelle abgestimmte Quarz Kr wird mit einer Glimmlampe G und einer Kopplungsspule L_1 zusammengeschaltet. Wird der Kristall durch den angekoppelten Sendekreis erregt, so

gibt er seine Energie an die Glimmlampe ab und
bringt diese bei Resonanz zum Aufleuchten.

d) F r e q u e n z v e r d o p p l u n g. Da die Quarze
für Wellen unter 80 m bereits sehr dünn werden
und dann nur sehr wenig belastbar sind, ist es
zweckmäßig, mit einem Quarzsender ($\lambda = 80$ m)
einen Verstärker von der doppelten Frequenz
($\lambda = 40$ m) zu steuern. Die Frequenzverdopplung
mit einer Röhre beruht darauf, daß die von der
Sinusform abweichenden Schwingungen neben
der Grundschwingung eine Reihe von Oberschwingungen enthalten. So enthält z. B. die beim
Arbeiten mit hoher negativer Vorspannung entstehende rechteckige Anodenstromkurve (S. 148)
neben der Grundschwingung besonders stark die
zweite Harmonische, also die doppelte Frequenz.
Hievon kann man sich durch Zusammensetzen
einer Grundwelle (1. Harmonische *a*) mit ihrer
1. Oberwelle (2. Harmonische *b*) überzeugen, wobei man eine der Rechteckform nahekommende
Kurve *c* erhält.

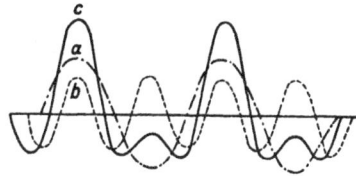

Man kann dann die 2. Harmonische durch
Resonanz heraussieben, indem man den Anoden-
schwingkreis (Sperrkreis) auf diese abstimmt.

Die HF-Spannungen können unmittelbar auf
die Antenne oder auf eine Verstärkerstufe übertragen werden. Nebenstehend ist die Schaltung
eines Quarzsenders auf Welle 80 m mit Ver-
dopplerstufe auf 40 m dargestellt.

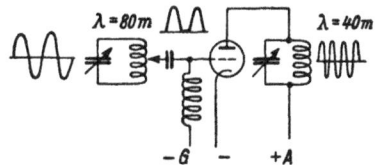

Die Arbeitsweise der Röhre im Sender ist
grundsätzlich von der im Empfänger verschieden.
Während es sich bei der Empfangsverstärkung dar-
um handelt, die dem Gitter zugeführten schwachen
Wechselspannungen in formgetreue Anodenstromänderungen (Schwingungen 1. Art) umzusetzen,
kommt es im Sender darauf an, den Schwingungskreis durch den Anodenstrom in seiner Eigenfrequenz anzuregen und eine möglichst große
Leistungsverstärkung zu erzielen. Hiebei kann
man zur Erzielung eines günstigen Wirkungsgrades
auf die Unverzerrtheit des Anodenstromes ver-
zichten, da es genügt, den Schwingungskreis durch

78. Schwingungen
1. und 2. Art

einzelne Stromstöße (Schwingungen 2. Art) anzuregen.

Der Verlauf der Schwingungen 1. und 2. Art
soll zunächst an den statischen Kennlinien veranschaulicht werden.

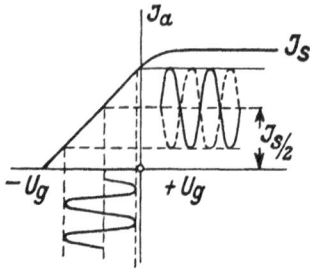

Schwingungen 1. Art ergeben sich, wenn
der Arbeitspunkt in der Mitte des geradlinigen
Stückes der Kennlinie liegt und die Gitterwechselspannung höchstens so groß wird, daß der Anodenstrom nur in den Wellenscheiteln den Wert
Null bzw. die Sättigung I_s erreicht. Da die Amplituden des Anodenwechselstromes $\mathfrak{J}_a$ den Ruhe-
strom I_a nach oben und unten gleichmäßig überlagern, bleibt der Ausschlag eines im Anodenkreis liegenden Strommessers beim Einsetzen der
Schwingungen unverändert.

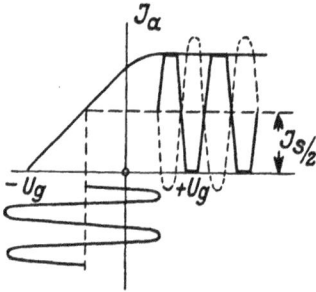

Schwingungen 2. Art. a) Arbeitspunkt
in der Mitte der Kennlinie. Überschreitet
man den vorerwähnten Grenzwert der Gitterwechselspannung, so wird der Anodenstrom längere
Zeit auf Null bzw. auf dem Sättigungswert gehalten. Die Anodenstromkurve nimmt eine eckige
Form an. Für die Ausbildung der Schwingung
bedeutet dies, daß nunmehr der Grundschwingung
eine Reihe Oberschwingungen überlagert sind,
die man entweder durch Sperrkreise unterdrücken
oder durch Siebkreise zur weiteren Verstärkung
heraussieben kann.

Auch diese symmetrischen Schwingungen 2. Art
machen sich im Anodeninstrument nicht bemerkbar, d. h. sie tragen nicht zur Verbesserung des
Wirkungsgrades des Senders bei. Dies wird vielmehr erst durch die Schwingungen 2. Art mit
unsymmetrisch liegendem Arbeitspunkt erreicht.

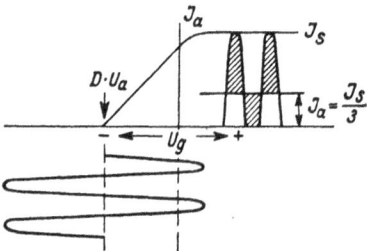

b) Arbeitspunkt am untern Knick der
Kennlinie $-U_g = D\,U_a$. Der Anodenruhestrom ist Null. Steuert man nun im positiven
Gebiet bis zur Sättigung aus, so können sich nur
die oberen Hälften des Anodenwechselstromes
ausbilden. Wir erhalten einen pulsierenden Gleich-

strom, dessen Mittelwert $\left(\dfrac{I_s}{3}\right)$ kleiner ist als derjenige bei symmetrisch liegendem Arbeitspunkt $\left(\dfrac{I_s}{2}\right)$.

c) Arbeitspunkt bei der doppelten Verschiebespannung $-U_g = 2\,D\,U_a$. Die Spitzen des Anodenstromes werden schmäler und liegen weiter auseinander, der mittlere Anodenstrom sinkt weiter bis auf den Wert $\dfrac{I_a}{4,5}$.

Für die Fremderregung eines Senders kommen nur die Schwingungen nach b und c in Betracht, da diese die geringste Gleichstromleistung erfordern. Bei Fremderregung kann man auf Grund der Kennlinie der Senderöhre durch die Wahl des Arbeitspunktes und der Gittersteuerspannung jeden gewünschten Schwingungszustand hervorrufen. Bei der Selbsterregung darf hingegen die Gittervorspannung nur so stark negativ werden, daß zum Einschwingen ein genügend starker Anodenstrom fließt. Sobald die Schwingungen eingeleitet sind, sinkt die Gittergleichspannung wie beim Audion S. 168 immer weiter ins Negative, die Anodenstromschwingungen werden unsymmetrisch, der Mittelwert des Anodenstromes sinkt.

a) Energieumformung. Der Röhrensender dient dazu, die der Röhre zugeführte Gleichstromleistung N_a in Hochfrequenzleistung $\mathfrak{R}_a$ umzuformen. Wie bei jeder Umformung wird auch hier nur ein Teil der zugeführten Energie in der gewünschten Weise umgewandelt, ein Teil geht als nutzlose Anodenwärme verloren.

Der Wirkungsgrad η der Umformung ist daher:

Die als Anodenwärme verlorene Energie, die Anodenverlustleistung Q_a ist:

Q_a hat für jede Röhre einen durch Größe und Bauart bestimmten Wert, der nicht überschritten werden darf, da sonst aus der überhitzten Anode Gase austreten, die das Vakuum verschlechtern. Durch Anwendung durchbrochener und geschwärzter Anodenbleche von großer Ober-

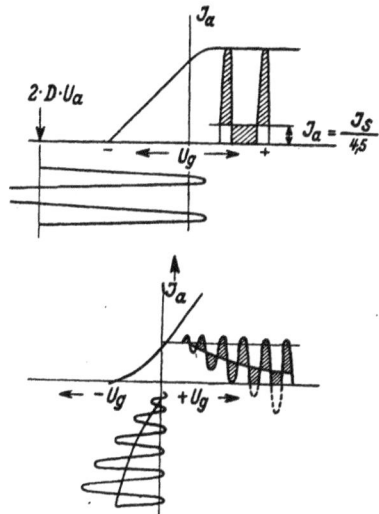

Unsymmetr. Schwingungen 2. Art durch das Absinken der neg. Gitterspannung bei der Dreipunktschaltung

79. Der Wirkungsgrad des Röhrensenders

$$\eta = \frac{\mathfrak{R}_a}{N_a} \cdot 100\,^0/_0$$

$$Q_a = N_a - \mathfrak{R}_a$$

fläche kann die Wärmeabstrahlung erhöht und die Röhre für ein bestimmtes Q_a klein gehalten werden.

Je größer der Wirkungsgrad, eine um so größere Nutzleistung kann man mit der gleichen Röhre erzeugen.

b) Berechnung des Wirkungsgrades. Um zu verstehen, wie die Röhre am günstigsten umformt, sei die Berechnung der einzelnen Energiebeträge kurz gekennzeichnet. Wir setzen dabei voraus, daß die Röhre einen im Betrieb erreichbaren Sättigungsstrom I_s besitze.

Die Gleichstromleistung N_a ist gleich dem aus der angelegten Anodenspannung U_a und der mittleren Anodenstromstärke I_a gebildeten Produkt:

$$N_a = U_a \cdot I_a$$

I_a liegt je nach der Arbeitsweise der Röhre zwischen $^{1}/_{2} \ldots ^{1}/_{5}\, I_s$; die Betriebsspannung U_a soll 5...10 mal so groß sein wie die Sättigungsspannung U_s.

Die HF-Leistung $\mathfrak{N}_a$ berechnet sich aus den Scheitelwerten des im Anodenkreis fließenden sinusförmigen Wechselstromes $\mathfrak{J}_a$ und der an der Anode liegenden Wechselspannung $\mathfrak{U}_a$ nach der Formel:

$$\mathfrak{N}_a = \frac{\mathfrak{U}_a \cdot \mathfrak{J}_a}{2}$$

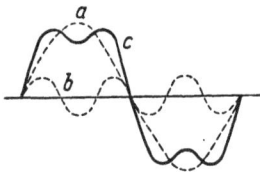

Verläuft der Strom z. B. bei Schwingungen 2. Art nicht sinusförmig, so muß man durch Konstruktion oder Rechnung nach dem Fourierschen Satz den Scheitelwert der Grundschwingung bestimmen. So enthält z. B. nebenstehende Rechteckkurve c die punktierte Grundschwingung a und die 3. Harmonische b als Oberschwingung.

Der Scheitelwert des Anodenwechselstromes $\mathfrak{J}_a$ kann die halbe Sättigungsstromstärke nicht übersteigen.

Der Scheitelwert der Anodenwechselspannung $\mathfrak{U}_a$ wird durch den Spannungsabfall an dem Anodenwiderstand $\mathfrak{R}_a$ erzeugt.

c) Graphische Veranschaulichung des Wirkungsgrades im Anodenstrom-Anodenspannungskennlinienfeld bei Verwendung der Röhre RS 279, deren Verlustleistung Q_a 50 W be-

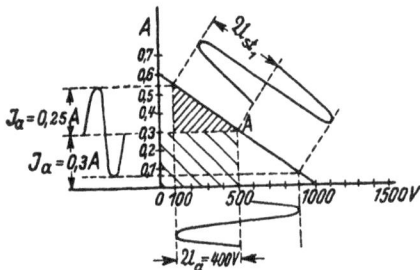

trägt. Betreibt man die Röhre mit 500 V Anodenspannung und nützt davon 400 V als Wechselspannung aus, so ist bei Schwingungen 1. Art der Arbeitspunkt in der Mitte der Kennlinie:

$$I_a = \frac{I_s}{2} = 0{,}3 \text{ A}$$

Die zugeführte Gleichstromleistung N_{a1} stellt sich in der Zeichnung durch das von links nach rechts schraffierte Rechteck dar; es ist:

$$N_{a1} = 0{,}3 \cdot 500 = 150 \text{ W}$$

Die Wechselstromleistung $\mathfrak{N}_{a1}$ entspricht dem von rechts nach links schraffierten Dreieck, nämlich:

$$\mathfrak{N}_{a1} = \frac{0{,}25 \cdot 400}{2} = 50 \text{ W}$$

$$\overline{Q_{a1} = N_{a1} - \mathfrak{N}_{a1} = 100 \text{ W}}$$

Eine Verlustleistung Q_{a1} von 100 W verträgt die Röhre nicht, man muß daher zu Schwingungen 2. Art übergehen, indem man die Anodenspannung auf 1000 V erhöht unter gleichzeitiger Verlegung der Gitterruhespannung auf $U_g = -2\,DU_a$:

$$\eta_1 = \frac{\mathfrak{N}_{a'}}{N_{a1}} = 33 \text{ %}$$

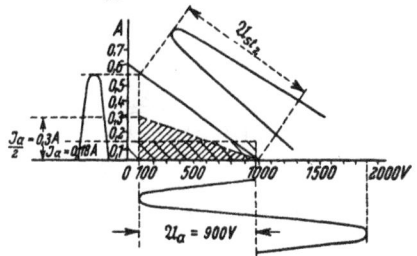

Der Anodengleichstrom geht auf 0,185 zurück, der Wechselstrom steigt infolge günstigerer Ausnützung der Röhre auf 0,3 A. Als Wechselspannung sollen 900 V ausgenützt werden. Aus der Abbildung entnimmt man die Gleichstromleistung N_{a2} gleich dem Inhalt des Rechteckes:

$$N_{a2} = 0{,}185 \cdot 1000 = 185 \text{ W}$$

und die Wechselstromleistung $\mathfrak{N}_{a2}$ gleich dem Dreiecksinhalt:

$$\mathfrak{N}_{a2} = \frac{0{,}3 \cdot 900}{2} = 135 \text{ W}$$

$$\overline{Q_{a2} = N_a - \mathfrak{N}_a = 50 \text{ W}}$$

Die Verlustleistung Q_{a2} ist auf den zulässigen Wert heruntergegangen; der errechnete Wirkungsgrad ist von 33% auf 73% gestiegen.

$$\eta_2 = \frac{135}{185} = 73 \text{ %}$$

80. Schwingungsarten des Senders

Die von einem Sender ausgestrahlten Wellen sind die Träger der Nachrichten. Bei der Telegraphie werden die Wellen im Rhythmus der getasteten Morsezeichen ausgestrahlt. Hiebei kann man die ungedämpfte Trägerwelle allein zur Ausstrahlung bringen (Klasse A 1) oder man überlagert der ungedämpften Welle beim Tasten eine Tonfrequenz (Klasse A 2).

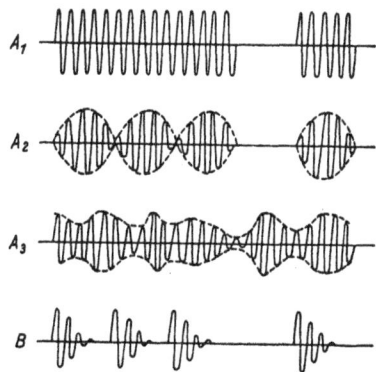

Bei der Telephonie wird die Schwingungsweite der Trägerwelle im Rhythmus der Mikrophonströme moduliert, d. h. vergrößert oder verkleinert (Klasse A 3).

Den ungedämpften Wellen stehen die gedämpften Wellen gegenüber, wie sie von den alten Funkensendern erzeugt wurden (Klasse B). Die gedämpften Wellen werden wegen ihrer großen Störbreite im Funkverkehr nur als Notsender auf Schiffen verwendet.

Das Telegraphieren mit ungedämpften Wellen ist wegen des schmalen Frequenzbereichs und der sich hieraus ergebenden hohen Abstimmschärfe und großen Reichweite am meisten verbreitet. Die mit ungedämpften Wellen gegebenen Zeichen können nur durch Überlagerung (S. 191) hörbar gemacht werden.

Hingegen können die durch eine Tonfrequenz modulierten Zeichen auch in einem Detektor- oder Audionempfänger also ohne Überlagerung einer Hilfsfrequenz als Ton gehört werden.

Die Modulation der Trägerwelle durch eine Tonfrequenz hat zur Folge, daß der Sender neben der Trägerwelle noch zwei Seitenwellen ausstrahlt. Man kann sich von dem Auftreten der Seitenfrequenzen durch folgenden Versuch überzeugen: man schließt über eine Glühlampe C den Netzwechselstrom von 50 Hz an einen Resonanzfrequenzmesser; die Zunge schlägt bei 50 aus. Moduliert man den Wechselstrom, indem man ihn durch einen sich drehenden Unterbrecher U fünfmal in der Sekunde unterbricht, so werden sofort neben der Trägerfrequenz 50 Hz die beiden Seitenfrequenzen 45 und 55 Hz angezeigt. Wird ferner eine Trägerfrequenz $f_0 = 10^6$ Hz ($\lambda = 300$ m) durch den Ton $f = 1000$ Hz moduliert, so entstehen die Seitenfrequenzen f_1 und f_2. Soll daher die gesamte Strahlung störungsfrei empfangen werden, so dürfen auch die beiden Seitenfrequenzen nicht überlagert werden, d. h. der Frequenzabstand benachbarter Sender muß in unserm Falle mindestens 2 kHz betragen.

Praktisch wählt man den Abstand zweier benachbarter Telegraphiesender im Bereich der mittleren und langen Wellen zu 4...5 kHz, im Bereich der Kurzwellen etwa 10 kHz.

Durch die Tonmodulation sind die Zeichen einerseits leichter auffindbar, andererseits aber auch mehr der Störung durch Nachbarwellen ausgesetzt. Die Abstimmschärfe und Reichweite ist

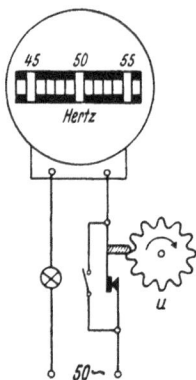

$f_0 = 10^6$ Hz
$f = 1000$ Hz
$f_1 = f_0 + f = 1\,001\,000$ Hz
$f_2 = f_0 - f = 999\,000$ Hz

geriger wie bei den ungedämpften Sendern. Man wendet das tonmodulierte Senden daher vorzüglich an, wenn es wichtig ist, daß die Nachricht, z. B. ein Notruf, von möglichst vielen Stationen gehört wird und eine Störung anderer Stationen hingenommen werden muß.

Bei der Telephonie wird die Trägerwelle nicht durch eine einzelne Tonfrequenz, sondern durch ein Gemisch von Frequenzen etwa von 50...4500 Hz — entsprechend den tiefsten und höchsten für die Wiedergabe in Betracht kommenden Tönen — überlagert. Die im Ruhezustande gleich hohen Amplituden a) werden bei Besprechung des Mikrophons im Takte der zu übertragenden Sprachfrequenz b) in ihrer Höhe beeinflußt oder moduliert c). Der von der Antenne ausgestrahlte modulierte Wellenzug c) wird von dem auf die Trägerfrequenz abgestimmten Empfänger aufgefangen d) und durch den Detektor gleichgerichtet. Im Telephon wird der mittlere Wert der gleichgerichteten Stromstöße, dessen Verlauf genau mit den ursprünglichen Sprechströmen übereinstimmt, wieder als Sprache gehört e).

Der Sender strahlt dann neben der Trägerfrequenz zwei Seitenbänder von 4500 Hz Breite aus. Für eine störungsfreie Telephonieübertragung dürfen sich die Seitenbänder benachbarter Stationen nicht überlagern. Man hat daher den Rundfunksendern einen Mindestfrequenzabstand von 9 kHz gegeben. Ebenso muß der Empfänger so konstruiert sein, daß er möglichst alle Frequenzen des Bandes aufnimmt und gleichmäßig verstärkt. Die Abstimmschärfe und Reichweite bei Telephonie ist bei gleicher Antennenleistung geringer als bei Telegraphiesendung.

Bei der Frequenzmodulation wird statt der Amplitude die Frequenz der ausgestrahlten Welle im Takte der Modulation verändert. Die ausgestrahlte Leistung bleibt also immer die gleiche. Zur Übertragung eines bestimmten Frequenzbereiches wird bei dieser Modulationsart

Ungedämpfter Wellenzug des Senders

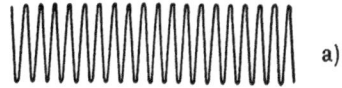

a)

Mikrophonstrom (Vokal O)

b)

Durch Mikrophonströme modulierter Wellenzug des Senders

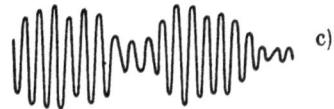

c)

Modulierter Wellenzug im Empfänger

d)

Telefonströme Vokal O

e)

Frequenzmodulation

81. Modulationsschaltungen

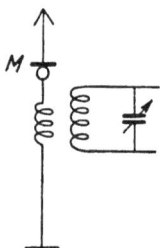

ein breiteres HF-Band benötigt. Wegen der Knappheit der verfügbaren Wellenbereiche kommt dieses System daher praktisch nur für Kurz- und Ultrakurz-Wellen in Frage. Es hat jedoch den entscheidenden Vorteil einer fast völligen Unterdrückung von Störgeräuschen.

a) Direkte Beeinflussung der HF-Schwingungen durch ein in die Antenne geschaltetes Mikrophon. Bei Besprechung des Mikrophons M ändert sich dessen Widerstand im Takte der Sprachschwingungen und beeinflußt damit die Amplituden der HF-Schwingungen bzw. die Antennenstromstärke. Der mittlere Antennenstrom muß bei Besprechung und richtiger Aussteuerung unverändert bleiben, da dann die Schwingungsweiten nach beiden Seiten gleich sind. Da das Mikrophon durch den Antennenstrom belastet wird, läßt sich diese einfache Schaltung nur bei Sendern mit kleiner Energie (0,1 A Antennenstrom) anwenden.

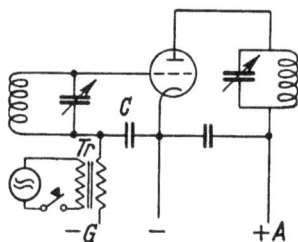

b) Die Gitterspannungsmodulation. Man überlagert der Gittervorspannung beim Drücken der Taste über einen Transformator Tr die Modulationsspannung, z. B. einer 1500-Periodenmaschine. Der Kondensator C sperrt das Gitter gegen die Kathode; die Gittervorspannung wird über die Sekundärseite des Transformators zugeführt.

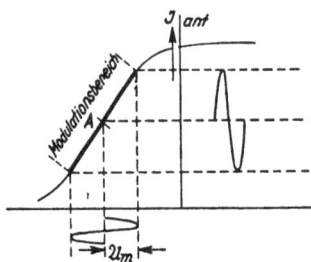

Über den günstigsten Arbeitspunkt und den zulässigen Modulationsbereich gibt die Modulationskennlinie, welche die Abhängigkeit der Hochfrequenzspannung bzw. des durch sie bestimmten Antennenstromes J_A von der Modulationsspannung U_m veranschaulicht, Aufschluß. Sie zeigt, daß für eine unverzerrte Modulation nur der geradlinige Teil ausgenützt werden darf. Danach ist die Modulationsspannung zu bemessen und der Arbeitspunkt zu wählen. Eine Übersteuerung zeigt sich durch Änderung des mittleren Schwingkreisstromes bzw. des Antennenstromes an.

c) Die Gittergleichstrommodulation erfolgt durch Beeinflussung der Vorspannung der

Senderöhre mit Hilfe einer im Gitterkreis liegenden Modulationsröhre, welche durch die Gitterspannung der Senderöhre gespeist wird.

Der durch die Modulationsröhre fließende Strom wird durch die am Gitter liegende Modulationsspannung gesteuert und ruft so die Änderung des Gitterstromes der Senderöhre hervor.

d) Anodenspannungsmodulation. Die Änderung der HF-Leistung der Senderöhre wird durch Beeinflussung der Anodengleichspannung bei unveränderten Gitterarbeitsbedingungen bewirkt. Diese Beeinflussung erfolgt durch eine Modulationsröhre, die der Senderöhre parallel liegt (sog. Heising-Modulation). Die Modulationsröhre ändert im Takte der auf das Gitter treffenden Sprechspannungen $\mathfrak{U}_m$ ihren inneren Widerstand und bietet daher dem über die NF-Drossel D_1 fließenden Anodenstrom einen Nebenschluß von wechselnder Durchlässigkeit. Durch den Spannungsabfall an D_1 entsteht eine Anodenwechselspannung, die über die HF-Drossel D_2 an die Senderöhre gelangt und damit die von ihr auf die Antenne übertragene Leistung moduliert.

Die Modulation der Anodenspannung des Senders kann mit erhöhtem Wirkungsgrad auch über einen NF-Transformator erfolgen, der an Stelle der Drossel D_1 liegt und primärseitig von einem Gegentakt B Verstärker (s. S. 176) gespeist wird (sog. B-Modulation).

Frequenzmessungen am Sender sind besonders bei Laboratoriums- und Amateursendern, die nicht durch Quarze gesteuert werden, erforderlich. Hiebei sind nachstehende Meßverfahren in Gebrauch:

a) Durch Energieentzug. Man koppelt mit dem selbst- oder fremderregten Schwingungskreis I einen nach Frequenzen geeichten Meßkreis II. Beim Durchdrehen des Meßkondensators zeigt sich die Resonanz durch ein kurzes Zucken des Anodenstrommessers A an. Dem Schwingungskreis wird durch den abgestimmten Meßkreis II Energie entzogen; dadurch nimmt dessen Dämp-

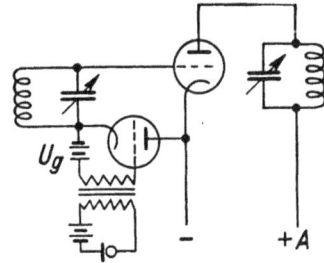

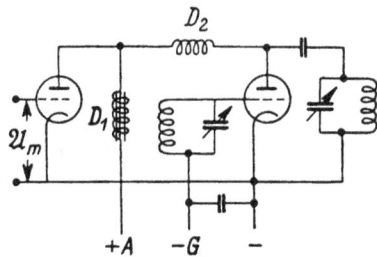

82. Frequenzmessungen am Sender

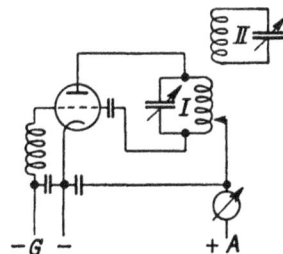

fung zu und der Resonanzwiderstand ab; der Anodenstrom steigt an. Durch lose Kopplung und verlustarmen Aufbau des Meßkreises kann man diese einfache und vielverbreitete Frequenzmessung durch Absorption auf 0,2...0,5% genau durchführen.

Genauer und empfindlicher läßt sich die Resonanz durch einen Detektor mit Galvanometer in Kreis II nachweisen.

b) Durch Überlagerung mit einem Meß-Sender.

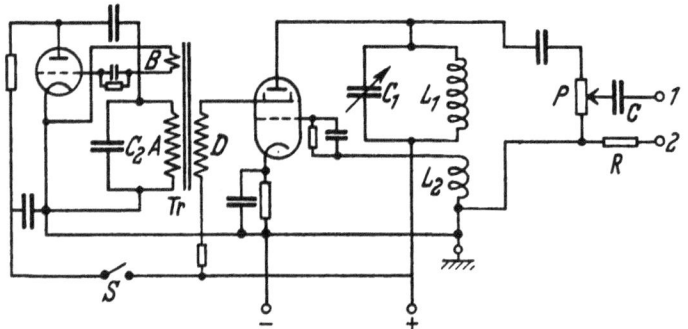

Der Meß-Sender setzt sich grundsätzlich zusammen: 1. aus einem HF-Oszillator, dessen Frequenz im Bereich von 100 kHz bis 30 MHz am Kondensator C_1 in Verbindung mit abschaltbaren Spulen L_1 eingestellt wird; 2. aus einem NF-Oszillator mit fester Frequenz, z. B. 400 Hz, die durch C_2 und eine Wicklung A des NF-Transformators Tr bestimmt ist. Über Wicklung B erfolgt die zur Schwingungserzeugung nötige Rückkopplung. Wicklung D überlagert die NF-Spannung der Anodengleichspannung des HF-Oszillators und moduliert diesen.

Dem HF-Oszillator wird durch die Kopplungsspule L_2 modulierte HF entnommen, deren Höchstspannung von rund 0,3 V durch das geeichte Potentiometer P bis auf 10 μV heruntergeregelt werden kann. Die Spannungen werden über R oder C dem Empfänger zugeführt. Nach Abschalten des NF-Oszillators (bei S) können die unmodulierten

HF-Spannungen bekannter Frequenz auch zur Wellenmessung durch Interferenz benützt werden.

Der zu messenden Sendefrequenz I wird die Frequenz des Meßkreises II überlagert. Sobald die entstehende Schwebungsfrequenz (S. 192) in den Hörbereich eines auf die Frequenz I eingestellten Empfängers gelangt, hört man im Telephon einen Ton, dessen Höhe beim Durchdrehen des Kondensators (II) rasch sinkt, kurze Zeit verschwindet und dann wieder vom tiefsten Ton beginnend über den höchsten Ton hinauspfeift. Die Übereinstimmung der beiden Frequenzen läßt sich durch Einstellen auf die Schwebungslücke genau ermitteln. Die gesuchte Sendefrequenz entspricht dann der im Meßkreis II aus der Einstellung des Kondensators ermittelten Frequenz.

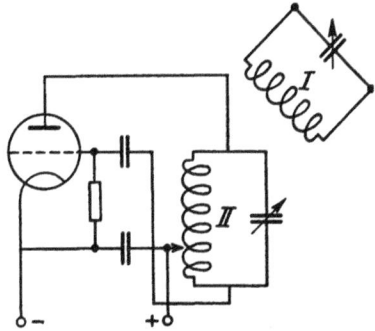

Ein Vorteil des Meß-Senders ist, daß man auch dessen Oberwellen zur Messung verwenden und so ohne Auswechseln von Spulen in verschiedenen Meßbereichen arbeiten kann. Liegt z. B. die Frequenz eines Kurzwellensenders I oberhalb derjenigen des Meß-Senders, so kann man Schwebungen durch Überlagerung mit den Oberwellen des Meßkreises erhalten. Die Ordnungszahl der Oberwelle kann man dann auf Grund einer vorherigen Berechnung oder Schätzung der Sendewelle ermitteln. Weiß man z. B., daß die Welle von I um 100 m beträgt, und erhält man bei Welle 204 m des Kreises II eine Schwebungslücke, so kam die Überlagerung durch die erste Oberwelle von II zustande; d. h. die Welle von I ist 102 m. Um dieses Ergebnis nachzuprüfen, stellt man den Meßkreis II auf die Grundwelle 306 bzw. 408 m, deren zweite bzw. dritte Oberwelle durch Überlagerung mit der Welle des Senders I wiederum auf die Schwebungslücke fallen muß.

Bei der Messung in der Nähe des Senders kann es vorkommen, daß der Sender dem schwingenden Meßkreis seine eigene Welle aufzwingt. Ein Einstellen auf Schwebungsnull ist dann nicht möglich. Der Schwebungston hört vielmehr plötz-

lich auf und setzt erst nach Durchlaufen des Re-
sonanzpunktes wieder ein. Zur Vermeidung dieser
„Mitnahme" muß man die Kopplung durch Einbau
des Meßkreises in ein Aluminiumgehäuse loser
machen.

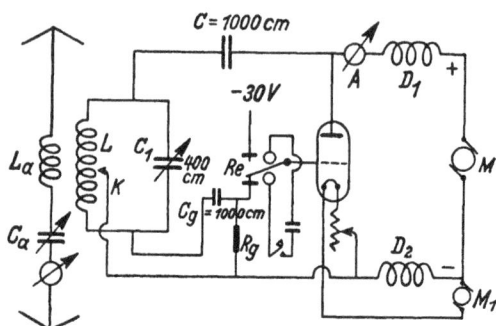

**83. Selbsterregter Tele-
graphiesender in
Dreipunktschaltung**

Der Senderöhre (z. B. RS 242) wird durch
eine Gleichstrommaschine M über die Drosseln
D_1 und D_2 die Anodenspannung (z. B. 400 V) zugeführt. Die Maschine liefert gleichzeitig durch
einen auf gleicher Achse sitzenden Anker M_1 den
Heizstrom für die Röhre. Die Drosseln verhindern
den Abfluß der HF nach der Maschine. Da die
Anodenspannungsquelle hier dem auf der andern
Seite der Röhre liegenden Schwingungskreis $C_1 L$
parallel liegt, nennt man diese Art der Stromversorgung „Parallelspeisung".

Der Schwingungskreis ist in Dreipunktschaltung an die Röhre angeschlossen, wobei die Anodengleichspannung durch einen Kondensator C
vom Schwingungskreis ferngehalten wird.

Die negative Vorspannung wird beim Einsetzen der Schwingungen (S. 146) durch Spannungsabfall an dem Gitterwiderstand R_g (für
RS 242 = 10 000 Ω) erzeugt. Der Gitterkonden-
sator C_g sperrt die Anodengleichspannung gegen
das Gitter ab. Die Tastung erfolgt im Gitterkreis
mit Hilfe eines Relais Re. Beim Drücken der Taste
stellt die Zunge des Relais die Verbindung des
Gitters mit dem Gitterwiderstand R_g her; die
Röhre schwingt; beim Loslassen der Taste schließt
die Relaiszunge das Gitter an den negativen Pol

einer 30-V-Batterie an, die Schwingungen werden unterbrochen.

Der Antennenkreis besteht aus einem Dipol, der durch den Kondensator C_a auf die Sendewelle abstimmbar ist; durch eine im Strombauch liegende, drehbar angeordnete Spule L_a wird die regelbare Kopplung mit dem Schwingungskreis hergestellt.

Die Abstimmung des Senders. Das Einsetzen der Schwingungen prüft man bei abgeschalteter Antenne mit Hilfe eines an den Schwingungs- oder Anodenkreis angekoppelten aperiodischen Lampenkreises. Befindet sich der Abgriff K an der richtigen Stelle, so zeigt das Aufleuchten des Lämpchens und der gleichzeitige Rückgang des Anodenstromes das Einsetzen der Schwingungen an. Beim Durchdrehen des Abstimmkondensators sollen die Schwingungen in einem größeren Bereich nicht aussetzen, andernfalls muß der Abgriff verschoben werden. Hierauf stellt man im Anodenkreis mit Hilfe eines Absorptionswellenmessers (S. 155) die Sendewelle scharf ein, koppelt die Antenne lose an und stimmt sie durch Drehen des Antennenkondensators ab. Während der Antennenstrom zunimmt, steigt gleichzeitig der Anodenstrom an. Der Energieentzug durch die Antenne wirkt nämlich wie eine Erhöhung des Dämpfungswiderstandes und damit wie eine Verringerung des Resonanzwiderstandes des Anodenkreises.

Nach Abstimmung der Antenne kann man durch festere Kopplung den Antennenstrom weiter erhöhen. Dabei darf die Kopplung jedoch nicht zu fest werden, da die Schwingungen sonst beim Tasten wegen zu kleinem Anodenwiderstand abreißen. Zum Betrieb stellt man daher die Antennenkopplung unter fortgesetztem Nachstimmen der Antenne so ein, daß der Antennenstrom etwa $^3/_4$ des erreichbaren Höchstwertes beträgt. Jetzt kann man die Konstanz der Frequenz mit Hilfe eines Überlagerungsfrequenzmessers untersuchen. Ändert sich die Tonhöhe beim Tasten, was sich im Überlagerer durch Zwitschern bemerkbar macht, so kann dies durch Änderung der Betriebsspannung, des Heizstromes, oder durch mechanisch unsicheren Aufbau verursacht sein.

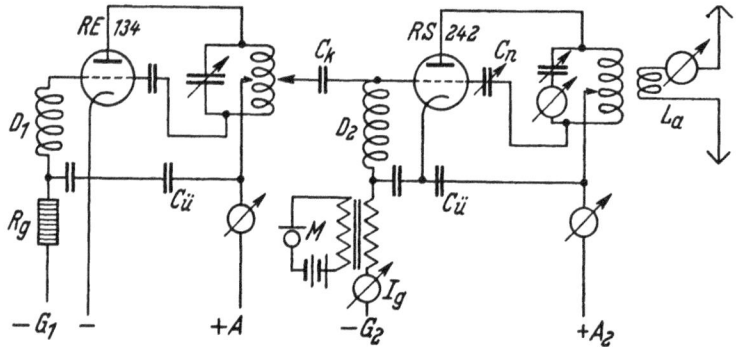

84. Fremderregter Telephoniesender

Schaltung. Der Sender[1]) besteht aus der Steuerstufe und dem Verstärker. Die Steuerstufe ist ein selbsterregter Sender in Dreipunktschaltung; er liefert die Wechselspannung zur Steuerung des Verstärkers. Die Anodenspannung wird der Steuerröhre (RE 134) über den Schwingungskreis zugeführt (Reihenspeisung). Die Spannungsquelle ist durch einen Kondensator $C_{ü}$ von 10 000 cm für die Hochfrequenz überbrückt. Die Gittervorspannung $-G_1$ wird aus der Gitterbatterie über einen Hochohmwiderstand R_g und eine Hochfrequenzdrossel D_1 zugeleitet. Die Drossel sperrt die am Gitter liegende HF; der Hochohmwiderstand (für RE 134 10 000 Ω) bewirkt, daß der Arbeitspunkt je nach der Belastung des Senders sich auf den günstigsten Wert einstellen kann, d. h. er rückt bei zunehmendem Gitterstrom selbsttätig ins Negative. Die von der Schwingkreisspule abgezweigte Steuerwechselspannung wird über einen Kondensator C_K (2000 cm) dem Gitter der Verstärkerröhre (RS 242) zugeführt. Die Speisung der Verstärkerröhre erfolgt in Reihenschaltung von einer 440-V-Maschine aus. Die Gittervorspannung wird über ein Milliamperemeter, den

[1]) Betriebsdaten des Modellsenders im Deutschen Museum.

Sprechtransformator und eine Drossel D_2 zugeführt. Eine abgestimmte Dipolantenne mit Amperemeter ist über die Spule L_a mit dem Schwingungskreis gekoppelt.

Abstimmung und Neutralisation des Senders. Der Steuersender wird zunächst wie in Nr. 83a in Schwingungen versetzt und auf die Sendewelle abgestimmt. Schließt man dann über den Kopplungskondensator C_K die Steuerstufe an das Gitter der geheizten, jedoch noch nicht mit Anodenspannung versehenen Verstärkerröhre, so steigt infolge der Belastung der Anodenstrom des Erregers an. Gleichzeitig tritt im Verstärker ein Gitterstrom I_g auf, der um so stärker ist, je größer die zugeleitete Steuerspannung ist. Zur Messung der Steuerspannung erteilt man dem Gitter der Verstärkerröhre eine negative Gleichspannung, die man so lange erhöht, bis der Gitterstrom verschwindet. Tritt dies z. B. bei —30 V ein, so war der Scheitelwert der Steuerspannung bei dem eingestellten Abgriff 30 V.

Stimmt man nun den Verstärkerkreis auf die Welle des Erregers ab, so zeigt ein scharfes Zurückgehen des Gitterstromes an, daß über die Gitteranodenkapazität C_{ag} der Verstärkerröhre eine störende Kopplung zwischen dem Erreger und dem Verstärkerkreis vorhanden ist; sie kann unterdrückt werden, wenn man an das Gitter eine Wechselspannung bringt, die gleich groß aber von entgegengesetzter Phase wie die über C_{ag} übertragene Spannung ist (Neutralisation). Die Neutralisationsspannung kann z. B. von der Anodenspule des Verstärkerkreises abgezweigt und über einen Drehkondensator C_n dem Gitter zugeführt werden. Die Neutralisation kann dann so erfolgen, daß man C_n unter fortwährendem Nachstimmen des Schwingungskreises so lange ändert, bis der Gitterstrom bei Abstimmung des Verstärkerkreises auf den Erregerkreis nicht mehr zurückgeht.

Ist der Sender neutralisiert, so legt man die Anodenspannung an die Verstärkerröhre an. Es tritt ein Anodenstrom auf, der beim Abstimmen des Verstärkerkreises auf den Erregerkreis scharf (z. B. von 60 auf 10 mA) zurückgeht. Die Lampe eines lose angekoppelten Absorptionskreises leuchtet hell auf, ein im Schwingkreis liegendes Hitzdrahtinstrument zeigt im vorliegenden Fall einen Schwingkreisstrom von 2...3 A an.

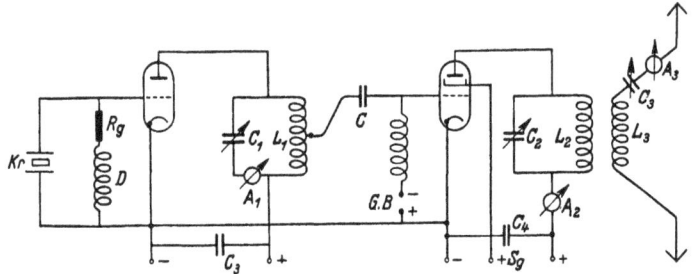

85. Quarzgesteuerter Kurzwellensender

Dieser enthält folgende Stufen:

1. Den Steuersender, der den die Welle (z. B. 80 m) bestimmenden Kristall K_r enthält. Als Röhre wird z. B. eine RE 134 mit 250 V Anodenspannung betrieben. Die Gittervorspannung wird durch Spannungsabfall am Widerstand R_g (10000 Ω) hervorgerufen. Die Drossel D sperrt die am Gitter liegende HF. Der Schwingkreisstrom kann bei Versuchen durch einen Hitzdrahtstrommesser A_1 gemessen werden; im Betrieb vermeidet man dessen starke Dämpfung und koppelt ein Galvanometer mit Detektor an.

2. Den Verstärker. Von der Anodenspule L_1 des Steuersenders wird durch kapazitive Kopplung eine geeignete Steuerspannung auf das Gitter einer Schirmgitterröhre (z. B. RS 289) übertragen. Eine Neutralisation des Verstärkers ist dann nicht erforderlich. Die Zuführung der Anodenspannung erfolgt wie beim Steuersender über die Anodenkreisspule (Reihenspeisung). Die Anodenspannungsquellen sind durch Kondensatoren C_3 und C_4 überbrückt.

3. Den Antennenkreis. Kopplungsspule L_3, Drehkondensator $C_3 = 500$ cm und Hitzdrahtamperemeter A_3 sind an einen geraden oder geknickten Dipol angeschlossen.

Abstimmung des quarzgesteuerten Kurzwellensenders. Man läßt zunächst den Steuersender auf der Grundwelle des Quarzes (80 m) einschwingen, was sich durch den größten Wert des Stromes A_1 im Schwingkreis $C_1 L_1$ anzeigt. Hierauf koppelt man den Steuersender mit dem Verstärker und stimmt den Verstärkerkreis $C_2 L_2$ auf die Welle des Steuerkreises ab; bei Resonanz erreicht der Anodenstrom A_2 einen Kleinstwert. Nun koppelt man die Antenne an und stimmt diese ab, bis ein Höchstwert des Antennenstromes unter gleichzeitigem Ansteigen des Anodenstromes erreicht ist. Die Steuerspannung wird dann auf günstigste Leistungsabgabe, also größten Antennenstrom, eingeregelt.

Die Tastung erfolgt in der Anodenzuleitung, so daß die Schwingungen beim Loslassen der Taste aussetzen.

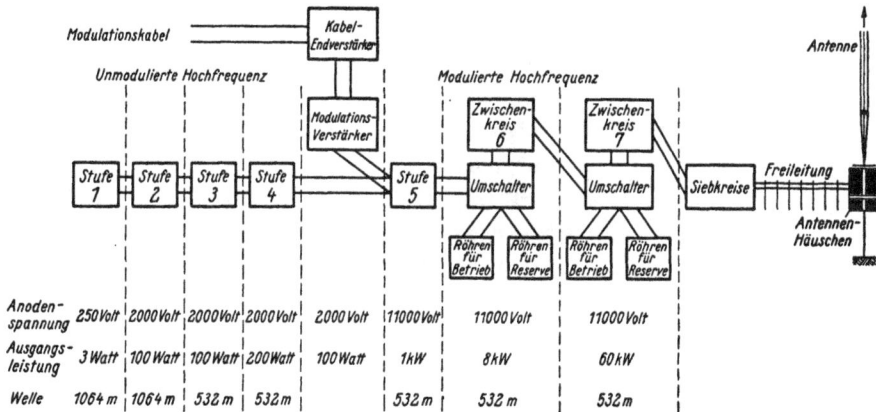

Anodenspannung	250 Volt	2000 Volt	2000 Volt	2000 Volt	2000 Volt	11000 Volt	11000 Volt	11000 Volt
Ausgangsleistung	3 Watt	100 Watt	100 Watt	200 Watt	100 Watt	1 kW	8 kW	60 kW
Welle	1064 m	1064 m	532 m	532 m		532 m	532 m	532 m

86. Rundfunksender

Das für den europäischen Rundfunk zur Verfügung stehende Wellenband (200...600 m) wird durch die ständig steigende Zahl der Rundfunksender immer dichter besetzt. Hieraus folgt, daß zur Vermeidung gegenseitiger Störungen die Welle des einzelnen Senders sorgfältig konstant gehalten werden muß. Eines der wirksamsten Mittel hiezu ist die Quarzsteuerung in der 1. Stufe des Senders.

Da die Eigenfrequenz des Quarzkristalls außer von seiner Dicke auch von der Temperatur ab-

hängig ist, muß man dafür sorgen, daß diese
möglichst sorgfältig gleich gehalten wird. Dies
geschieht durch Einbau des Kristalls in einen
Kupferthermostaten, dessen Innentemperatur durch
eine selbstregelnde elektrische Heizung auf $^1/_{100}{}^0$ C
konstant bleibt. Bei diesen kleinsten Temperatur-
schwankungen ändert sich die Frequenz des Quarzes höchstens um 1...2 Hz, d. i. bei einer Frequenz
von 1000 kHz ($\lambda = 300$ m) um 1...2 Millionstel.

Da in der Quarzstufe nur eine geringe Leistung
(3...5 W) erzeugt werden kann, muß diese in mehreren, z. B. sechs Hochfrequenz-Verstärkerstufen
erhöht werden, bis die gewünschte Endleistung des
Senders (z. B. 100 kW) erreicht ist. Obiges aus
der Lorenz-Druckschrift Nr. 559 stammende
Schema zeigt bildlich sowie durch Zahlen die
Wirkung der einzelnen Verstärkerstufen.

Während in Stufe 2 lediglich eine Verstärkung
der im Quarz erzeugten Frequenz stattfindet,
bringt Stufe 3 eine Verdopplung der Frequenz auf
die eigentliche Trägerfrequenz, Stufe 4 eine zweite
Verstärkung. In Stufe 5 findet die Modulation des
Senders durch die vom Funkhaus über Kabel zugeführten Sprech- und Klangströme statt.

Stufe 6 und 7 verstärken die modulierte Hochfrequenz, die dann schließlich über eine Energieleitung den Antennendipol erregt, der die Wellen
ausstrahlt.

In nachstehendem Schaltschema sind zur Vereinfachung nur die Stufen 1, 5, 7 berücksichtigt,
die sich in der Schaltung grundsätzlich unterscheiden.

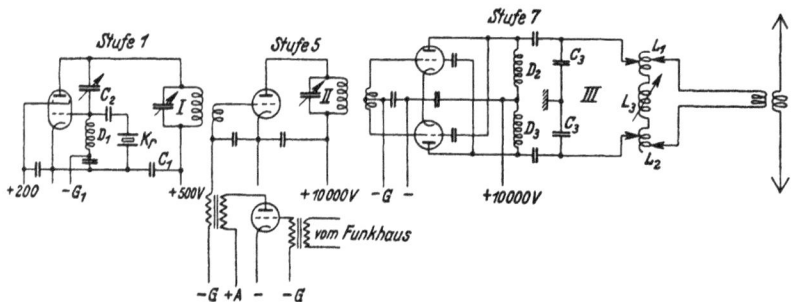

Stufe 1 (Quarzstufe). Der einpolig geerdete Quarz K_r ist über einen Kondensator an das Steuergitter einer Schirmgitterröhre angeschlossen. Der Abfluß der Hochfrequenz ist durch die HF-Drossel D_1, über welche gleichzeitig die Gittervorspannung zugeführt wird, gesperrt. Der auf die Quarzfrequenz abstimmbare Schwingungskreis I liegt in der Anodenzuleitung und ist über den Kondensator C_1 einseitig an die Kathode gelegt. Die Anodenspannung beträgt 500 V, die Schirmgitterspannung 200 V. Durch den Drehkondensator C_2 kann die Kopplung zwischen dem Schwingkreis und dem Quarzoszillator geregelt werden.

Stufe 5 (Modulationsstufe). Hier wird die ungedämpfte Trägerwelle durch die Sprechströme moduliert. Die vom Funkhaus kommenden Sprechströme werden verstärkt und dann über einen Transformator dem Gitter der Modulationsröhre zugeführt. Die modulierte HF schwingt in Kreis II. Die Anodenspannung ist auf 10000 V gestiegen.

Stufe 7 (Endstufe) besteht aus zwei im Gegentakt geschalteten Röhren von je 75 kW Leistung, die über die beiden symmetrischen Drosseln D_2 und D_3 eine Anodenspannung von 10000 V erhalten. Die Hochfrequenzenergie erregt den Kreis III, der durch die stetig veränderliche Induktivität L_3 abgestimmt wird. Die Energieleitung, deren Länge ein gerades Vielfaches der Viertelwelle betragen muß, wird durch Wechselspannungen, die an L_1 und L_2 abgegriffen werden, erregt (Spannungskopplung). Sie versetzt schließlich in Stromkopplung die Dipolantenne in Schwingung.

Die Abstimm- und Anpassungsglieder an den Dipol enthält das Antennenhaus.

Beim Münchner Sender beträgt der HF-Strom in der Energieleitung 40 A. Bei einem Gesamtwiderstand des Dipols von 57 Ω ist die Antennenleistung rd. 100 kW.

K. Empfangsgleichrichter

Die auf die Antenne treffenden Schwingungen können wegen ihrer hohen Frequenz im Telephon oder Lautsprecher nicht unmittelbar gehört werden, man muß erst die überlagerte Tonfrequenz von dem hochfrequenten Träger trennen. Dieser Vorgang (Demodulation) wird eingeleitet durch eine Gleichrichtung der Hochfrequenz, die durch einen Detektor oder die Röhre bewirkt wird.

Der Kristalldetektor besteht aus einer feinen Metallspitze *s*, die gegen eine Kristallfläche *b* durch eine Feder *f* leicht angedrückt wird.

Als Kristalle für Detektoren sind gebräuchlich: Bleiglanz, Karborund, Eisenpyrit und Rotzinkerz.

Die Wirkung des Detektors beruht darauf, daß beim Anlegen einer stetig zunehmenden Spannung sich die durchgehende Stromstärke nicht nach einer Geraden, sondern nach einer gekrümmten Kennlinie ändert. Dabei zeigt die Kennlinie beim Übergang von negativer zu positiver Spannung einen scharfen Knick, der den Unterschied des Detektorwiderstandes in den beiden entgegengesetzten Stromrichtungen versinnbildlicht. Gelangen an den Detektor, den man mit einer Kopplungsspule *S* und einem Telephon *T* zu einem a periodischen Kreis zusammenschaltet, modulierte hochfrequente Wechselströme, so findet eine Gleichrichtung derselben statt. Die gleichgerichteten Hochfrequenzströme eines Modulationszuges wirken mit ihrem Mittelwert auf das Telephon.

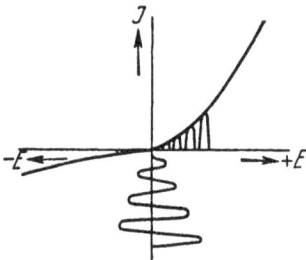

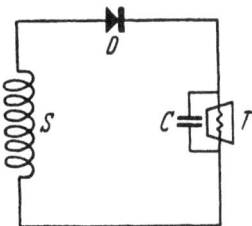

Treten in der Sekunde z. B. 500 hochfrequente Schwingungszüge in den Detektorkreis, so gelangen in das Telephon 500 Stromstöße. Diese rufen 500 Schwingungen der Membrane hervor, welche als Ton wahrnehmbar sind. Die gleichgerichteten HF-Schwingungen können sich über den Telephon-

87. Der Kristalldetektor

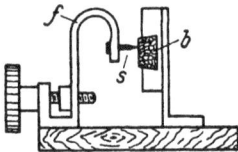

kondensator C ausgleichen. Damit ist die Trennung der HF von der Tonfrequenz vollzogen. Die Schwingungszahl für die höchsten mit dem Ohre wahrnehmbaren Töne liegt bei 20000 Hz, während das Telephon nur auf Frequenzen bis 8000 Hz anspricht. Der Detektorkreis spricht auf jede Welle an; er ist wegen des hohen Widerstandes des Detektors (500...1000 Ω) nicht abstimmbar oder aperiodisch. Der große Vorteil des Kristalldetektors liegt darin, daß er die Demodulation ohne Zuführung irgendwelcher Energien bewirkt, nachteilig ist seine Empfindlichkeit gegen mechanische Erschütterungen und elektrische Überlastung.

Neben dem in der Einstellung sehr empfindlichen Kristalldetektor wird heute auch der vollkommen konstante Kupferoxyddetektor (S. 136) in kleinster Ausführung (4...5 hintereinander geschaltete Kontaktflächen von 2 mm Durchmesser) verwendet. Die Reizschwelle des „Sirutor" von Siemens liegt erheblich höher wie die des Kristalldetektors, er kann daher nur zur Gleichrichtung eines bereits verstärkten Empfangsstromes verwendet werden. Eine bedeutende Verbesserung hinsichtlich Empfindlichkeit und Konstanz stellen die neuzeitlichen Detektoren aus Verbindungen von Germanium und anderen seltenen Erden dar.

Neben dem Kristall- und Kupferoxyddetektor kommt die Elektronenröhre als Empfangsgleichrichter in drei verschiedenen Schaltungen zur Anwendung.

a) Die Zweipolröhre (Diode) stellt den ältesten Röhrendetektor (Fleming 1905) dar, der in neuzeitlichen Empfängern wieder Bedeutung erlangt hat. Die HF-Schwingungen des Kreises I gelangen über einen Kondensator C (100...300 cm) an die beiden Pole der Röhre. Da der Strom nur durch die Röhre geht, wenn eine negative Spannung an der Kathode liegt, findet Gleichrichtung statt. Der Widerstand R_{i} und der Kondensator C müssen so bemessen werden, daß die Ladung schnell genug abfließt, um den Intensitätsschwankungen der Modulation folgen zu können. Man erhält so

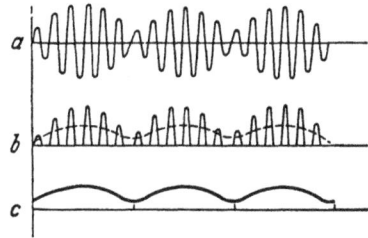

88. Röhre als Gleichrichter

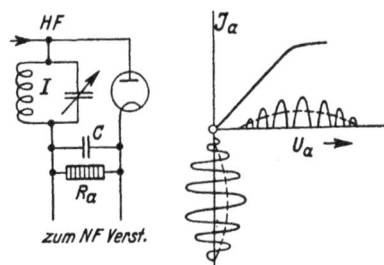

am Widerstand R_a (0,5 MΩ) Spannungsschwankungen von der Frequenz und Form der aufgeprägten Modulation, die zur weiteren Verstärkung
an das Gitter einer Verstärkerröhre geleitet werden
können.

Die Zweipolröhre arbeitet ohne Anodenspannung und vermag hohe Wechselspannungen ohne
Übersteuerung zu verarbeiten. Sie eignet sich daher besonders zum Einbau hinter einen HF-Verstärker.

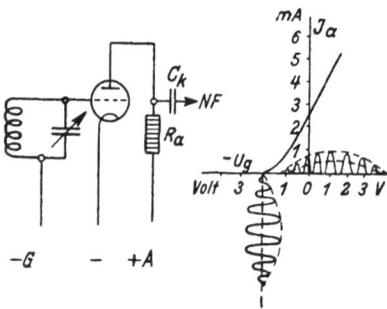

b) Die Dreipolröhre als Anodengleichrichter. Durch eine negative Vorspannung U_g
wird der Arbeitspunkt der Röhre an den untern
Knick der Gitterspannungs-Anodenstromkennlinie
U_g, I_a verschoben. Der Anodenruhestrom ist also
Null. Von den auf das Gitter treffenden hochfrequenten Spannungswechseln rufen die positiven
gleichgerichtete und verstärkte Anodenstromstöße
hervor, während die negativen Wechsel unterdrückt
werden. Die Mittelwerte der gleichgerichteten
Stromstöße, die im Takte der Tonfrequenz erfolgen, rufen an den Enden des Anodenwiderstandes R_a erhöhte Spannungsschwankungen hervor, die über einen Kondensator C_k zur weiteren
Verstärkung an das Gitter der nächsten Röhre
gehen.

Erteilt man der Röhre eine hohe Anodenspannung, so daß sich der Anfangspunkt der Kennlinie
weit ins Negative schiebt, so erhält man einen
großen Steuerbereich, d. h. man kann hohe Wechselspannungen gleichrichten. Die Anodengleichrichtung ist heute weitgehend durch die Diodenschaltung verdrängt.

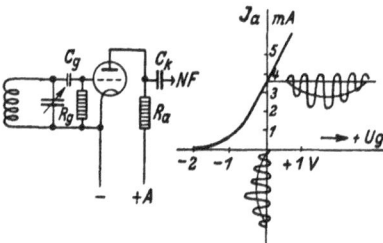

c) Die Dreipolröhre als Gittergleich-
richter (Audion). Die Gleichrichtung der HF
erfolgt hier durch den Gitterstrom, wobei man im
Gebiet größter Krümmung der Gitterstromkennlinie arbeitet. Man kann sich die Arbeitsweise des
Audions dadurch klar machen, daß man die Gitter-
Kathodenstrecke als Diode auffaßt. Die entstehenden Spannungsschwankungen von der Frequenz der aufgeprägten Modulation werden durch

die Steuerwirkung des Gitters niederfrequent verstärkt. Der Widerstand R_g (0,5 — 2 MΩ) und der Kondensator C_g (50—200 cm) entsprechen den Schaltelementen R_a und C bei der Diodenschaltung.

Die HF-Schwingungen erteilen über den Kondensator C_g dem als Anode wirkenden Gitter abwechselnd positive und negative Spannungen. Ist das Gitter positiv, so fließt ein Strom, der den Kondensator C_g auflädt. Dadurch wird das Gitter mehr negativ. Im negativen Ladungszustand fließt kein Strom. Die im Kondensator C_g aufgespeicherte Ladung kann über den Widerstand R_g so langsam abfließen, daß bei der folgenden Schwingung das Gitter immer noch mehr negativ als im Anfangszustand ist.

Es schwingt ins Negative, bis der Ladungsabfluß über den Widerstand R_g dem Stromfluß durch die Diode das Gleichgewicht hält.

Zeichnet man die am Gitter entstehende Überlagerung von HF- und NF-Spannungen in das U_a-I_a-Kennlinienfeld der Triode, so erhält man Größe und Form der verstärkten Schwingungen im Anodenkreis. Die HF-Komponente kommt im Lautsprecher nicht zur Wirkung, manchmal ist es sogar nötig, sie vor der nächsten NF-Stufe durch Kondensatoren und Widerstände auszufiltern (s. S. 191).

Die Gittergleichrichtung ist empfindlicher als die Anodengleichrichtung und eignet sich daher besonders als Eingangsstufe für den Fernempfang. Eine erhebliche Steigerung der Empfindlichkeit des Audions wird durch die Rückkopplung erzielt.

d) Das Röhrenvoltmeter. Man kann die Anodengleichrichtung dazu verwenden, um den Effektivwert der positiven Halbwelle einer an das Gitter gelegten HF-Spannung zu messen. Hiezu legt man in den Anodenkreis ein empfindliches Drehspulinstrument, das nach Volt geeicht ist. Der Kondensator $C_a = 0{,}1\ \mu$F schützt das Instrument vor dem viel größeren HF-Strom; die negative Gitterspannung wird über R_g zugeführt.

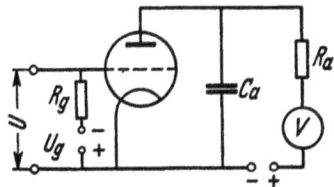

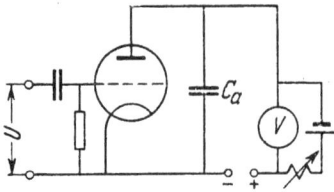

89. Audion mit Rückkopplung
(Schwingaudion)

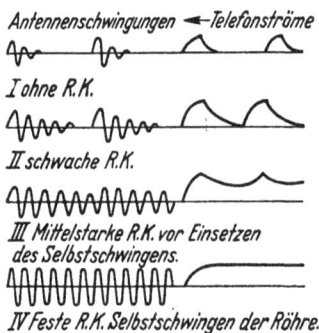

Antennenschwingungen ◄─Telefonströme

I ohne R.K.

II schwache R.K.

III Mittelstarke R.K. vor Einsetzen
des Selbstschwingens.

IV Feste R.K. Selbstschwingen der Röhre.

Auch die Gittergleichrichtung läßt sich als Röhrenvoltmeter zur Messung kleiner HF-Spannungen verwenden, wenn man den Arbeitspunkt an die Stelle größter Krümmung der Kennlinie legt und im Anzeigeinstrument den Anodenruhestrom durch einen Gegenstrom unterdrückt.

Die in der Antenne oder in dem an das Audion angeschlossenen Gitterkreis erregten Schwingungen werden durch Dämpfung geschwächt. Die Dämpfung kann man bei verlustarmem Aufbau klein halten, jedoch nicht vollständig beseitigen. Eine weitere Entdämpfung des Gitterkreises läßt sich durch Zurückführung der hochfrequenten Schwingungen des Anodenkreises in der Rückkopplungsschaltung (S. 142) erzielen. Das rückgekoppelte Audion zeigt größere Empfangslautstärke und infolge der steileren Resonanzkurve größere Trennschärfe.

a) Wirkung der Rückkopplung. Durch die zugeführte HF-Energie kann der größte Teil der Verluste im Schwingungskreis gedeckt werden, so daß die Fernerregung zur Unterhaltung der Schwingungen nur noch einige Prozent zu leisten hat. Die Rückkopplung wirkt wie ein negativer Widerstand, der die dämpfende Wirkung des Verlustwiderstandes verringert.

Geht man über den Punkt optimaler Entdämpfung hinaus zu festerer Rückkopplung, dann ist zur Unterhaltung der Schwingungen die Anregung von außen nicht mehr erforderlich; die Dämpfung wird negativ; es entsteht Selbsterregung. Man hört ein Rauschen und bei Abstimmung auf einen Sender einen Pfeifton. Koppelt man direkt auf eine Antenne, so wird diese die Eigenschwingungen ausstrahlen und durch das Überlagerungspfeifen die Nachbarstationen stören. Ein Rückkoppeln auf die Antenne ist daher nicht statthaft.

Im Telephon hört man bei hartem Einsetzen der Schwingungen ein Knacken, bei weichem Einsetzen ein leises Rauschen. Die Art des Einsatzes der Schwingungen hängt außer von der Gittervorspannung von der Bemessung von C_g und R_g ab.

Will man das Audion auf höchste Empfindlichkeit einstellen, so kann man bei unmittelbar geheizten Röhren die Gitterspannung durch einen Spannungsteiler S auf weichen Schwingungseinsatz einregeln. Praktisch ermittelt man auch bei mittelbar geheizten Röhren die geeigneten Werte von C_g und R_g durch Versuch.

b) Regelung der Rückkopplung. Um das Audion bis nahe an die Grenze des Schwingungseinsatzes zu bringen, muß die Rückkopplung fein einstellbar sein. Man wendet durchweg die induktive Rückkopplung an, die man in nachstehenden Schaltungen beliebig regeln kann:

I. Regelung durch Nähern oder Ineinanderdrehen der Rückkopplungsspule L_2 und der Gitterkreisspule L_1. Diese Anordnung erfordert eine mechanische Vorrichtung, um die gegenseitigen Bewegungen der Spulen auszuführen. Sie hat den Nachteil, daß die Abstimmung des Gitterkreises sich durch die Regelung der Rückkopplung ändert, so daß ein jedesmaliges Nachstimmen erforderlich ist. Da umgekehrt bei Änderung der Abstimmung sich auch die Rückkopplung ändert — sie wird z. B. bei Verkürzung der Welle fester —, so wird in neueren Empfängern die Rückkopplung mit der Abstimmung durch selbsttätige Änderung des Spulenabstandes konstant gehalten.

II. Regelung durch einen Drehkondensator $\bar{C}r$. Hier gibt es verschiedene Schaltungsmöglichkeiten, die nebenstehend durch zwei Beispiele vertreten sind.

III. Regelung durch einen veränderlichen, mit Kondensator überbrückten Widerstand im Anodenkreis. Bei Verkleinerung des Widerstandes erhöht sich die Anodenspannung; man gelangt bei gleichbleibendem Arbeitspunkt auf steilere Kennlinien, die Rückkopplung wird fester. Da diese Art der Regelung die Abstimmung des Gitterkreises nur wenig beeinflußt, wird sie bei Kurzwellenschaltungen bevorzugt.

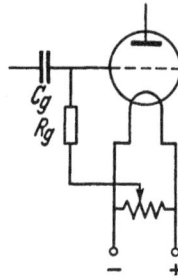

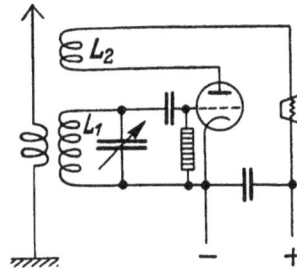

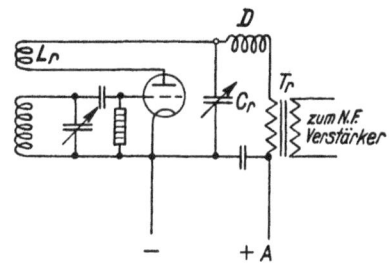

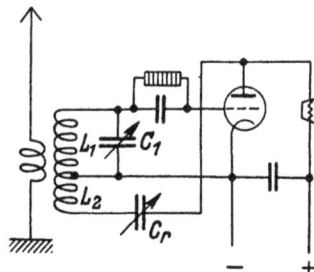

L. Verstärkerschaltungen

Sind die vom Empfangsgleichrichter abgegebenen NF-Spannungen zu schwach, um das Telephon oder den Lautsprecher zu erregen, oder liegt die von der Antenne aufgefangene HF-Spannung unter der Reizschwelle des Audions (0,2...0,6 mV), so muß man die Wechselspannungen durch die Elektronenröhre erhöhen. Je nachdem man die Verstärkung hinter oder vor dem Audion vornimmt, unterscheidet man die NF-Verstärkung von der HF-Verstärkung. Die erzielbare Verstärkung ist durch verschiedene Störeffekte begrenzt. Bei der NF-Verstärkung wird es nach Überschreitung eines bestimmten Verstärkungsgrades (z. B. 1000) praktisch unmöglich, die mit dem Netz zusammenhängenden Brummbeeinflussungen zu vermeiden. Die Verstärkung der HF findet ihre Grenze hauptsächlich durch unvermeidbare Rauschspannungen, die teils durch die erste Verstärkerröhre, teils durch den Eingangskreis erzeugt werden. Der Röhrenanteil kann in Spezialröhren soweit herabgesetzt werden, daß nur noch das Wärmerauschen des Eingangskreises zur Wirkung kommt.

90. NF-Verstärker Man unterscheidet grundsätzlich zwei Stufen: die Spannungsverstärkung zur Aussteuerung der folgenden Röhre und die Leistungs- oder Endverstärkung zum Betrieb des Lautsprechers oder Telephons.

a) Der Spannungsverstärker. Zur Erzielung einer hohen Spannungsverstärkung soll nach S. 128 der Anodenwiderstand R_a groß gegen den Innenwiderstand der vorhergehenden Röhre (z. B. des Audions) sein. Zur Erfüllung dieser Bedingung muß man die Kopplung zwischen Audion und Verstärker entsprechend wählen. Man unterscheidet: die Transformatorenkopplung, die Widerstandskopplung und die Drosselkopplung.

I. Die Transformatorenkopplung. Die
vom Audion gelieferte NF wird über eine Drossel,
welche die HF sperrt, in die Primärspule eines
NF-Transformators Tr_1 geschickt. Von der Sekundärseite aus wird die 3...6mal erhöhte NF-Spannung an das Gitter der Verstärkerröhre angeschlossen, wo sie je nach dem Durchgriff der Röhre
10...100fach verstärkt wird. Die einmal verstärkten
Spannungen werden über einen zweiten Transformator Tr_2 der Endröhre zugeführt, welche die
Leistung an den Lautsprecher abgibt. Da der
Scheinwiderstand des Transformators (S. 48) aus
konstruktiven Gründen begrenzt ist (30...100000
Ω), eignet sich die Transformatorkopplung hauptsächlich zum Anschluß an Röhren mit geringem
Innenwiderstand (Audion oder Anodengleichrichter
mit Dreipolröhre).

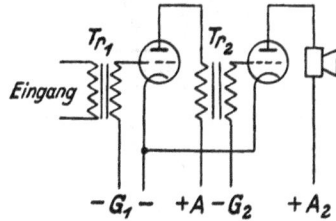

II. Die Widerstandskopplung kann hingegen auch für Röhren mit hohem Innenwiderstand, z. B. das Schirmgitteraudion, verwendet
werden.

Im Anodenkreis des Audions liegt ein hoher
Ohmscher Widerstand R_a, an dessen Enden infolge des Spannungsabfalles ($i_a \cdot R_a$) Wechselspannungen auftreten, die über einen Kondensator
C_k (5000...10000 cm) dem Gitter der Endröhre
zugeführt werden. Der Kondensator C_k schützt
das Gitter gegen die Anodengleichspannung, während er die NF durchläßt.

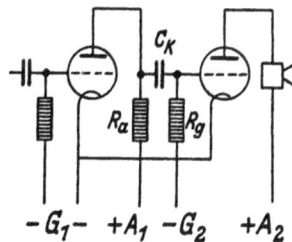

Die zur Einhaltung des gewählten Arbeitspunktes erforderliche Gitterspannung wird durch
den Ableitwiderstand R_g (0,5...1 MΩ) zugeführt.

Bei Dreipolröhren verwendet man Kopplungswiderstände R_a von 30 bis 100 kΩ, bei Schirmgitterröhren beträgt der Kopplungswiderstand 0,1
bis 0,5 MΩ. Der Widerstand R_a soll zur Erzielung
einer hohen Verstärkung möglichst groß sein, es
darf jedoch der oben angegebene Wert nicht überschritten werden, da sonst durch den Spannungsabfall an R_a die Röhrenbetriebsspannung und da-

D

R_g

$+S_g$ − $+A_1$ −G $+A_2$

10:1

−G − $+A$

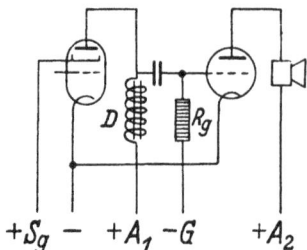

mit die Verstärkung zurück geht. Den Widerstand R_a kann man in Sonderfällen durch eine Drossel mit hoher Induktion ersetzen (Drosselkopplung).

Der Anodenwiderstand R_a setzt die Anodenbetriebsspannung herab, so daß selbst bei hoher Anodenspannung der Anodenstrom klein wird (0,01...1 mA). Beim rückgekoppelten Audion darf indessen der Anodenstrom nicht zu klein werden, da er sonst zu einer wirksamen Rückkopplung nicht mehr ausreicht. Die Widerstandskopplung hat gegenüber der Transformatorkopplung den Vorzug, daß sie mit geringem Anodenstrom und infolgedessen geringer Leistung jede Frequenz nahezu gleichmäßig verstärkt. Praktisch liegt allerdings dem Kopplungswiderstand R_a die Kapazität der Röhre und der Zuleitungen parallel, deren Widerstand von der Frequenz abhängt.

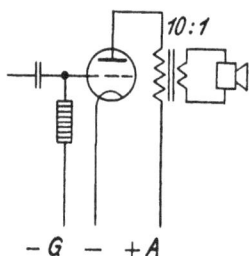

Die Anpassung des Lautsprechers an die Endröhre geschieht mittels eines Ausgangstransformators. Beträgt z. B. der Widerstand der Endröhre 2000 Ω, der des Lautsprechers 20 Ω, so muß der Übertrager ein Übersetzungsverhältnis 10 : 1 besitzen (S. 49).

b) Der Endverstärker hat die Aufgabe, eine unverzerrte Höchstleistung an den Lautsprecher abzugeben. Die Gittervorspannung muß so eingestellt werden, daß der Arbeitspunkt auf die Mitte des geradlinigen Teiles der bei voller Belastung aufgenommenen Arbeitskennlinie fällt.

Für die Endstufe verwendet man heute die Fünfpolröhre, die wegen ihrer hohen Empfindlichkeit die Wirkung von zwei Dreipolröhren ersetzen kann. Liegt der Wert der benötigten Schirmgitterspannung unter der Anodenspannung, so muß man den erforderlichen Spannungsabfall durch einen Vorwiderstand erzeugen und durch einen Kondensator niederfrequente Spannungsschwankungen des Schirmgitters verhindern. Neuzeitliche Endröhren sind zur Vereinfachung der Schaltung meist so dimensioniert, daß das Schirmgitter dieselbe Spannung wie die Anode erhält.

c) Gegentaktverstärker. In der Gegentaktschaltung sind zwei gleiche Endröhren so geschaltet, daß sie für den Gleichstrom parallel, für
den Wechselstrom in Reihe liegen.

Auf der genauen Einhaltung der Symmetrie
der Stromversorgung einschließlich der Transformatorwicklungen beruht die Wirkungsweise der
Gegentaktschaltung. Die von den Kathoden ausgehenden Anodengleichströme fließen über die
Röhre zu den beiden Enden der Primärspule von
Tr_2, vereinigen sich in deren Mittelpunkt und
laufen gemeinsam zur Anodenbatterie AB zurück.
Da die beiden Spulenhälften in entgegengesetztem Sinn von den Gleichströmen durchflossen
werden, hebt sich ihre Wirkung in bezug auf den
Eisenkern auf, d. h. es findet keine Vormagnetisierung statt. Man kann daher den Kernquer-
schnitt klein halten, ohne daß Verzerrung durch
Sättigung zu befürchten ist.

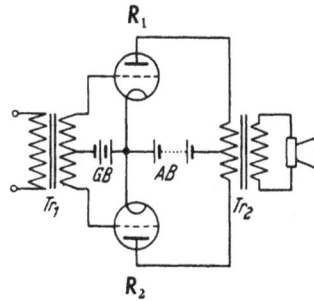

Werden nun der Primärspule von Tr_1 Nieder-
frequenzschwingungen zugeführt, so erhalten die
mit den Enden der Sekundärspule verbundenen
Gitter der gegengeschalteten Röhren R_1 und R_2
Wechselspannungen e_1 und e_2, die in der Phase
um 180^0 verschoben sind; wenn also das eine
Gitter positiv geladen ist, wird das andere negativ.
Die entgegengesetzten Spannungswechsel rufen
im Anodenkreis entsprechende verstärkte Stromwechsel i_1 und i_2 hervor, die der Primärspule von
Tr_2 zugeführt werden. Da sie von entgegengesetzten Enden kommen und entgegengesetzte Phasen
haben, addiert sich ihre induktive Wirkung auf
die Sekundärspule ($i_1 - i_2 = i$). Dagegen findet
wegen der Verdopplung des Widerstandes der
Schaltung und der Röhren keine Verdopplung
des Wechselstromes in der Primärspule statt. Die
Leistungsabgabe an den Lautsprecher ist daher
ebenso wie bei Parallelschaltung die doppelte
einer Röhre.

Die Gegentaktschaltung hat neben dem Wegfall der Vormagnetisierung des Transformator-
kerns den weiteren Vorteil, daß sich Batterie-

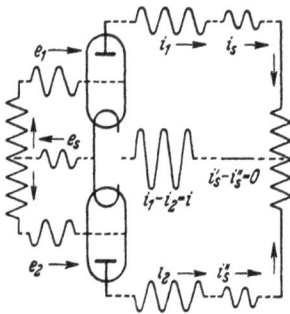

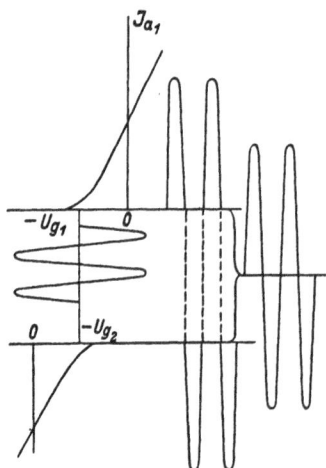

oder Netzstörungen, die nicht über den Eingangstransformator Tr_1 kommen, in ihrer Auswirkung auf die Sekundärwicklung von Tr_2 aufheben. Nehmen wir z. B. an, in der Gitterbatterie würde die gleichmäßige Stromzuführung gestört, so würde sich diese Störung auf zwei Wegen nach den Gittern der Röhre R_1 und R_2 fortpflanzen. Die auftretenden Schwankungen der Gitterladung e_{g1} und e_{g2} haben diesmal die gleiche Phase, ebenso die Störströme $i_s{}'$ und $i_s{}''$ in den Anodenkreisen; ihre Differenz ist gleich Null. Im Transformator Tr_2 heben sich ihre Wirkungen auf. In gleicher Weise werden Störungen in der Stromversorgung des Heiz- und Anodenkreises insbesondere auch bei Netzanschlüssen durch die Gegenwirkung der beiden Röhren aufgehoben. Aus dem gleichen Grunde heben sich bei der Gegentaktverstärkung die durch Kennlinienkrümmung entstehenden zweiten Harmonischen heraus.

d) B.-Verstärker. Bei der Gegentaktverstärkung ist es nicht unbedingt erforderlich, die Gittervorspannung auf die Mitte des geradlinigen Teiles der Kennlinie einzustellen (A.-Verstärker), sondern man kann sie zur Senkung des Anodenruhestromes etwas stärker negativ wählen. Verzerrungen heben sich durch das Gegeneinanderarbeiten der beiden Röhren auf, wenn ihre Kennlinien genau übereinstimmen.

In der B.-Schaltung macht man die negative Vorspannung so hoch, daß der Arbeitspunkt in den unteren Knick fällt (Schwingungen 2. Art). Es verstärkt dann die eine Röhre nur die positiven, die andere nur die negativen Schwingungshälften. Im Ausgangstransformator werden die beiden Wellenscheitel wieder zur vollständigen Wechselstromkurve zusammengesetzt. Zur Erzielung einer größeren Endleistung steuert man ferner in den positiven Gitterspannungsbereich hinein und deckt den durch den Gitterstrom auftretenden Leistungsverbrauch durch eine vorgeschaltete Leistungsröhre (Treibröhre). Neben der Erhöhung der Leistung hat die B-Verstärkerschaltung den Vorteil, daß

der Anodenruhestrom und damit die Eingangs-
leistung sich entsprechend der am Gitter liegenden
Wechselspannung einstellt; wird der Verstärker
nicht besprochen, so geht der Anodengleichstrom
auf einen Kleinstwert zurück. Der B.-Verstärker
hat daher einen sehr günstigen Wirkungsgrad.

Man hat zu unterscheiden zwischen HF-Breit-   91. HF-Verstärker
bandverstärkung und HF-Resonanzverstärkung.

a) Die Breitbandverstärkung erfolgt
grundsätzlich in der gleichen Weise wie die NF-
Verstärkung; indessen muß beim Aufbau der
Schaltung und bei der Wahl der Röhre auf die
schädlichen Kapazitäten, die der Hochfrequenz
einen bequemen Übergang gestatten und dadurch
die Wirkung der Schaltung beeinträchtigen, besonders geachtet werden. Die Kapazität zwischen
Heizfaden und Anode einer Röhre C_{Ah} liegt z. B.
dem Anodenwiderstand parallel und verkleinert
diesen. Beträgt C_{Ah} z. B. 18 cm = 20 $\mu\mu$F, so ist
für eine Frequenz von 1500 kHz (λ = 200 m) ihr
Blindwiderstand R_c = 5302 Ω.

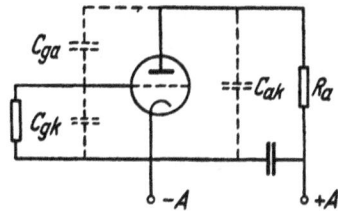

Durch die Parallelschaltung dieses Widerstandes wird R_a unter den Wert des kleineren Widerstandes R_c herabgedrückt. Der Verstärkungsgrad
nimmt mit der Erhöhung der Frequenz um so
stärker ab, je größer C_{Ah} ist. Die Widerstands- oder
Drosselkopplung wird aus diesem Grunde nur dann
angewandt, wenn das zu verstärkende Frequenzband so breit ist, daß Schwingungskreise zur Kopplung nicht verwendbar sind. Ein solcher Fall liegt
z. B. vor bei der Versorgung mehrerer Empfänger
von einer Antenne aus. Man führt dann die HF
von einem in der Antenne liegenden Widerstand
R (10000...20000 Ω) dem Gitter der Verstärkerröhre unmittelbar zu. Durch den Widerstand wird
die Resonanz für die Eigenschwingung der Antenne
abgeflacht und dadurch das Hervorheben einzelner
Frequenzen unterdrückt. Aus dem Gemisch der
empfangenen und verstärkten Hochfrequenzen
sieht dann der einzelne, an die gemeinsame Aus-
gangsleitung angeschlossene Empfänger, die ge-

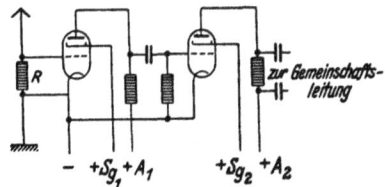

wünschte Frequenz zur Gleichrichtung und NF-Verstärkung aus.

Je breiter das zu verstärkende Frequenzband ist, desto kleiner müssen die Außenwiderstände R_a gewählt werden, um die Verstärkung trotz der Parallelschaltung von C_{ak} gleichmäßig zu bekommen. Der Verstärkungsgrad sinkt zwar bei kleinem R_a stark ab, doch kann dies durch Röhren großer Steilheit wieder ausgeglichen werden.

b) Einen höheren Verstärkungsgrad erzielt man durch die HF-Resonanz-Verstärkung; hiebei wird durch einen an Gitter und Kathode der ersten Röhre liegenden Schwingungskreis die zu verstärkende Frequenz ausgesiebt und vor der Verstärkung durch den Resonanzeffekt hoch geschaukelt. Auch als Anodenwiderstand der Röhre dient ein Schwingungskreis, der auf die zu verstärkende Frequenz abgestimmt ist und für diese Frequenz einen hohen Resonanz-Widerstand darstellt.

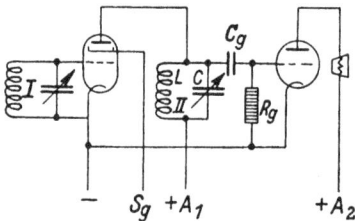

Der Resonanzwiderstand hängt von der Induktivität L, der Kapazität C und dem Verlustwiderstand R des Kreises II nach der Formel ab:

$$R_{res} = \frac{L}{C \cdot R}$$

Man kann ihn daher groß machen, wenn man C und vor allem R klein hält. Für die Verkleinerung von C ist eine Grenze dadurch gegeben, daß mit der zur Festhaltung der Frequenz notwendigen Vergrößerung der Spule deren Kapazität zunimmt.

Von größter Wichtigkeit ist die Kleinhaltung des Verlustwiderstandes R durch Verwendung verlustarmer Schaltelemente (S. 67 u. 69) und Vermeidung offener Spulenteile, welche durch Strahlung dämpfen. Im Bereich der Rundfunkfrequenzen kann man es erreichen, daß R_{res} bis auf 200 000 Ω steigt.

Die Röhrenkapazitäten C_{gk} und C_{ak} addieren sich lediglich zu den Anfangskapazitäten der Kreise ohne die Verstärkung zu beeinträchtigen. Als schädlich bleibt nur die zwischen Gitter und Anode liegende Kapazität C_{ga} übrig, indem sie zwischen Gitter- und Anodenkreis eine kapazitive Rück-

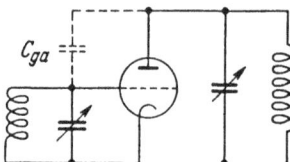

kopplung herstellt und die Schaltung zum Selbstschwingen (Huth-Kühn) erregen kann.

Bei der Schirmgitterröhre, die jetzt allgemein
für die HF-Verstärkung in Betracht kommt, ist
die Gitteranodenkapazität so klein (0,003 cm), daß
sie selbst bei kurzen Wellen zur Rückkopplung und
damit zur Erregung der Schwingungen nicht mehr
ausreicht.

Auch durch die Streukopplungen elektrischer und magnetischer Felder — induktiv
zwischen den Spulen oder kapazitiv zwischen den
Leitungen zweier Kreise — kann bei hohen Frequenzen Selbstschwingen entstehen.

Zur Verminderung der induktiven Streukopplung stellt man die Spulenebenen benachbarter
Kreise senkrecht zueinander oder man schließt
sie in eine Kapsel aus Kupfer oder Aluminium
ein. Die Abschirmung wirkt dadurch, daß in der
Metallkapsel Wirbelströme entstehen, die die Wirkung des ursprünglichen Feldes schwächen. Allerdings wird durch die Abschirmung die Induktivität der Spule etwas verringert und durch den
Energieverlust der Wirbelströme die Dämpfung
des Kreises erhöht.

Zur Beseitigung der Streukapazitäten zwischen
den HF führenden Metallteilen schirmt man sie
durch geerdete Metallwände gegeneinander ab und
baut den Empfänger auf ein geerdetes Metallchassis.

c) Trennschärfe und Verstärkungsgrad.
Um Telephonie störungsfrei zu empfangen, darf
nur der schmale Frequenzbereich des gesuchten
Senders verstärkt werden, während alle übrigen
Frequenzen unterdrückt werden müssen. Die Aussiebung des Frequenzbereichs erfolgt durch die
Abstimm- und Sperrkreise, deren Trennschärfe um
so größer ist, je geringer ihre Dämpfung ist.

In der Schaltung des HF-Verstärkers liegt dem
Sperrkreis der Innenwiderstand R_i der Röhre
parallel; er erhöht daher die Dämpfung des Sperrkreises. Die hiemit verbundene Verringerung der
Resonanzschärfe ist um so geringer, je größer R_i

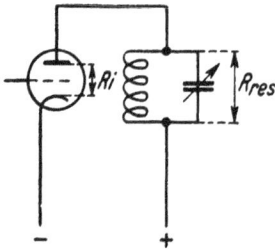

gegen R_{res} ist. Diese Bedingung steht aber mit der für eine möglichst große Spannungsverstärkung im Gegensatz. Man muß daher einen Ausgleich schaffen, indem man die notwendige Trennschärfe mit einer möglichst hohen Verstärkung verbindet. Hiezu muß man mit Unteranpassung arbeiten, d. h. R_i muß größer als R_a sein. Damit man R_a nicht zu verkleinern braucht, arbeitet man mit Röhren von hohem Innenwiderstand, also z. B. mit HF-Fünfpolröhren, für welche R_i etwa 2 MΩ beträgt.

d) Das Bandfilter. Beim Telegraphieempfang kann die Resonanzschärfe groß sein, da nur eine Frequenz herausgehoben werden soll. Beim Telephonieempfang dagegen sind neben der Grundfrequenz die durch die Modulation entstehenden Seitenfrequenzen (S. 152) zu berücksichtigen. Werden diese bei zu spitzer Resonanzkurve abgeschnitten, so fehlen in der Wiedergabe die hohen Töne; der Klang wird dumpf. Für einen einwandfreien Telephonieempfang sollte daher die Resonanzkurve die Form eines Rechtecks haben, das die Seitenbänder einschließt.

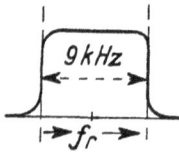

Solche Resonanzkurven kann man in großer Näherung erzielen, wenn man zwei auf die Grundfrequenz f_r abgestimmte Kreise fest miteinander koppelt. Diese Schaltung ergibt (S. 83) eine Resonanzkurve mit zwei Höckern, die um so weiter auseinanderliegen, je fester die Kopplung ist. Die Flanken der Resonanzkurven fallen um so steiler ab, je geringer die Dämpfung der Kreise ist. Für den Rundfunkempfang richtet man die Kopplung dieses „Bandfilters" so ein, daß die Bandbreite konstant 9 kHz bleibt.

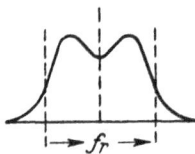

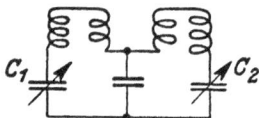

Da nun die induktive Kopplung mit der Frequenz zu-, die kapazitive dagegen abnimmt, so verbindet man beide Kopplungsarten (S. 79 u. 80) so, daß die Gesamtkopplung frequenzunabhängig wird. Die Abstimmung des Bandfilters auf die Sendewelle erfolgt durch die beiden mit einem Drehknopf gleichzeitig betätigten genau gleichen Kondensatoren C_1 und C_2.

Neuerdings werden auch Bandfilter mit regelbarer Bandbreite gebaut. Um einem benachbarten Störsender auszuweichen, macht man das Band schmal, während man bei günstiger Empfangslage das Band breit macht und dadurch die Klangwiedergabe verbessert. Die Bandbreite kann auch selbsttätig durch die Stärke des einfallenden Senders geregelt werden.

e) Die negative Gitterspannung, die bei fast allen Verstärkerschaltungen benötigt wird, gewinnt man in der Regel durch Spannungsabfall an einem vom Anodenstrom durchflossenen sog. Kathodenwiderstand R_k. Das Röhrengitter ist über einen Ableitwiderstand R_g oder über andere für Gleichstrom durchlässige Schaltelemente (Transformatorwicklung, Schwingkreisspule) mit dem geerdeten Chassis verbunden. Die Kathode ist dann um die Spannung $R_k \cdot I_a$ höher positiv als 0 und das damit verbundene Gitter, da ja kein Gitterstrom fließt.

Für die zu verstärkenden Wechselströme muß R_k durch einen Kondensator C überbrückt werden, da eine an R_k entstehende Wechselspannung der Steuerspannung entgegenwirken würde. Die Größe von C richtet sich nach der zu verstärkenden Frequenz und liegt z. B. im HF-Verstärker bei $C = 10\,000$ cm, im NF-Verstärker bei $C = 2 \ldots 50\ \mu\mathrm{F}$.

Die Erzeugung der Gitterspannung in der Kathodenzuleitung hat die Tendenz, den Anodenstrom selbsttätig zu stabilisieren, da bei zunehmendem Anodenstrom sich die negative Gitterspannung erhöht.

Die mannigfachen Umwandlungen der von der Antenne aufgefangenen Hochfrequenzenergie in Schallenergie des Lautsprechers sind von unvermeidlichen Verzerrungen der den Klang zusammensetzenden Schwingungen begleitet. Zur Erzielung einer getreuen Klangwiedergabe müssen diese Verzerrungen möglichst herabgedrückt oder durch besondere Entzerrungsschaltungen ausgeglichen werden. Man unterscheidet Frequenz- und Formverzerrungen:

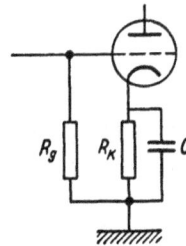

92. Verzerrung und Entzerrung

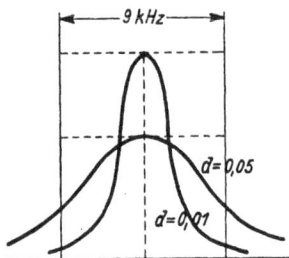

a) Die Frequenzverzerrungen entstehen im HF-Verstärker dadurch, daß das durch die Modulation der Trägerwelle erzeugte Frequenzband durch die Resonanzkurve eines trennscharfen Abstimmkreises an beiden Seiten beschnitten wird und dadurch die hohen Frequenzen unterdrückt werden. Durch Verwendung eines Bandfilters kann die Beschneidung des Frequenzbandes ohne Beeinträchtigung der Trennschärfe erheblich verringert werden.

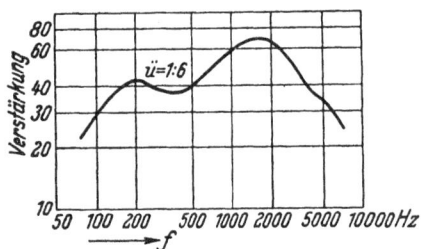

Im NF-Verstärker kommen noch weitere Verzerrungen dadurch hinzu, daß dessen Schaltelemente fast alle linear frequenzabhängig sind. So bietet z. B. die im Anodenkreis liegende Wicklung des Kopplungstransformators den tiefen Frequenzen einen geringeren induktiven Widerstand wie den hohen; es entstehen daher für jene niedrigere Eingangsspannungen wie für die mittleren und hohen Frequenzen. Andererseits besitzen die Transformatorwicklungen auch eine Eigenkapazität, welche den hohen Frequenzen einen kleineren Widerstand bietet und daher der Zunahme des induktiven Widerstandes mit der Frequenz entgegenwirkt. Der Transformator verhält sich also ähnlich wie ein Schwingungskreis, dessen Scheinwiderstand mit der Frequenz bis zum Resonanzwiderstand zunimmt und darüber hinaus wieder abnimmt.

In der Wiedergabe macht sich das Fehlen der hohen Frequenzen durch Undeutlichkeit der Zischlaute, das Fehlen der niederen Frequenzen durch Beeinträchtigung des Wohlklangs und der Fülle von Sprache und Musik geltend. Zur Vermeidung dieser Verzerrungen muß die Frequenzkurve des Transformators nach Möglichkeit rechteckige Form haben. Da die Bemessung der Transformatorwicklungen hinsichtlich Induktivität, Belastbarkeit und Übersetzungsverhältnis nur für eine bestimmte Verstärkerschaltung und für bestimmte Röhrendaten gilt, muß die Auswahl der Transformatoren nach dem Verwendungszweck erfolgen.

Ein weiteres Mittel zur Aufhebung von Frequenzverzerrungen ist die absichtliche Erzeugung der entgegengesetzten Verzerrung durch vorhandene oder zusätzliche Schaltmittel. Man nennt diese absichtliche Verzerrung Entzerrung. Als Beispiel einer Entzerrungsschaltung sei hier auf die Tonblende (S. 191) hingewiesen. Deren Wirkung beruht darauf, daß eine aus einem Ohmschen Widerstand und einer Kapazität zusammengesetzte, dem Kopplungs- oder Ausgangstransformator parallel liegende Querverbindung den höheren Frequenzen einen geringeren und den tieferen Frequenzen einen hohen Widerstand entgegensetzt und letztere daher hervorhebt. Die umgekehrte Wirkung, die Hervorhebung der hohen Frequenzen, ruft eine aus Widerstand und Induktivität zusammengesetzte Querverbindung hervor.

b) Die Formverzerrung tritt auf, wenn bei den Energieumwandlungen im Empfänger der Zusammenhang zwischen Erregung und Wirkung in der Röhre, im Transformator, im Lautsprecher durch eine gekrümmte, also nichtlineare Kennlinie dargestellt ist. Man nennt daher die Formverzerrungen auch nichtlineare Verzerrungen im Gegensatz zu den linearen oder Frequenzverzerrungen. Durch zweckmäßige Wahl von Arbeitspunkt und Außenwiderstand kann man die Auswirkung unvermeidlicher Kennlinienkrümmungen auf ein Mindestmaß beschränken. Zur Auswahl der besten Betriebsbedingungen benützt man das $U_a I_a$-Kennlinienfeld, in das die Arbeitskennlinie eingezeichnet wird. In nebenstehendem Beispiel ist für die Fünfpolendröhre $AL4$ ein Arbeitspunkt bei 200 V Anodenspannung, 40 mA Anodenstrom und —5,5 V Gittervorspannung angenommen. Die Arbeitskennlinie ist für 50 kΩ und für 7 kΩ eingezeichnet. Drückt man dem Gitter eine Wechselspannung vom Scheitelwert 4,5 V auf, so schwankt die Gitterspannung zwischen —1 und —10 V, dies hat im ersten Fall eine Schwankung des Anodenstromes von 30 mA nach oben und von 29 mA nach unten zur Folge, im

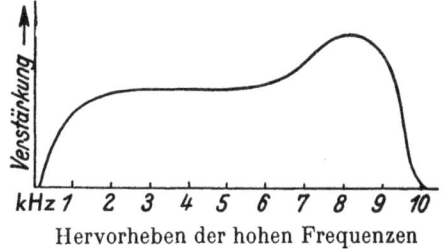

Hervorheben der hohen Frequenzen

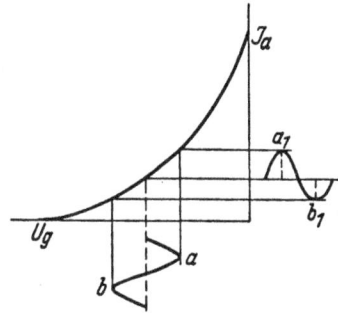

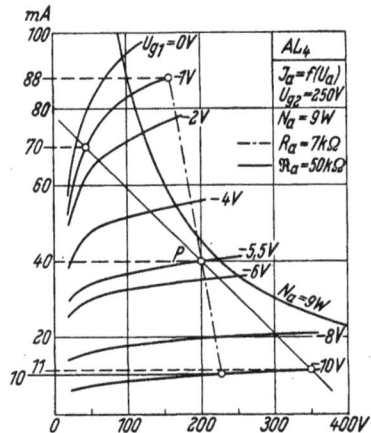

zweiten Fall beträgt die Anodenstromschwankung 48 mA nach oben und 30 mA nach unten, so daß der Anodenwechselstrom erheblich verzerrt ist.

Im Transformator können Formverzerrungen entstehen, wenn dessen Aussteuerung über den geradlinigen Teil der Magnetisierungskurve (S. 26) hinaus stattfindet. Da man die nichtlinearen Verzerrungen schwer ausgleichen kann, müssen sie von vornherein vermieden bzw. auf ein kleinstes Maß zurückgeführt werden.

c) Der Klirrfaktor. Um ein Maß der Formverzerrung zu erhalten, geht man davon aus, daß man jede Verzerrung graphisch durch Überlagerung der zweiten oder dritten harmonischen Schwingung erzeugen kann. Die Formverzerrung ist danach gleichbedeutend mit dem Auftreten neuer im ursprünglichen Klang nicht vorhandener Obertöne.

Der Verzerrungsgrad oder Klirrfaktor, den man für eine gegebene Arbeitskennlinie konstruieren oder berechnen kann, gibt die Summe der Schwingungsweiten der beigemischten Oberschwingungen in Prozent der Schwingungsweite der Grundschwingung an. In erster Näherung reicht es aus, nur die zweite oder dritte Oberschwingung zu berücksichtigen. Nebenstehende Kurve würde z. B. einem durch die zweite Harmonische erzeugten Klirrfaktor von 20% entsprechen.

Durch Vermeidung jeder Übersteuerung der Röhre, des Transformators und Lautsprechers ist es gelungen, in hochwertigen Geräten den Klirrfaktor auf 1...5% herabzudrücken, indessen kann für gewöhnliche Sprach- und Musikwiedergabe ein Klirrfaktor von rd. 10% hingenommen werden.

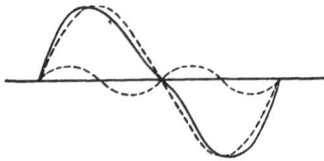

Klirrfaktor 20%

M. Empfänger

a) Der Primärempfänger enthält nur einen auf die Welle des Senders abstimmbaren Schwingungskreis, der aus abstufbarer Spule und Drehkondensator besteht. Der Schwingungskreis kann unmittelbar an die geerdete Antenne gelegt werden, wobei zwei Schaltungen in Betracht kommen: „Schaltung lang": Spule und Kondensator liegen parallel und wirken beide verlängernd auf die Antenne. Die Kapazität des Kondensators C_1 addiert sich zur Antennenkapazität C_A. Die Gesamtkapazität C' ist:

„Schaltung kurz": Spule und Kondensator liegen hintereinander. Die durch die Spule hervorgerufene Verlängerung wird durch den Kondensator aufgehoben; die Antenne wird verkürzt. In diesem Falle sind C_A und C_1 hintereinander geschaltet. Die Gesamtkapazität C'' ist:

Zum Empfang eines großen Wellenbereichs baut man bei Telegraphieempfängern häufig einen Schalter zum Übergang von Schaltung „kurz" auf Schaltung „lang" ein.

Die Kopplung des Detektorkreises mit dem Schwingkreis kann galvanisch oder induktiv erfolgen. Bei der galvanischen Kopplung zweigt man von einem festen und einem verschiebbaren Kontakt der Spule L_A zum Detektor bzw. zum Telephon ab. Der Kopplungsgrad wird durch Verschieben des losen Kontaktes geändert.

Bei der induktiven Kopplung wird eine im Detektorkreis liegende Spule L_D der Antennenspule L_A genähert; durch ihren Abstand und ihre Windungszahlen ist der Kopplungsgrad bestimmt.

b) Der Sekundärempfänger. Die Schwingungen des Antennenkreises erregen in loser Kopp-

93. Detektorempfänger

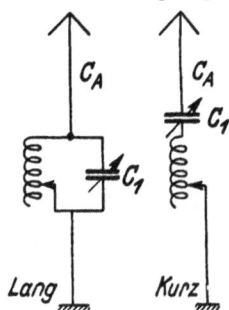

$$C' = C_A + C_1$$

$$C'' = \frac{C_A \cdot C_1}{C_A + C_1}$$

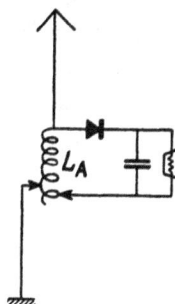

186

Störwelle
Empfangswelle

800m 820m
- - - - enge Kopplung
—— lose Kopplung

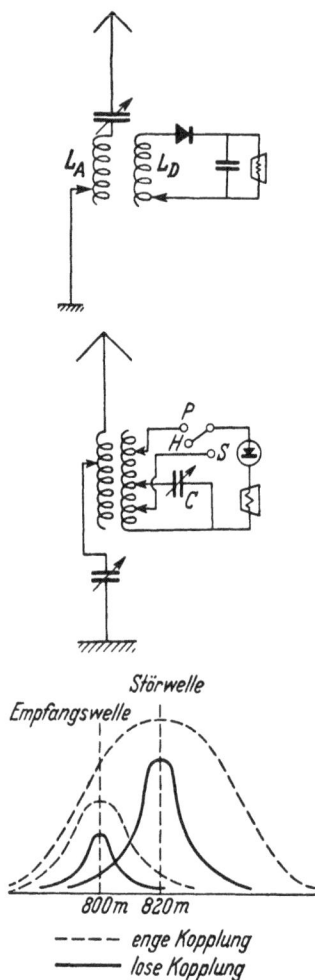

94. Empfängerprüfung

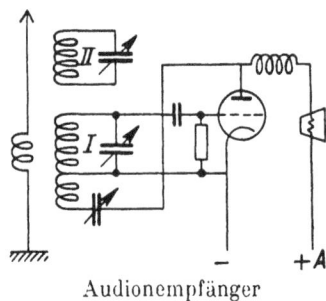

Audionempfänger

lung zuerst den abstimmbaren, möglichst verlustfrei aufgebauten Zwischenkreis, von diesem aus wird erst der Detektor erregt. Der Zwischenkreis wirkt wie ein zweites wegen seiner geringeren Dämpfung feineres Sieb für die elektrische Welle.

Durch verlustfreien Aufbau der Antenne und der Abstimmkreise erstrebt man eine geringe Dämpfung und damit hohe Abstimmschärfe. Sie ist beim Primärempfänger wegen der Strahlungsdämpfung der Antenne nicht hochzutreiben. Eine höhere Abstimmschärfe bietet der Sekundärempfänger. Die Abstimmung desselben erfolgt so, daß man zuerst unter Ausschaltung des Zwischenkreises (Schalter H auf P, sog. Suchschaltung) den Antennenkreis auf die ankommende Welle abstimmt. Hierauf wird der Zwischenkreis eingeschaltet (Schalter H auf S) und der Kondensator C so lange gestellt, bis im Telephon die Lautstärke am größten ist. Infolge der durch den Zwischenkreis verzehrten Energie wird der Empfang schwächer, jedoch ist die Abstimmschärfe und die Möglichkeit, einem Störer auszuweichen, wesentlich erhöht. Bei enger Kopplung überdeckt die Resonanzkurve der Störwelle diejenige der Empfangswelle; bei loser Kopplung sind die Kurvenscheitel getrennt.

Telegraphische Zeichen kann man im Detektorempfänger nur aufnehmen, wenn die Trägerwelle durch einen Ton moduliert ist.

Für die Beurteilung und erstmalige Einstellung eines Empfängers ist die Messung des Frequenzbereiches, der Empfindlichkeit und der Trennschärfe erforderlich.

a) Der Frequenzbereich. Das einfachste Hilfsmittel zur Messung des Frequenzbereichs ist der Absorptionskreis. Die Messung entspricht grundsätzlich der am Sendekreis (S. 155), sie kann daher nur bei Empfängern mit Schwingaudion angewendet werden. Koppelt man den Absorptionskreis II an das Schwingaudion I an, so zeigt sich die Resonanz durch eine deutliche Änderung des die Schwingungen begleitenden Geräusches an, es entsteht ein leiser Knack im Telephon. Auch hiebei darf man nicht zu fest koppeln, da sonst die Schwingungen des Audions ganz aussetzen. Indem man so die Frequenzen für den kleinsten und größten Wert des Empfänger-Kondensators ermittelt, erhält man den zu Kreis I gehörigen Frequenzbereich.

Zur genaueren Eichung eines Empfängers überlagert man dem auf fester Frequenz schwingenden Audion die unmodulierten Schwingungen des Meßsenders (s. S. 156) und dreht den Meßkondensator durch, bis man im Lautsprecher einen Schwebungston hört und stellt auf die Schwebungslücke ein. Die Einstellung des Empfängers entspricht dann der Frequenz des Meßkreises.

Zum Vergleich der Leistungsfähigkeit verschiedener Empfänger dienen vor allem Empfindlichkeit und Trennschärfe.

b) Die Empfindlichkeit. Als Empfindlichkeit bezeichnet man diejenige HF-Spannung (Modulationstiefe 30%), die man an die Eingangsklemmen des Gerätes legen muß, um eine NF-Ausgangsleistung von 50 mW zu erzielen. Diese Leistung entspricht dem Bedarf eines leisen Zimmerlautsprechers. Für die Messung ist es bequemer, die Ausgangsspannung einzustellen, deren Wert sich aus der Leistung N und dem günstigsten Außenwiderstand R_a der Endröhre berechnen läßt. Für die $CL\,4$ ist z. B.

$$R_a = 4500\ \Omega$$
also:
$$U^2 = N \cdot R$$
$$= 50 \cdot 4,5$$
$$= 225$$
$$U = 15\ \text{V}$$

Zur Messung der Empfindlichkeit, z. B. eines Supers, schließt man die aus dem Meßsender entnommene modulierte HF an den auf die gleiche Frequenz abgestimmten Empfänger und dreht das Potentiometer so weit auf, bis das am Ausgang des Empfängers angeschaltete Röhrenvoltmeter 15 V anzeigt. Die hiezu erforderliche Eingangsspannung z. B. 20 μV ist ein Maß der Empfindlichkeit.

c) Die Trennschärfe. Der Bestimmung der Trennschärfe liegt die internationale Festlegung des Frequenzabstandes der Rundfunksender auf 9 kHz zugrunde. Eine Verstimmung des Empfängers um 9 kHz müßte also den Sender völlig zum Verschwinden bringen, in Wirklichkeit wird er jedoch bei genügender Stärke durchschlagen. Man definiert daher Trennschärfe als das Verhältnis K der am Empfängereingang erforderlichen HF-Spannungen, die bei genauer Abstimmung und bei 9 kHz Verstimmung die gleiche NF-Ausgangsspannung ergeben. Bevor man die Trennschärfe bestimmt, muß man sämtliche Kreise sowie die Bandfilter mit dem Meßsender abgleichen. Ist dies geschehen, so schließt man an den z. B. auf 600 kHz abgestimmten Empfänger die gleiche Frequenz aus dem Meßsender an und stellt das Potentiometer so ein, daß die Ausgangsspannung 15 V beträgt. Es sei dies z. B. bei 50 μV der Fall.

Hierauf wird der Meßsender um 9 kHz auf 609 kHz verstimmt und dessen Ausgangsspannung soweit erhöht, daß das NF-Voltmeter am unveränderten Empfänger den gleichen Wert anzeigt. Beträgt die jetzt angelegte HF-Spannung des Meßsenders 3 mV, so ist die Trennschärfe des Empfängers $\frac{50}{3000} = 1 : 60$.

d) Die Abstimmanzeigeröhre dient zur Sichtbarmachung der Abstimmung. Sie enthält in ihrer einfachsten Form (AM 2) im oberen Teil eine Braunsche Röhre mit konisch gestaltetem Leuchtschirm L, im unteren Teil eine Dreipolröhre. Das obere Ende der gemeinsamen Kathode K ist von einem Gitter G_2 umgeben, das mit der Kathode verbunden ist; es erzeugt eine Raumladung, durch welche die Elektronen verlangsamt werden und die Kathodenbeanspruchung klein gehalten wird. Außerhalb des Gitters stehen an zwei gegenüberliegenden Punkten zwei Stege S_1, S_2, die mit der Anode A der Dreipolröhre verbunden sind. Durch die Stege wird das Elektronenbündel in zwei Winkeln abgeschattet. Die Ränder der Schattenwinkel werden um so enger zusammengedreht, je höher die Spannung der Stege ist.

Man schließt die Anzeigeröhre so an, daß der Leuchtschirm die volle Spannung erhält, während

Mittelwellenbereich		
Gerät	μV	K
2 Röhren Einkreiser mit Rückkopplung	400	$1/6$
4 Röhren Super	20	$1/800$

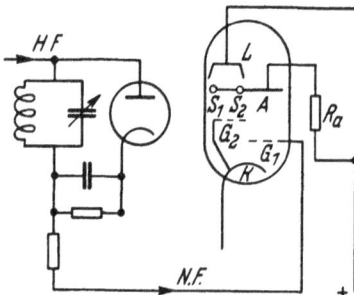

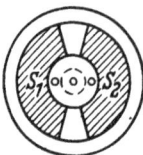 

unscharfe   scharfe
Abstimmung

Anode und Stege durch den Spannungsabfall an R_a eine etwas geringere Spannung erhalten. Die Winkelsteuerung erfolgt indirekt durch das Steuergitter der Dreipolröhre, indem man ihm die negative von der Diode abgenommene Regelspannung zuführt. Je höher die aufgefangene HF-Spannung ist, desto tiefer sinkt die Regelspannung ins Negative. Damit sinkt der Spannungsabfall am Anodenwiderstand R_a, die Anodenspannung steigt, die Ränder werden zusammengezogen bis auf einen Winkel von 30°. Das „magische Auge" leuchtet auf und zeigt die Abstimmung an.

Eine Verbesserung der *AM*2 stellt die *EM*11 dar, welche zwei Abstimmbereiche für schwache und starke Sender enthält.

Der Einkreis-Zweiröhrenempfänger baut sich aus einem rückgekoppelten Audion und einer durch Transformator angekoppelten Fünfpol-Endstufe auf. Die Antenne ist über einen Sperrkreis I an die Kopplungsspule L_a angeschlossen. Durch Abstufung der Spule wird die Kopplung mit dem Schwingungskreis II geändert und damit die Lautstärke und Trennschärfe eingestellt. Der Sperrkreis dient zur Abhaltung eines Störers, z. B. des Ortssenders. Er wird auf die Störwelle eingestellt und setzt ihr dann einen hohen Resonanzwiderstand entgegen. Die benachbarten Wellen, insbesondere die gesuchte Sendewelle, gehen hingegen ungehindert durch. Die Abstimmung des Empfängers erfolgt am Kondensator C_2, die Regelung der Rückkopplung durch Verstellen des Kondensators C_3. Über den Kopplungstransformator Tr ($ü = 1:6$) gelangen die NF-Spannungen an das Steuergitter der Fünfpolendröhre, deren Schirmgitter die gleiche Spannung wie die Anode erhält. Der Lautsprecher liegt im Anodenkreis der Endröhre.

95. Der Einkreis-Zweiröhrenempfänger

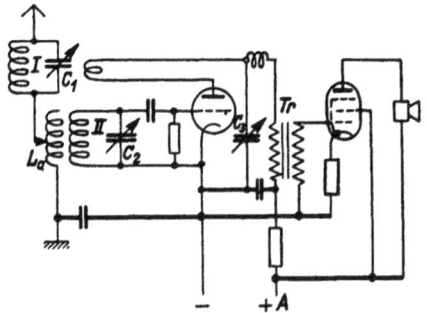

Die Empfindlichkeit des Einkreisempfängers, das ist die zur Erzielung einer Ausgangsleistung von 50 mW (leiser Lautsprecher) erforderliche Eingangsspannung, beträgt 100...200 μV. Verbreitete

Einkreiser waren der sog. Volksempfänger und der Deutsche Kleinempfänger (DKE).

96. Der Zweikreis-Dreiröhrenempfänger

Der Zweikreis-Dreiröhrenempfänger setzt sich in unserm Beispiel aus einem abgestimmten HF-Verstärker, einem Anodengleichrichter und einem Endverstärker zusammen.

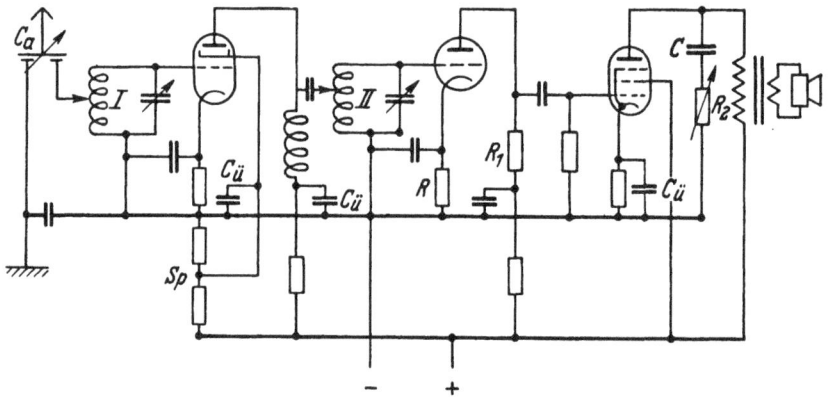

1. Der HF-Verstärker. Die Antenne ist über einen Differentialkondensator C_a, durch welchen die Lautstärke geregelt werden kann, mit der Spule des ersten Abstimmkreises I kapazitiv gekoppelt. Zur HF-Verstärkung dient eine Schirmgitterröhre, die über den Spannungsteiler Sp die Schirmgitterspannung erhält.

2. Der Anodengleichrichter. Die verstärkten HF-Schwingungen werden in Drosselkopplung auf den Abstimmkreis II des Anodengleichrichters übertragen. Die für die Anodengleichrichtung erforderliche negative Gittervorspannung wird durch den Spannungsabfall an dem in der Kathodenzuleitung liegenden Widerstand R erzeugt.

3. Der Endverstärker. Die an den Enden des Anodenwiderstandes R_1 entstehenden niederfrequenten Spannungsschwankungen gelangen in Widerstand-Kondensatorkopplung an das Steuergitter der Fünfpolendröhre. Der Lautsprecher ist an einen im Anodenkreis liegenden Ausgangsübertrager angeschlossen.

4. Die Tonblende besteht aus einem dem Lautsprecher parallel liegenden festen Kondensator C (20000 cm) mit vorgeschaltetem regelbaren Hochohmwiderstand R_2 (30000 Ω). Je kleiner der Widerstand, um so mehr fließen die hohen Frequenzen, welche bei Störungen überwiegen, ab.

5. Die Beruhigungskondensatoren. Infolge der Abzweigung der Gleichspannungen für die Anoden und Gitter der positiven bzw. negativen Sammelschiene können sich die an einer Stelle der Schaltung entstehenden Spannungsschwankungen auf alle Röhren übertragen. Um die hiedurch entstehenden unerwünschten Kopplungen zu unterdrücken, legt man die Endpunkte der Widerstände, an welchen Spannungsschwankungen auftreten, über Kondensatoren $C_{ü} = 0,1...20\ \mu F$ an das geerdete Chassis. Die Empfindlichkeit des Gerätes beträgt $20...50\ \mu V$.

a) Telegraphieempfang. Der Überlagerungsempfang ungedämpfter und unmodulierter Wellen kommt dadurch zustande, daß der ankommenden Frequenz a eine im Empfänger erzeugte Hilfsfrequenz b überlagert wird. Beträgt z. B. die Empfangsfrequenz 600 kHz ($λ = 500$ m) und ist die Hilfsfrequenz um 1000 Schwingungen höher oder niedriger, also 601 oder 599 kHz, so entstehen 1000 Schwebungen je Sekunde c, die nach Gleichrichtung durch einen Detektor oder ein Audion im Telephon als Ton d gehört werden. Verändert man bei gleichbleibender Empfangsfrequenz die Hilfsfrequenz, so ändert sich die Schwebungszahl und damit der Ton. Man kann daher die Tonhöhe der Morsezeichen am Empfänger beliebig einstellen und dadurch einem Störer ausweichen.

Gelangt man bei der Abstimmung mit der Hilfsfrequenz in die Nähe der Empfangsfrequenz, so hört man zuerst einen sehr hohen Ton, der bei weiterer Näherung der Frequenzen immer tiefer wird, bis er an der unteren Wiedergabegrenze des Telephons (50 Schwebungen je Sek.) verschwindet. Nach einer schmalen Schwebungslücke setzt er

97. Überlagerungsempfänger (Superheterodyne)

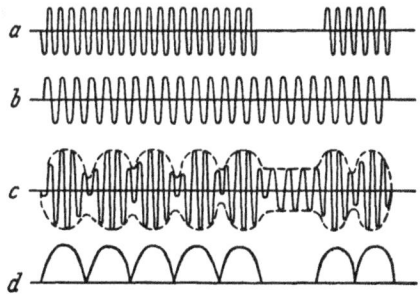

Schwebungszahl

Obere *Hörbarkeits-grenze*

$\overline{\overline{C}}$ 8192
$\overline{C}$ 2048
$\overline{C}$ 502
C 128
C 32
$\underline{C}$ 16 *Hörbarkeits-grenze*

Untere

24° 25° 26°
Kondensatorgrade ⟶

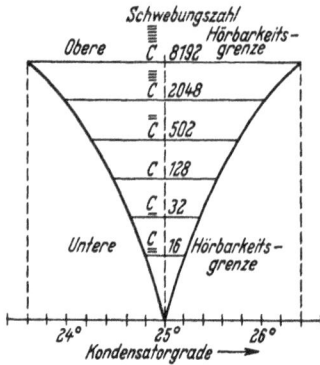

beim Weiterdrehen des Hilfskreiskondensators wieder tief ein und steigt bis zur oberen Wiedergabegrenze (8000 Schwebungen je Sek.) an, worauf die Schwebungen unhörbar werden.

Zur Erzeugung der Hilfsschwingungen dient das rückgekoppelte Audion oder ein besonderer Röhren-Schwingungskreis (Überlagerer).

b) Telephonieempfang. Man überträgt die Modulation des hochfrequenten Trägers (z. B. $\lambda_e = 500$ m, $f_e = 600$ kHz) vor ihrem Eintritt in den Hochfrequenzverstärker auf eine längere, feste Zwischenfrequenz, z. B. $\lambda_z = 3000$ m, $f_z = 100$ kHz, die man durch einen auf die Zwischenfrequenz scharf abgestimmten Verstärker — den Zwischenfrequenzverstärker — einwandfrei verstärken kann.

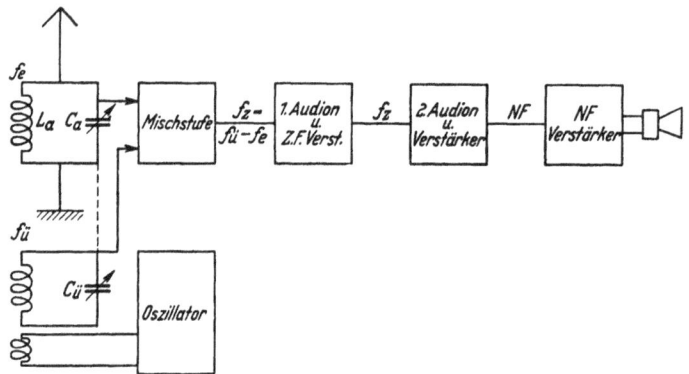

f_e — L_a C_a — Mischstufe $f_z = f_{\ddot{u}} - f_e$ — 1.Audion u. Z.F.Verst. — f_z — 2.Audion u. Verstärker — NF — NF Verstärker

$f_{\ddot{u}}$ — $C_{\ddot{u}}$ — Oszillator

Schaltung und Wirkungsweise. Der Antennenkreis $L_A C_A$ wird durch den Kondensator C_a auf die Empfangsfrequenz f_e abgestimmt. Die aufgefangene Energie wird der Mischstufe zugeführt. Auf diese wirkt gleichzeitig die Oszillatorfrequenz des Überlagerers $f_{\ddot{u}}$, welche durch den mit dem Empfangskondensator mechanisch gekoppelten Kondensator $C_{\ddot{u}}$ so eingestellt wird, daß sie in unserm Beispiel stets um 100 kHz höher ist wie die Empfangsfrequenz.

In der Mischstufe setzt sich die modulierte hochfrequente Trägerfrequenz f_e und die Oszillatorfrequenz $f_{\ddot{u}}$ zu Schwebungen von der Zwischenfrequenz f_z zusammen. Ihre Amplitude nimmt nach der Tonmodulation zu und ab. Die in den Schwebungen noch enthaltenen hochfrequenten Trägerschwingungen werden durch den Anodenkreis der Mischstufe, der auf die Zwischenfrequenz abgestimmt ist, herausgesiebt, so daß die Modulation nur noch von der Zwischenfrequenz getragen wird.

Die modulierte Zwischenfrequenz wird in einem zweiten Audion gleichgerichtet und verstärkt.

Die gewonnene NF-Tonmodulation wird entweder direkt oder über einen NF-Verstärker im Telephon oder Lautsprecher wahrnehmbar gemacht.

Die Erhöhung der Trennschärfe des Gerätes. Der Unterschied der Trägerfrequenzen zweier nebeneinander liegender Rundfunksender beträgt 9 kHz; für eine Trägerfrequenz von 600 kHz ist also der für Trennschärfe maßgebende prozentuale Frequenzabstand $1\frac{1}{2}\%$. Übersetzt man die Rundfunksendungen auf die Zwischenfrequenz, so bleibt zwar der Frequenzabstand benachbarter Sender erhalten, er wirkt sich aber in bezug auf die Zwischenfrequenz prozentual höher aus. Ist diese z. B. 100 kHz, so hat die Störfrequenz gegen die Empfangsfrequenz einen Unterschied von 9%, d. h. die Trennschärfe ist 6 mal höher wie beim Geradeausempfang. Allgemein wird die Trennschärfe des Überlagerungsempfängers um so höher, je niedriger die Zwischenfrequenz ist.

Andererseits darf die Zwischenfrequenz nicht zu klein sein wegen der Abhaltung der Spiegelfrequenz, die im Abstande der Zwischenfrequenz auf der andern Seite der Oszillatorfrequenz gelegen ist. Empfängt man z. B. die Frequenz 750 kHz ($\lambda = 400$ m), so muß die Oszillatorfrequenz auf 850 kHz eingestellt werden, falls die Zwischenfrequenz 100 kHz betragen soll. Die gleiche Zwischenfrequenz würde aber auch durch Überlagerung der Oszillatorfrequenz mit der um 100 kHz höheren Frequenz (950 kHz) entstehen. Das Eindringen dieser „Spiegelfrequenz" würde den Empfang stören und das muß daher durch

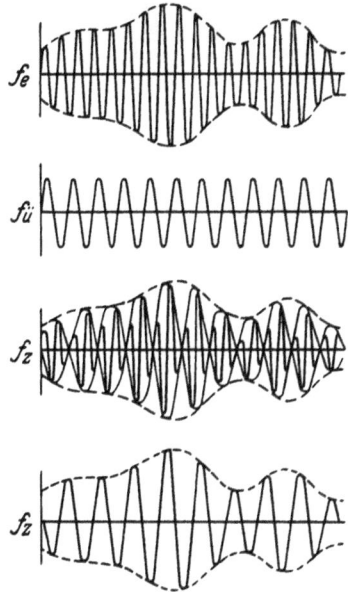

750 kHz-	Empfänger-frequenz
850 kHz-	-Oszillator-frequenz
950 kHz-	-Spiegel-frequenz

sorgfältige Aussiebung vor der Überlagerung verhindert werden. Es gelingt um so leichter, je größer der Abstand der Empfangsfrequenz von der Spiegelfrequenz ist. Da dieser gleich ist der doppelten Zwischenfrequenz (200 kHz), ist es vorteilhaft, sie nicht zu niedrig zu nehmen. Für Geräte mit mehrkreisiger Vorselektion kann man mit der Zwischenfrequenz bis auf 140 kHz, für Geräte mit weniger hoher Vorselektion auf 442 oder 468 kHz hinaufgehen.

Die Transponierung der zu empfangenden verschiedenen Frequenzen auf eine einzige feste ZF bringt noch den Vorteil mit sich, daß man mehrere Abstimmkreise und Verstärkerstufen zur Erreichung großer Trennschärfe und Empfindlichkeit mit geringem Aufwand anordnen kann. Bei der Erhöhung der Trennschärfe muß man darauf achten, daß nicht durch Beschneidung der Seitenbänder die Wiedergabequalität zu sehr beeinträchtigt wird. Höchste Trennschärfe bei gleichmäßiger Wiedergabe des ganzen Tonfrequenzbandes erzielt man durch Zusammenschaltung der Abstimmkreise zu Bandfiltern (s. S. 180).

98. Die selbsttätige Schwundregelung

Das Absinken oder Ansteigen der Lautstärke durch die Schwundwirkung (S. 106) geht meist so plötzlich vor sich, daß man mit einer Lautstärkeregelung von Hand nicht mitkommt. Die neuzeitlichen Mehrkreis- und Überlagerungsempfänger sind daher mit einer selbsttätig wirkenden Schwundregelung ausgestattet.

Diese beruht auf der Änderung der Gittervorspannung und damit des Verstärkungsgrades einer Regelröhre.

a) Die Regelröhre ist eine Schirmgitterröhre, deren Steuergitter aus einer eng- und einer weitgewickelten Hälfte besteht. Diese Anordnung wirkt wie zwei parallel arbeitende Röhren, von welchen die mit engem Gitter eine Kennlinie mit großer, diejenige mit weitem Gitter eine solche mit geringer Steilheit hervorrufen würde. Durch das Zusammenwirken beider Röhren entsteht eine

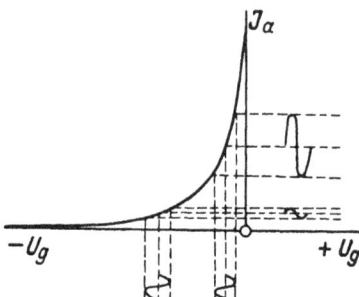

Kennlinie, deren Steilheit auf einer Exponentialkurve mit zunehmender negativer Gittervorspannung abnimmt. Man kann daher durch eine solche
Röhre, je nach der angelegten Gittervorspannung,
eine verschieden hohe Verstärkung erzielen. In
ähnlicher Weise läßt sich zur Schwundregelung
die Sechspolröhre verwenden.

b) Die Regelschaltung. Die auf den Gitterkreis II wirkende HF-Energie erzeugt nach Gleichrichtung an der Zweipolröhre am Widerstand R_3
eine mit der Stärke der einfallenden HF zunehmende
negative Gleichspannung. Diese wird über die
Widerstände $R_2 = 2\,\mathrm{M\Omega}$ und $R_1 = 0,5\,\mathrm{M\Omega}$ dem

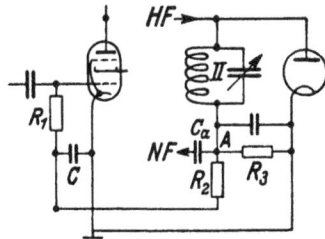

Gitter der Regelröhre zugeführt. Nimmt die
HF-Energie zu, so wandert der Arbeitspunkt ins
Negative und drosselt die HF-Verstärkung selbsttätig ab und umgekehrt. Die der Gleichspannung
überlagerte, durch die Tonmodulation hervorgerufene NF-Spannung gelangt zum größten Teil
über den Kondensator C_a an das Gitter der Verstärkerröhre. Der über R_2 tretende Rest der NF
fließt über den Kondensator C (0,5 μF) zur Erde
ab. Die selbsttätige Regelung setzt eine sehr große
Verstärkung und einen ausreichenden Kraftvorrat
des Gerätes voraus, damit auch schwache Sender
schwundfrei zu empfangen sind. Es können dadurch z. B. Sender mit einer Antennenspannung
von 100 μV bis 1 V gleich stark gehört werden,
während erst bei schwächeren Eingangsspannungen die Lautstärke abfällt.

c) Rückwärts- und Vorwärtsregelung.
Da hiebei die am Empfangsgleichrichter gewonnene
Regelspannung zu den vorhergehenden Stufen zu-
rückgeleitet wird, bezeichnet man diese Regelungs-
art als Rückwärtsregelung. Eine vollständige Beseitigung der Lautstärkeschwankung ist auf diese
Weise nicht möglich. Zum Ausgleich der am
Gleichrichter verbleibenden HF-Spannungsschwan-
kungen muß man auch eine NF-Verstärkerstufe
mit einer Regelröhre ausrüsten und in die Regelung
einbeziehen (Vorwärtsregelung).

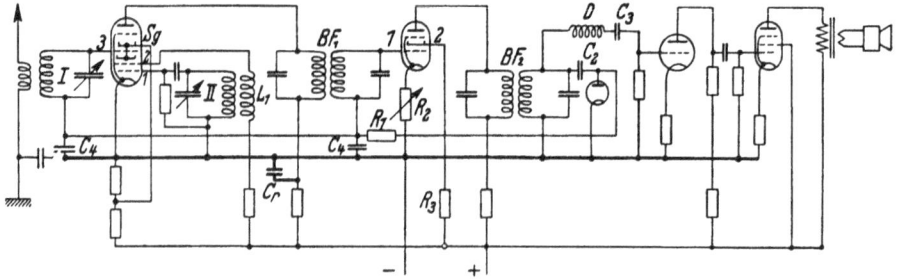

99. Vierröhren-Super

Die Schaltung enthält folgende vier Stufen:

1. Die Mischstufe. Die nicht abstimmbare Antenne ist mit einer Kopplungsspule mit dem abgestimmten Empfangskreis I induktiv gekoppelt. Der Empfangskreis ist an das Steuergitter 3 der Achtpolröhre (S. 133) angeschlossen. Am Steuergitter 1 liegt der Oszillatorkreis II, an dem als Hilfsanode dienenden Gitter 2 die Rückkopplungsspule L_1. Durch das zwischen Steuergitter 2 und 3 liegende Schirmgitter wird der Übergang der Oszillatorschwingung auf den Empfangskreis I und auf die Antenne verhindert. An der Anode nimmt man die durch Überlagerung in der Röhre entstandene Zwischenfrequenz ZF ab.

2. Die Zwischenfrequenzstufe. Die ZF gelangt über das Bandfilter BF_1 an das Gitter 1 der Fünfpolröhre (Schwundregelröhre). Da das Bandfilter auf die ZF abgestimmt ist, überträgt es nur diese, während die ursprünglich beigemischte HF über C_r zur Erde abgeleitet wird. Dem Gitter 1 der Fünfpol-Regelröhre sowie dem Gitter 3 der Mischröhre wird die zum selbsttätigen Ausgleich des Schwundes dienende Regelspannung zugeführt. Das Schirmgitter 2 erhält über den Widerstand R_3 eine positive Vorspannung.

3. Die Gleichrichter- und Verstärkerstufe. Die verstärkte Zwischenfrequenz wird nach scharfer Siebung durch ein zweites Bandfilter $BF\,2$ in der Zweipolröhre (Diode) gleichgerichtet. Die an der Anode erzeugten NF-Spannungen gehen über den Kondensator C_2, die HF-Drossel D und den Kondensator C_3 an das Gitter der Dreipolröhre, wo sie weiter verstärkt werden. Die mit

der Z u- und Abnahme der einfallenden HF-Energie schwankende Anodengleichspannung muß, da ihr der Weg über den Kondensator C_2 gesperrt ist, über den Widerstand R_1 (0,1 MΩ) als Regelspannung an das Gitter der Zwischenfrequenzstufe gehen (Schwundausgleich). In gleicher Weise wird die Verstärkung in der Mischstufe geregelt.

Die Lautstärkeregelung von Hand geschieht durch Veränderung der Ruhegitterspannung der Regelröhre durch den Widerstand R_2.

4. Die Endstufe. Die verstärkten NF-Spannungen gelangen schließlich über eine Widerstandskopplung an das Steuergitter der Fünfpolendröhre. Diese gibt ihre Endleistung durch einen Übertrager an den Lautsprecher ab.

Für den Empfang von Kurzwellen (10...100 m) können grundsätzlich die gleichen Schaltungen wie für den Empfang der Rundfunkwellen angewendet werden, wenn man beim Aufbau die bei hohen Frequenzen gebotenen Maßnahmen zur Kleinhaltung der Verluste und zur Vermeidung unerwünschter Kopplungen berücksichtigt.

a) Der Aufbau des Schwingungskreises muß mit verlustarmen, für die verschiedenen Wellenbereiche auswechselbaren Spulen und Kondensatoren, die möglichst mit keramischen Stoffen isoliert sind, erfolgen. Alle Streukopplungen müssen durch sorgfältige und kurze Leitungsverlegung, Abschirmung und Erdung vermieden werden. Selbst die Widerstände müssen zur Vermeidung von Kopplungen an kritischen Stellen induktionsfrei und kapazitätsarm ausgeführt sein. Bei Netzanschluß ist eine besonders sorgfältige Siebung der dem Audion zugeführten Anodenspannung erforderlich. Als Röhren verwendet man zweckmäßig solche großer Kennlinienteilheit und kleiner Innenkapazitäten, also Schirmgitterröhren für die HF-Verstärkung und das Audion, Fünfpolendröhren für die Endstufe.

b) Die Bandabstimmung. Zur Abstimmung eines Kurzwellenempfängers muß der Drehkondensator viel feiner einstellbar sein wie bei

100. Der Kurzwellenempfänger

198

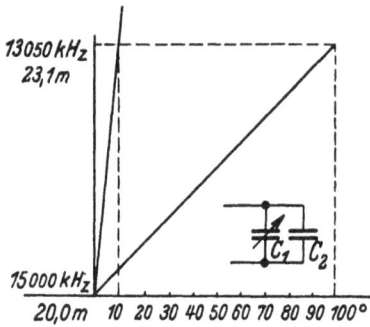

$$\frac{\lambda_a}{\lambda_e} = \sqrt{\frac{C_a}{C_e}}$$

für: $C_a = 10$ cm, $C_e = 50$ cm

ist $\frac{\lambda_a}{\lambda_e} = \sqrt{\frac{1}{5}} = \frac{1}{2,2}$

$$\frac{C_a}{C_e} = \frac{110}{150} = \frac{1}{1.36}$$

$$\frac{\lambda_a}{\lambda_e} = \sqrt{\frac{1}{1.36}} = \frac{1}{1.153}$$

$$\lambda_e = 20 \cdot 1.153 = 23.1 \text{ m}$$

einem Rundfunkempfänger, da die Wellen der einzelnen KW-Sender viel dichter nebeneinander liegen. Dem Rundfunkwellenbereich von 200...600 m entspricht ein Frequenzbereich von 1500...500 kHz; in diesem Frequenzband von 1000 kHz haben bei einem Frequenzabstand von 9 kHz 110 Telephoniesender Platz; da Telegraphiesender nur den halben Frequenzabstand erfordern, kann auf dem gleichen Frequenzband die doppelte Zahl von Telegraphiesendern untergebracht werden. Hingegen entspricht dem Kurzwellenbereich von 20...60 m ein Frequenzbereich von 15000...5000 kHz, also ein Band von 10000 kHz, auf welches man die zehnfache Zahl von Sendern verteilen kann.

Würde man nun den Kondensator (10...50 cm) eines für die Welle von 20 m berechneten Schwingungskreises durchdrehen, so würden auf den Teilstrich der Skala 5...10 Stationen kommen, die man selbst bei Feineinstellung des Antriebs nicht mehr einstellen kann. Um die Stationen weiter auseinander zu legen, wendet man die Bandabstimmung an, indem man zum Drehkondensator C_1 einen Festkondensator C_2 parallel schaltet. Bezeichnet man die Anfangs- und Endkapazität des Drehkondensators mit C_a und C_e, dann ist nach der Wellenformel (S. 67) das Verhältnis der mit einer festen Induktivität L erzeugten Anfangs- und Endwellen:

Ist also die Anfangswelle 20 m, so entspricht in nebenstehendem Beispiel der Endstellung des Kondensators die Welle 44 m; eine Abstimmung der Welle auf Zentimetergenauigkeit ist nicht möglich.

Legt man indessen dem Drehkondensator einen Festkondensator von 100 cm parallel, so ist das Verhältnis der Kapazitäten:

und das Verhältnis der Wellen:

Hat man den Schwingungskreis durch entsprechende Verkleinerung von L auf die gleiche Anfangswelle von 20 m gebracht, so ist die Endwelle:

Der Wellenbereich von 3,1 m, dem ein Frequenzbereich von 1950 kHz entspricht und der bei ge-
wöhnlicher Abstimmung auf 10 Teilstriche des
Drehkondensators fällt, verteilt sich bei der Bandabstimmung über die ganze Skala, nämlich über
100 Teilstriche. Graphisch drückt sich die Ver-
teilung eines schmalen Frequenzbandes über die
ganze Kondensatorskala durch eine Verringerung
der Neigung der Frequenzkurve aus.

Eine ähnliche Erhöhung der Abstimmschärfe
erzielt man durch Reihenschaltung eines Fest- und
Drehkondensators. Für den obigen Bereich müßte
einem Drehkondensator von 50...500 cm ein Festkondensator von 20 cm vorgeschaltet werden.
Häufig werden bei der Bandabstimmung beide
Schaltungsarten vereinigt.

c) **Schaltung eines Kurzwellenempfängers.** Da die kurzen Wellen auch in großer
Entfernung eine hohe Feldstärke erzeugen, ist
eine HF-Verstärkung meist nicht erforderlich;
deshalb sei hier ein Empfänger mit Schirmgitteraudion und Fünfpolendstufe aufgezeigt.

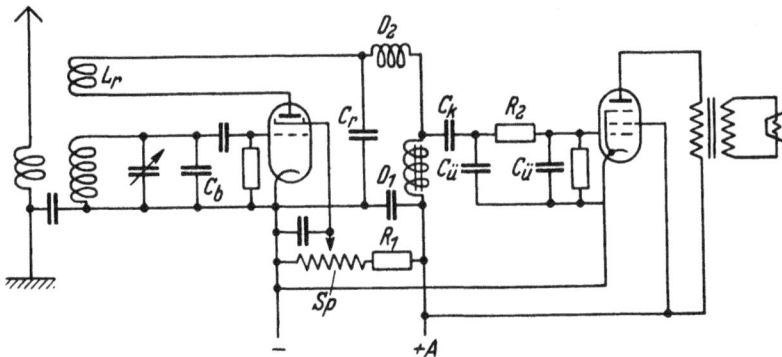

L_r D_2 C_r C_k R_2 C_b D_1 $C_ü$ $C_ü$ R_1 Sp $-$ $+A$

1. **Das Schirmgitteraudion.** Der mit Bandkondensator C_b versehene Schwingungskreis ist
induktiv an die Antenne angekoppelt. Als Antenne verwendet man eine möglichst lange Außen-
antenne, die im allgemeinen nicht abgestimmt
wird. Die Regelung der Rückkopplung erfolgt
ohne Beeinflussung der Abstimmung durch Änderung der von einem Spannungsteiler Sp im Be-

reiche von 0...50 V abgegriffenen Schirmgitterspannung. Je höher diese wird, desto größer wird
bei gleichbleibendem Arbeitspunkt des Steuer-
gitters die Steilheit der Kennlinie und desto fester
die Rückkopplung. Die Rückkopplungsspule L_r
sowie der Rückkopplungskondensator C_r müssen
dabei so bemessen werden, daß man durch Regelung der Schirmgitterspannung aus dem nicht
schwingenden Zustand zum Schwingungseinsatz
gelangen kann. Um eine feine Regelung in dem
Bereiche von 0...60 V zu ermöglichen, wird ein
Teil R_1 des an der vollen Anodenspannung liegenden Spannungsteilers fest eingebaut.

2. Die Kopplung des Audions auf die Endstufe geschieht über die NF-Drossel D_1 und den
Kopplungskondensator C_k (10000 cm). Zur Aussiebung der trotz der HF-Drossel D_2 noch über-
gegangenen Hochfrequenz dient die aus dem
Widerstand R_2 (0,1 MΩ) und den beiden Kondensatoren $C_{ü}$ (je 100 cm) bestehende Siebkette.

3. Die Fünfpolendstufe entspricht den An-
ordnungen beim Langwellenempfang (S. 190). Die
Schirmgitterspannung ist gleich der Anodenspannung. Das Telephon liegt, da Netzanschluß angenommen ist, an einem Übertrager im Anodenkreis; dadurch wird der Kopfhörer von Netzspannung führenden Leitungen getrennt.

N. Die Funkortung

Die Funkortung hat die Aufgabe, den Standort eines Senders oder Empfängers durch Peilung und den Abstand von Gegenständen durch die Funkmeßtechnik zu bestimmen.

Die Funkpeilung beruht darauf, daß sich die elektromagnetischen Wellen vom Sender aus nach allen Richtungen geradlinig ausbreiten und daß man daher ihre Herkunftsrichtung mit Hilfe der Rahmenantenne festlegen kann. Zur Erzielung genauer Peilungen mußten erst einige Mängel des Rahmenempfangs ermittelt und beseitigt werden, nämlich:

a) Die Seitenbestimmung des Rahmenempfangs. Bei Drehung des Rahmens hört man zwei um 180° auseinander liegende Minima, man erhält also zwei entgegengesetzte Peilungen. Welche von diesen richtig ist, kann aus dem Zusammenarbeiten mit einem zweiten entfernt liegenden Rahmen ermittelt werden, denn zwei Peilstrahlen können sich nur in einem Punkte — d. i. der Standort des Senders — schneiden.

Um mit einem Rahmen zu erkennen, auf welcher Seite der angepeilte Sender liegt, dreht man den Rahmen auf den Sender zu, so daß man lautesten Empfang erhält. Hierauf koppelt man eine ungerichtete Hilfsantenne mit der Kopplungsspule L_2 an die Spule L_1 des Rahmenkreises an. Je nach dem Kopplungssinn wird der Empfang lauter oder schwächer, indem sich einmal die Induktionsspannung der Hilfsantenne zu der des Rahmens addiert, im andern Falle von ihr subtrahiert. Durch Regelung des Kopplungsgrades kann man den Empfang ganz zum Verschwinden bringen. Aus der durch eine Farbe bezeichneten Lage der Kopplungsspule bei verschwindendem

101. Die Peilanlagen

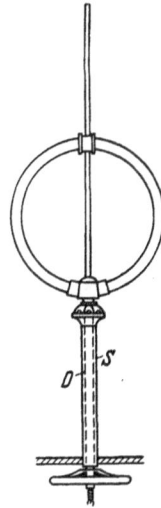

D = Standrohr
S = Drehachse

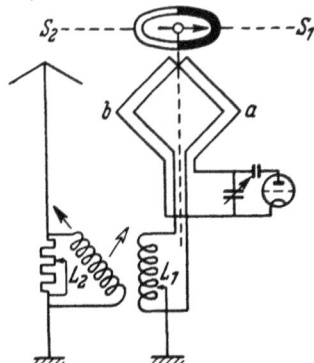

Empfang ermittelt man am Handrad des Peil-
rahmens die mit gleicher Farbe bezeichnete Seite,
auf der der Sender liegt. Wenn man den Rahmen
bei gleichbleibender Ankopplung der Hilfsantenne
um 180⁰ dreht, erhält man den Höchstwert des
Empfanges.

Zum Auslöschen des Rahmenempfanges muß
die Induktionsspannung der Hilfsantenne nach
Größe und Phase auf die Rahmenspannung abgeglichen werden. Zur Abgleichung der Phase
kann ein der Kopplungsspule parallel liegender
Widerstand dienen, während die Größe der Hilfs-
spannung vom Kopplungsgrad abhängt.

Im Kennlinienbild muß dann der der Hilfsantenne entsprechende Kreis den Doppelkreis der
Rahmenantenne gerade berühren. Unter Berück-
sichtigung, daß die Radien des einen Kreises der
Rahmenkennlinie positiv, die des andern negativ
gerechnet werden müssen, ergibt sich durch Zusammensetzung der Rahmen- und Hilfsantennen-
kennlinie die Herzkurve, welche deutlich die
Einseitigkeit der Peilung des auf den Sender ge-
richteten Rahmens zum Ausdruck bringt. Auf eine
volle Umdrehung kommt dann nur ein Minimum,
bei welchem die Rahmenebene gegenüber der
Einstellung auf das Doppelminimum um 90⁰ ver-
dreht ist.

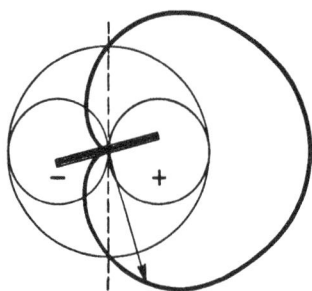

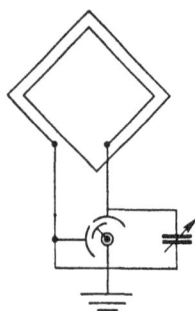

b) Der Antenneneffekt. Die Rahmenantenne liefert nur ein unscharfes mitunter ver-
schobenes Minimum, ein Fehler, der durch die
unsymmetrische Erdung des Rahmens über den
Empfänger hervorgerufen wird. Zur Beseitigung
dieses sog. Antenneneffektes symmetriert man die
Rahmenerdung z. B. mit einem Differentialkondensator.

c) Die Feldverzerrung. Die Peilung am
Boden kann durch die Umgebung, z. B. Küsten,
Flußläufe, große Metallbauten, erheblich verzerrt
werden. Zum Ausgleich dieses Fehlers muß man
die Fehlerkurve, die sog. Funkbeschickung
der Peilstelle aufnehmen. Dies geschieht durch
Vergleich der nicht beeinflußbaren optischen mit

der elektrischen Peilung eines die Peilstelle in etwa 500 m Entfernung umfahrenden Senders. Die Funkbeschickung wird für die Rechnung in einer Tabelle niedergelegt oder mechanisch durch eine auf die Achse der Peilscheibe aufgesetzte Schablone berücksichtigt,

d) Der Nachteffekt. Die Rahmenantenne gibt nur bei senkrechter Polarisation der Wellen, d. h. bei senkrechten elektrischen und waagrechten magnetischen Kraftlinien richtige Ergebnisse. Dies ist der Fall, wenn am Peilort nur die Bodenwelle mit ihrer ungestörten senkrechten Polarisation wirksam ist.

Sobald sich aber während der Dämmerung und des Nachts den Bodenwellen die von der Ionosphäre in 100...200 km Höhe reflektierten Raumwellen überlagern, die mitunter eine zur Vertikalen geneigte Polarisation besitzen, wird die Peilung durch den sog. Nachteffekt erheblich gefälscht. Zur Beseitigung des Nachteffektes gibt es zwei Möglichkeiten:

I. Das Impulsverfahren (H. Plendl). Der anzupeilende Sender gibt kurze Impulse, die als Raumwelle etwas später am Empfänger ankommen als längs des Bodens. Auf dem Schirm einer Braunschen Röhre zeichnen sich daher die beiden empfangenen Impulse nebeneinander ab, wobei der Raumimpuls meist etwas stärker ist. Durch Drehen des Rahmens bringt man den Bodenimpuls zum Erlöschen und erhält so ein scharfes von der Raumwelle unbeeinflußtes Minimum.

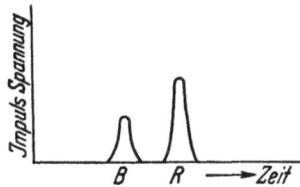

II. Die Adcockantenne. Sie besteht aus vier an den Ecken eines Quadrats senkrecht errichteten Dipolantennen, von denen je zwei durch waagrechte gut verdrillte Drähte gegeneinander geschaltet sind; in ihrer Mitte sind zwei feststehende Goniometerspulen eingebaut, die mit einer drehbaren Suchspule gekoppelt sind (s. S. 204). Sind die HF-Widerstände der gegenüberliegenden Dipolschaltungen durch die in der Erdung liegenden Drehkondensatoren genau abgeglichen, so heben sich die in den waagrechten Verbindungen indu-

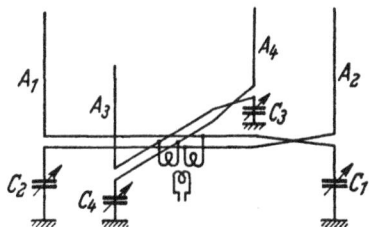

zierten Spannungen gegenseitig auf, es kommen nur die senkrechten Komponenten des elektrischen Feldes zur Wirkung. Das vom Goniometer angezeigte Minimum ist dann vom Nachteffekt unabhängig.

102. Die Funkortung mit ungerichteten Sendern (Rundstrahlern)

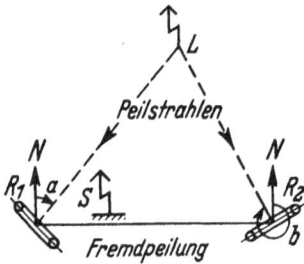

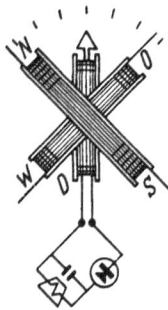

Die Ortung eines Schiffes oder Flugzeugs mit Rundstrahlern kann entweder von festen Bodenstationen (Fremdpeilung) oder vom Fahr- oder Flugzeug aus (Eigenpeilung) vorgenommen werden.

a) Die Fremdpeilung. Der von einem Schiff oder Flugzeug L gegebene Anruf wird von zwei günstig gelegenen ortsfesten Richtempfängern R_1 und R_2 aufgenommen und gleichzeitig gepeilt. Die Peilergebnisse der beiden Stationen werden telephonisch ausgetauscht, danach der Standort des Senders ermittelt, der nach wenigen Minuten durch die Bodenstation S an das auf Empfang stehende Fahrzeug gefunkt wird.

Statt der Rahmenantenne kann man zum ortsfesten Richtempfang auch das Radiogoniometer anwenden. Hiebei werden zwei sich rechtwinklig kreuzende Schleifenantennen, die z. B. von Nord nach Süd und von Ost nach West verlaufen, aufgebaut. Ihre Enden werden zu zwei gleichen sich senkrecht kreuzenden Feldspulen NS und OW geführt. Innerhalb der Feldspulen ist die Suchspule D drehbar angebracht, welche mit einem Drehkondensator den auf die Sendewelle abzustimmenden Eingangskreis des Empfängers bildet.

Das einfallende Strahlungsfeld induziert in den beiden Schleifenantennen zwei Teilspannungen, welche in den Feldspulen NS und OW entsprechende magnetische Teilfelder hervorrufen. Diese setzen sich in bezug auf die Suchspule wieder zum ursprünglichen Feld zusammen. Die Richtung des Feldes bzw. die Lage des angepeilten Senders kann daher durch die Suchspule in gleicher Weise wie mit einem Drehrahmen, z. B. durch Aufsuchen des Empfangsminimums, festgestellt werden.

b) Die Eigenpeilung. Das Fahr- oder Flugzeug ist mit einem Peilrahmen ausgerüstet, der zur Seitenbestimmung (S. 201) mit einer ungerichteten Hilfsantenne gekoppelt werden kann. Zur Ermittlung seines Standortes peilt der Bordfunker mindestens zwei Bodenstationen an, deren Standort bekannt ist. Die ermittelten Richtstrahlen werden dann auf einer Karte eingetragen und geben durch ihren Schnitt den gesuchten Standort an.

Als Stationen kommen in erster Linie die besonders zu Peilzwecken errichteten, durch ihre Welle und Kennung bekannten „Kreisfunkbaken", ferner die Küstenstationen, Flughafenstationen und Rundfunksender in Betracht.

Die Eigenpeilung hat den Vorteil, daß sie ohne besonderen Anruf von Bodenstationen an Bord des Fahrzeugs vorgenommen werden kann. Nachteilig ist, daß das Bezugsystem (Nordrichtung) ungenau ist.

Sie wird hauptsächlich zur Bestimmung des Fahr- oder Flugweges im sog. Leitstrahlverfahren angewendet.

a) Auf mittleren und langen Wellen werden zwei Richtstrahler, deren Antennenschleifen I und II einen rechten Winkel bilden, abwechselnd so getastet, daß in die Sendepause der einen Antenne die Sendungen der andern passen; z. B. a und n, wobei die Striche beider Sendungen sich aneinanderschließen. Ein auf einem der Hauptstrahlrichtungen auf den Sender zufliegendes Flugzeug hört nur die Sendung a oder n. Dagegen verschmelzen für ein auf der Winkelhalbierenden III anfliegendes Flugzeug die beiden gleich starken Sendungen zu einem Dauerstrich; der Bordfunker hört einen anhaltenden Ton. Sobald das Flugzeug einer der beiden Hauptstrahlrichtungen näherkommt und sich damit von der andern entfernt, schlägt das Zeichen des näher liegenden Richtstrahles durch; das Flugzeug muß dann den Kurs ändern, bis wieder Dauerstrich gehört wird. Da das Unterscheidungsvermögen des Ohres für Schallstärke begrenzt ist, hat man den Leitstrahlempfang auch für objektive Anzeige eingerichtet. Dies erfordert allerdings einen ziemlich verwickelten Aufbau des Empfangsapparates, wäh-

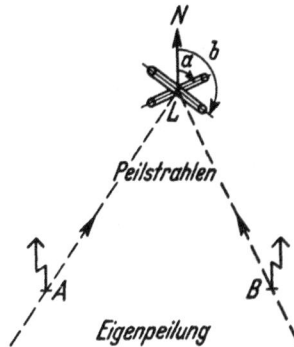

103. Funkortung mit Richtstrahlern

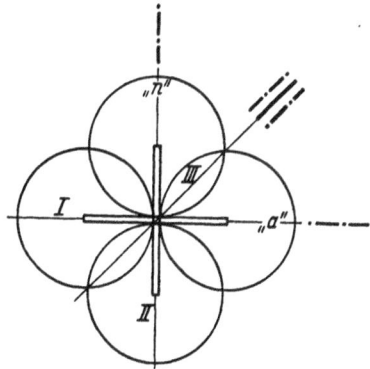

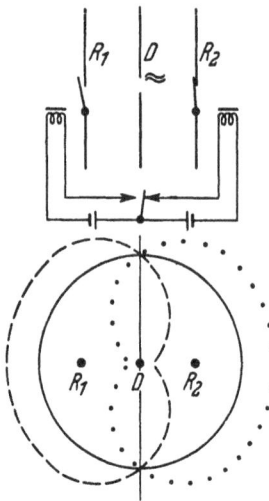

rend der Leitstrahlempfang nach Gehör mit jedem gewöhnlichen Empfänger vorgenommen werden kann.

b) Auf kurzen Wellen (9 m) dient zur Erzeugung der Leitstrahlen der Tastpeiler.

Rechts und links von einem senkrechten Dipol (D), der ununterbrochen strahlt, sind im Abstande einer Viertelwelle (2,25 m) zwei abgestimmte Reflektorantennen (R_1 und R_2) aufgestellt. Durch Betätigung eines in ihrer Mitte angebrachten Relais, werden die Reflektoren abwechselnd geschlossen und unterbrochen, z. B. R_1 kurz mit langer Pause, R_2 lang mit kurzer Pause, so daß die Tastungen aneinander schließen. Eine Reflexion findet nur durch den geschlossenen Reflektordraht statt. R_1 verformt also die stetige Rundstrahlung von D in eine aus Punkten bestehende, nach einer Herzkurve gerichtete Strahlung, während sie durch R_2 in eine aus Strichen bestehende, nach einer symmetrisch liegenden Herzkurve gerichtete Strahlung umgewandelt wird.

Man erhält so die Punkt- und Strichgebiete, die sich in der Symmetrielinie — dem Leitstrahl — zum Dauerstrich oder Dauerton vereinigen. Um einen gleichmäßigen, d. h. knackfreien Dauerton zu erhalten, ist es erforderlich, daß in der Übergangszeit von der einen zur anderen Richtkennlinie der vom Sender gespeiste Dipol die gleiche Feldstärke ausstrahlt wie die Reflektoren.

Die Annäherung an den Flugplatz wird dem im Leitstrahl befindlichen Flugzeug im Abstand von 3 km durch ein Vorsignal (tiefer Ton) und in 300 m Entfernung durch ein Hauptsignal (hoher Ton) angezeigt, die von je einem waagrechten Dipol auf Welle 7,9 m bis in eine Höhe von etwa 400 m gesendet werden.

104. Funkmeßtechnik

a) Als eine besondere Art der Peilung kann man das sog. „Radar"-Verfahren bezeichnen. Dabei wird Gebrauch gemacht von der Totalreflexion, welche Radiowellen beim Auftreffen auf ein Hindernis erfahren, das gegenüber der Luft eine hinreichend verschiedene Dielektrizitätskonstante besitzt. Es wird an einem solchen Hindernis von unregelmäßiger Form eine auftreffende Welle nach allen möglichen Richtungen reflektiert und ein Teil der ankommenden Sendeenergie gelangt zurück zum Aufstellungsort des Senders. Wie beim akustischen Echo läßt sich aus der Zeitdifferenz zwischen der Aussendung eines Signals und der Ankunft der reflektierten Welle die Entfernung des reflektierenden Gegenstandes bestimmen. Wegen der großen Geschwindigkeit (300000 km/s) der elektromagnetischen Wellen müssen hier jedoch außerordentlich kurze Zeiten gemessen werden, z. B. bei einer Entfernung des Hindernisses von 1,5 km 0.00001 s. Dies gelingt dadurch, daß der

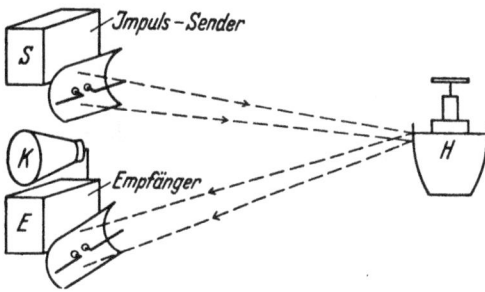

Sender S ganz kurze Impulse ausstrahlt, die vom Empfänger E zusammen mit dem reflektierten Impuls auf den Schirm einer Kathodenstrahlröhre K als Zacken aufgezeichnet werden. Kennt man die Schreibgeschwindigkeit des Kathodenstrahls, so läßt sich durch Messung des Abstandes der Ausschläge auf dem Schirm die Laufzeit des ausgestrahlten Impulses und damit die Entfernung des Hindernisses H bestimmen. Um auch die Richtung festzulegen, in der sich der reflektierende Gegenstand befindet, rüstet man den Sender oder den Empfänger oder beide mit verstellbaren Richtantennen aus, so daß die Stärke des reflektierten Signals, erkennbar aus der Höhe des Bildes auf der Braunschen Röhre, dann am größten wird, wenn die Antennen genau in Richtung auf das Hindernis eingestellt werden. Eine genügend scharfe Bündelung ist nur mit Ultrakurzwellen möglich, da sonst die Antennengebilde riesige Dimensionen annehmen müßten. Eine Radareinrichtung besteht demnach aus einem UKW-Sender S (Dezimeter- oder Zentimeterwellen) mit Richtantenne, der für die Aussendung ganz kurzer Impulse gebaut ist, sowie einem Empfänger E, dessen Ausgang mit einer Braunschen Röhre K verbunden ist. Mit einer solchen Anlage läßt sich die Sicherheit im See- und Flugverkehr wesentlich erhöhen, da die Fahrzeuge damit Hindernisse auf größere Entfernung ohne optische Sicht feststellen können.

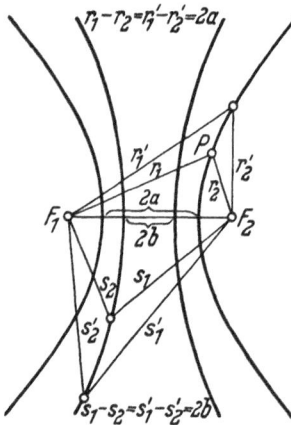

b) Auf der Messung des Laufzeitunterschiedes beruht auch das amerikanische Loran- (Long Range Navigation) Verfahren zur Kurssteuerung. Der Entfernungsunterschied der Punkte einer Hyperbel von ihren Brennpunkten F_1 und F_2 ist konstant (= dem Abstand 2 a der Scheitel). Befinden sich daher in F_1 und F_2 Funksender, die gleichzeitig kurzzeitige (z. B. 40 Mikrosekunden) dauernde Signale aussenden, so werden diese wegen der verschiedenen Laufzeit in einem Punkte P mit einem gewissen Zeitunterschied auftreffen. Bewegt man sich nun auf der durch P gehenden Hyperbel, so wird der erwähnte Zeitunterschied der auf einer Braunschen Röhre in Mikrosekunden (μs) abgelesen werden kann, stets gleich groß sein.

Ein Schiff oder Flugzeug, kann daher seinen Kurs längs der auf einer Karte eingezeichneten Hyperbel steuern, indem es den Zeitstrich auf einer vorher festgelegten Marke der Braunschen Röhre genau einhält.

Zu je zwei Signalsendern, deren Abstand 500...600 km beträgt, wird auf der Karte eine Schar von Hyperbeln gezeichnet, die durch den Laufzeitunterschied gekennzeichnet sind.

O. Der UKW-Rundfunk

Die Wellen unter 10 m breiten sich im allgemeinen als reine Raumwellen ähnlich wie die Lichtstrahlen (quasioptisch) aus. Die Reichweite ist daher bei ebenem Gelände durch die Sichtweite bestimmt, die sich nach nebenstehender Formel aus der Höhe h des Strahlers berechnet. Es ist:

Man baut deshalb UKW-Sender auf einem hohen Turm auf. So war z. B. der erste UKW-Fernsehsender (($\lambda = 7$ m) auf dem 138 m hohen Funkturm in Witzleben errichtet, der erste UKW-Rundfunk-Versuchssender in München befindet sich am nördl. Stadtrande 'auf einem 109 m hohen Turm.

Bei ausreichender Senderleistung wird die Reichweite über die Sichtweite hinaus durch die Beugung an der Erdoberfläche und die Brechung der Strahlen in der Luft — infolge der Zunahme der Dielektrizitätskonstante mit der Höhe — beträchtlich vergrößert.

Die Messungen der Empfangsfeldstärke haben gezeigt, daß bis zur Sichtgrenze die Feldstärke mit der Entfernung stetig abnimmt, außerhalb derselben erfolgt die Abnahme rascher.

Eine Reflexion der UK-Wellen an der Ionosphäre findet nicht statt. Geländeunebenheiten (Hügel, Waldungen, Gebäudemassen usw.) deformieren die kreisförmige Ausbreitung, wie dies z. B. Messungen um den früheren Fernsehsender (Welle 7 m) auf dem Brocken ergeben haben. In Wohngebäuden, in denen mit Zimmerantennen empfangen wird, kann die Feldstärke je nach Bauweise (Holz, Ziegel, Eisenbeton) bedeutend unter derjenigen in Höhe des Dachgeschosses liegen.

Durch Reflexion der Wellen an den Wänden treten Interferenzen (stehende Wellen) auf, die

105. Die Ausbreitung der Ultrakurzwellen

$$r_1 = 3{,}6\ \sqrt{h_m}\ \text{km}$$
z. B.: $h = 100$ m
$r_1 = 36$ km

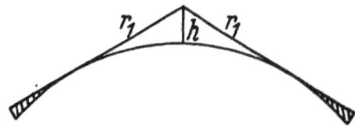

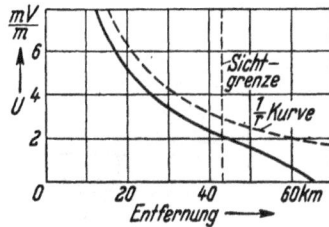

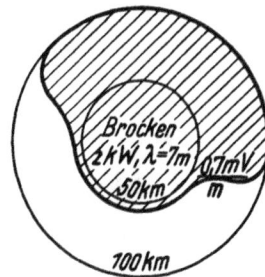

z. B. in einer Straße schon in wenigen Metern Abstand große Feldstärkeunterschiede hervorrufen.

Da im UKW-Gebiet die Grenzen des zu übertragenden HF-Bandes nicht den starken Einschränkungen unterliegen wie auf dem überfüllten Mittelwellenband, kann man mit einem breiteren NF-Band modulieren und statt der Amplituden-(AM) die Frequenzmodulation (FM) anwenden. Damit wird nicht nur die Wiedergabe und die Dynamik verbessert, sondern auch eine wirkungsvolle Störunterdrückung erreicht. Außerdem verbilligt sich der Bau und Betrieb des Senders.

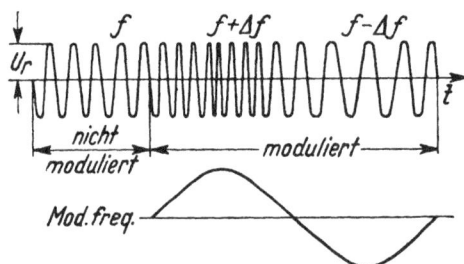

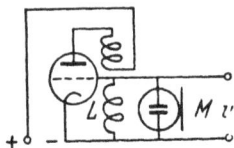

106. Die Frequenzmodulation (F.M.)

a) Frequenzmodulation durch ein Kondensatormikrophon. Zur Gitterspule L eines rückgekoppelten Röhrensenders liegt ein Kondensatormikrophon M parallel. Solange sich dessen Membran in Ruhe befindet, ist die Frequenz f des Senders konstant. Bei Besprechung des Mikrophons schwankt f im Rhythmus der Sprachschwingungen, da die Kapazität des Schwingkreises von der Lage der Mikrophonmembran abhängt. Die HF-Amplitude (U_r) bleibt im Gegensatz zur AM konstant. Die Abweichungen von der mittleren (Ruhe) Frequenz vergrößern sich mit wachsender Besprechungslautstärke. Die bei größter Lautstärke auftretende Frequenzabweichung nennt man den Frequenzhub (Δf). Den Frequenzhub Δf wählt man zur Übertragung eines NF-Bandes von z. B. 15 kHz zweckmäßig zu 75 kHz. Bei kleinerem Frequenzhub würde die Störanfälligkeit steigen, bei größerem der technische Aufwand.

Das ausgestrahlte Frequenzband hat somit eine Breite von $2\,\Delta f = 150$ kHz, d. h. es erstreckt sich bei einer Ruhefrequenz von 90,1 MHz von 90,025 bis 90,175 MHz. In dem für den UKW-Rundfunk vorgesehenen Bereich von 88...100 MHz kann daher selbst bei einer Bandbreite von 200 kHz eine genügend große Zahl von Sendern untergebracht werden.

b) **Frequenzmodulation durch Hubröhre** Der Oszillatorkreis $C_0 L_0$ wird in Rückkopplungsschaltung durch Röhre V_1 erregt. Parallel zu L_0 liegt die Hubröhre V_2 mit einem Widerstand R_1 zwischen Anode und Gitter und einem Kondensator C_1 zwischen Gitter und Kathode — der Kondensator C dient zur Fernhaltung der Anodengleichspannung vom Gitter — der Widerstand R_g der Zuführung der Gitterspannung.

Die Röhre wirkt in dieser Schaltung als Selbstinduktion, deren Größe von der Steilheit der Röhre abhängt. Der Oszillator V_1 erteilt nämlich der Hubröhre eine Anodenwechselspannung $\mathfrak{U}_a$; ein Bruchteil dieser Spannung gelangt über die Schaltung $R_1 C_1$ mit einer Phasenverschiebung von 90⁰ an das Gitter der Hubröhre V_2. Es ist:

Die Gitterwechselspannung steuert den Anodenstrom der Röhre in gleicher Phase, die also gegenüber der Spannung $\mathfrak{U}_a$ um 90⁰ nacheilt. Eine solche Nacheilung des Stromes gegen die Spannung ist aber das Kennzeichen einer Selbstinduktion.

Die Größe der Selbstinduktion ist proportional dem Verhältnis Wechselspannung zu Wechselstrom. Setzt man den Proportionalitätsfaktor $= \dfrac{1}{\omega}$, so erhält man:

Die vom Oszillator V_1 gelieferte Wechselspannung bleibt unverändert, während sich der durch die Hubröhre fließende Wechselstrom mit der Steilheit S der Röhre ändert. Es ist:

Durch Einsetzen von (3) in (2) erhält man schließlich:

Damit hat man die Möglichkeit, die wirksame Selbstinduktion der Röhre durch die an das Gitter gelegte NF-Spannung, die den Arbeitspunkt verschiebt, zu beeinflussen und die Frequenz des Oszillators zu modulieren.

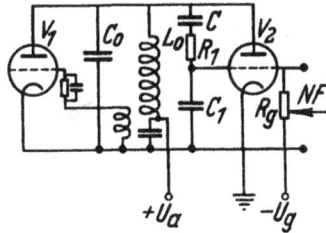

$$(1)\ \mathfrak{U}_g = \frac{\mathfrak{U}_a}{\omega \cdot R_1 \cdot C_1}$$

$$(2)\ L = \frac{1}{\omega} \cdot \frac{\mathfrak{U}_a}{\mathfrak{J}_a}$$

$$(3)\ I_a = S\,\mathfrak{U}_g = \frac{S\,\mathfrak{U}_a}{\omega \cdot R_1 \cdot C_1}$$

$$(2)\ L = \frac{R_1 \cdot C_1}{S}$$

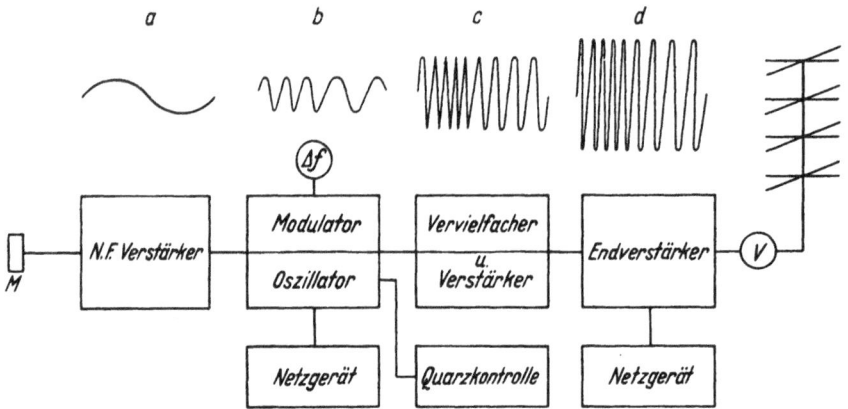

107. Der UKW-Rundfunkver-
suchssender in München*)

Der Sender besteht aus folgenden Stufen:

1. NF-Verstärker, der die Sprechspannungen des Mikrophons M auf einige Volt Amplitude
erhöht. Gleichzeitig mit der Verstärkung werden
die hohen Frequenzen durch einen Hochpaß an-
gehoben, wodurch sich eine weitere Verminderung
der Störanfälligkeit erreichen läßt.

2. Oszillator mit dem Frequenzmodu-
lator. Hier wird die Oszillatorfrequenz erzeugt
und im Rhythmus der NF-Spannungen moduliert
(vgl. S. 211). Ein Hubmesser zeigt die jeweilige
Ausnützung des größten erreichbaren Hubes und
damit den Modulationsgrad an.

Um die Frequenz leichter konstant zu halten
und mit kleinerem Hub auszukommen, erzeugt
man im Oszillator nicht gleich die endgültige Frequenz, sondern eine achtmal kleinere.

3. Vervielfacher, der in zwei Stufen die
Oszillatorfrequenz auf den Sollwert im Bereich
von 87,5...100 MHz bringt und zugleich die Leistung
erhöht.

4. Endverstärker. Er erhöht die Leistung
nochmals bis auf den geforderten Wert von 250 W
in der Speiseleitung.

Die Antenne setzt sich aus vier übereinanderliegenden Dipolkreuzen im Abstand $\lambda/2$ zusammen.
Die waagrechten Richtkennlinien eines Dipol-
kreuzes ergänzen sich zu einem Kreis. Schwingen

*) Erbaut v. Dr. Rohde u. Schwarz, München.

die vier Kreuze in der richtigen Phase zueinander,
so wird die Strahlung in horizontaler Richtung
stark gebündelt (s. S. 94). Die Kennfläche nimmt
die Gestalt einer Scheibe an. Aus der waagrechten
Lage der Dipole ergibt sich die waagrechte Polarisation der Wellen.

Die Versuchssendungen konnten mit einem
UKW-Super in 20...25 km Entfernung, mitunter
sogar doppelt so weit empfangen werden.

Mit einem 1-kW-Sender erzielt man die doppelte
Reichweite.

Um ein ganzes Land zu versorgen, muß man
ein ziemlich dichtes Netz kleiner Sender, in Bayern
etwa 20, anlegen. Im ersten Fall kann man schon
in geringem Abstand (100...200 km) ohne gegenseitige Störung auf der gleichen Welle senden, oder
man errichtet einen größeren Sender auf einer
Bergspitze.

Wegen der geringen Raumbeanspruchung und
der niedrigeren Kosten eines UKW-Senders besteht die Möglichkeit, von demselben Turm aus
gleichzeitig verschiedene Sendungen auszustrahlen,
so daß der Rundfunkhörer sich das Programm auswählen kann.

a) Der Modulationswandler. Die Zurückgewinnung der NF aus der empfangenen frequenzmodulierten HF ist durch eine einfache Gleichrichtung nicht möglich, da bei der konstanten
Amplitude nur ein Gleichstrom entstünde. Man
muß daher die FM in eine AM umwandeln. Dies
kann mit Hilfe eines frequenzabhängigen Widerstandes, z. B. durch einen Schwingungskreis, geschehen, den man so verstimmt, daß die mittlere
Frequenz der modulierten Schwingung auf die
Flanke der Resonanzkurve fällt.

b) Der Begrenzer. Ein Modulationswandler
der genannten Art spricht nicht nur auf FM, sondern auch auf AM an. Es werden daher Störspannungen z. B. durch Zündfunken von Verbrennungsmotoren, die sich als Amplitudenänderung
auswirken, in vollem Umfang wiedergegeben. Zu
ihrer Unterdrückung läßt man die HF vor dem

108. Der UKW-Empfang

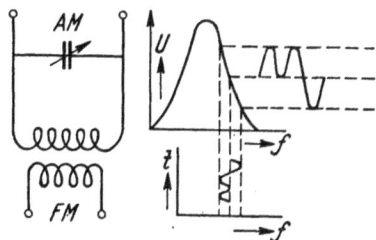

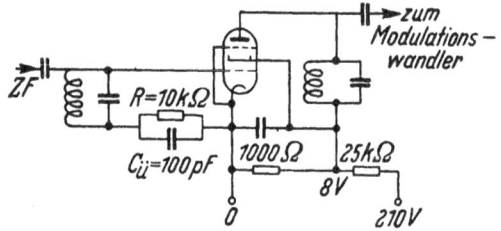

Modulationswandler durch einen Begrenzer laufen. Dieser besteht aus einer Verstärkerstufe mit Schirmgitterröhre, deren Aussteuerbereich durch niedrige Schirmgitter- und Anodenspannung (z. B. 8 V) kleingehalten wird. Die I_a — U_g-Kennlinie nimmt dadurch Sättigungscharakter mit horizontalem Verlauf oberhalb einer bestimmten Gittervorspannung an. Der Widerstand R, durch den wegen Fehlens einer Gittervorspannung ein Gitterstrom fließt, stellt bei wechselnder Amplitude des Signals automatisch den günstigsten Arbeitspunkt ein; R ist durch Kondensator $C_{\ddot{u}}$ für HF überbrückt. HF-Spannungen, die an das Gitter des Begrenzers gelangen, können nur bis zu einer bestimmten Amplitude verstärkt werden, während alle darüber hinausragenden Spitzen abgeschnitten werden. Die hiedurch bedingte Verzerrung spielt für den frequenzmodulierten Anteil keine Rolle.

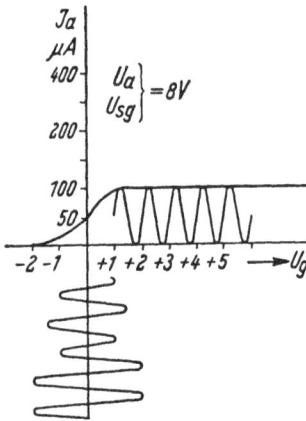

c) Der UKW-Superhet baut sich auf aus
1. der Dipolantenne, die durch ihre Länge $\lambda/2$ auf die Sendewelle fest abgestimmt ist.

Da der UKW-Sender vorwiegend waagrecht polarisierte Wellen ausstrahlt, baut man den Dipol in waagrechter Lage auf. Die Richtkennlinie des Dipols ist in den durch ihn gehenden Ebenen ein Doppelkreis, also räumlich ein Toroid. Infolgedessen erzielt man stärksten Empfang, wenn die Dipolachse senkrecht zur Senderrichtung steht.

Die Mitte des Dipols wird durch eine Doppelleitung mit dem Empfänger verbunden.

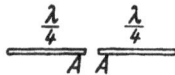

Ein Halbwellendipol verhält sich in seiner Mitte wie ein Schwingungskreis mit kleiner Selbstinduktion und großer Kapazität. Die verlustarme Energieübertragung erfordert eine Anpassung von Antenne und Übertragungsleitung, so daß beide das gleiche Verhältnis von Selbstinduktion und Kapazität besitzen. $\sqrt{L/C}$ nennt man den „Wellenwiderstand"; er ist von der Länge der Doppelleitung unabhängig, da L und C mit der Länge in gleichem Maße zunehmen. Ein so kleines L/C-Verhältnis, wie es zur Anpassung an die Dipolmitte erforderlich ist, läßt sich nur mit kostspieligen konzentrischen Doppelleitungen erreichen. Man bevorzugt daher den Schleifen-Dipol, für welchen $\sqrt{L/C}$ viermal so groß ist wie beim einfachen Dipol. Die Anpassung wird hier z. B. erreicht mit einer Leitung aus zwei Drähten von je 1 mm Durchmesser, die durch ein Band aus hochwertigem Isoliermaterial in 6 mm Abstand gehalten werden.

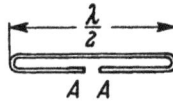

Zur Abschirmung von Störungen aus der dem Sender entgegengesetzten Richtung kann man im Abstand $\frac{\lambda}{2}$ hinter dem Schleifendipol einen Reflektordipol anbringen. Hiedurch wird zugleich ein verstärkter Empfang erzielt. Je höher der Dipol angebracht wird, desto kräftiger ist der Empfang.

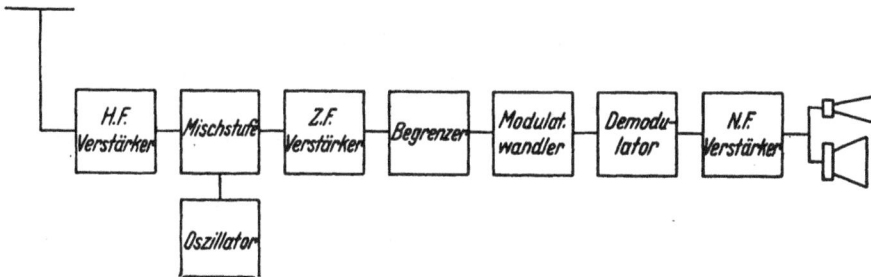

2. dem HF-Verstärker, der die von der Antenne aufgefangene frequenzmodulierte HF verstärkt,

3. der Mischstufe mit dem Oszillator, durch welche die HF durch Überlagerung der Oszillatorfrequenz auf die feste Zwischenfrequenz transponiert wird,

4. dem ZF-Verstärker, der die Amplitude der Sendung auf den für die Funktion des Begrenzers notwendigen Wert steigert,

14*

5. dem Begrenzer, der dazu dient, die frequenzmodulierte Schwingung von der durch Störsignale erzeugten Amplitudenmodulation zu befreien,

6. dem Modulationsumwandler, in dem die Frequenzmodulation in eine Amplitudenmodulation umgewandelt wird,

7. dem Demodulator, der häufig mit dem Frequenzwandler vereinigt wird. Er wandelt die amplitudenmodulierte ZF in NF um,

8. dem NF-Verstärker. Hier werden neben einer NF-Verstärkung durch einen Tiefpaß die im Sender angehobenen hohen Frequenzen wieder geschwächt, um einen geraden Frequenzgang zu erzielen,

9. dem Lautsprecher bis 5000 Hz, dem zur Wiedergabe der hohen Frequenzen meist ein Hochton-Lautsprecher beigegeben ist.

d) Die Vorsatzgeräte. Um die üblichen Rundfunkempfänger für Mittelwellen für den Empfang der UKW-Sendungen auszunützen, verwendet man sog. Vorsatzgeräte.

Wenn man den Vorteil weitgehender Störungsfreiheit auch unter ungünstigen Empfangsverhältnissen ausnützen will, muß das Vorsatzgerät genau so aufgebaut werden wie der oben gekennzeichnete Super. Nur der NF-Teil, der Lautsprecher und evtl. der Netzteil kann wegfallen. Der Ausgang des Demodulators wird an den Schallplattenanschluß des Rundfunkempfängers geschaltet. Die verbesserte Wiedergabegüte, die der NF-Rundfunk ermöglicht, kommt natürlich nur dann zur Geltung, wenn NF-Teil und Lautsprecher den erweiterten Frequenz- und Dynamikumfang unverzerrt wiedergeben können.

Verzichtet man auf die Amplitudenbegrenzung, was bei günstigen Empfangsverhältnissen möglich ist, so kommt man z. B. mit nachstehender Schaltung aus:

1. Der Empfangsdipol ist über das Antennenkabel an die Selbstinduktion L_1 des UKW-Eingangskreises $L_1 C_1$ gekoppelt, der auf die an-

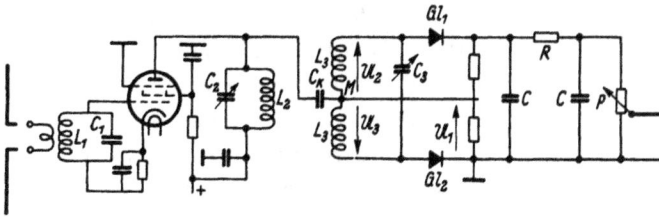

kommende Frequenz eingestellt wird und mit dem Gitter der HF-Verstärkerröhre verbunden ist. Um auf den hohen Frequenzen noch eine nennenswerte Verstärkung zu erzielen, müssen hier Röhrentypen mit hoher Steilheit und geringen Elektrodenkapazitäten verwendet werden.

2. Die verstärkte Wechselspannung wird von Kreis $C_2 L_2$ abgenommen und zur Modulationsumwandlung der sog. Diskriminatorschaltung mit 2 Gleichrichterstrecken ($Gl_1 ... Gl_2$) zugeführt.

Diese Schaltung nutzt nicht die Amplitudenänderung an der Resonanzflanke eines von variabler Frequenz durchflossenen Schwingkreises aus, sondern die Änderung des Phasenwinkels zwischen Schwingkreisstrom und Spannung in der Umgebung der Resonanzstelle. Um durch dieses Prinzip eine mit Veränderung der Frequenz in ihrer Größe veränderliche Spannung zu erhalten, müssen 2 Teilspannungen addiert werden, deren eine in ihrer Phasenlage zum Strom, die andere zur Spannung am Schwingkreis in fester Beziehung steht.

Praktisch erfolgt die Gewinnung der an die Phase des Schwingkreisstroms gebundenen Teilspannung durch induktive Kopplung zwischen L_2 und L_3. Zur Ausnutzung der Resonanzüberhöhung ist L_3 durch C_3 auf die Mittelfrequenz des frequenzmodulierten Signals abgestimmt. Außerdem wird die Spannung L_3 durch den Mittelabgriff M in 2 Hälften U_2 und U_3 mit entgegengesetzter Phasenlage unterteilt. Durch kapazitive Kopplung von M an den Schwingkreis $L_2 C_2$ über C_k wird zusätzlich eine an die Phase der Schwingkreisspannung gebundene Wechselspannung U_1 an die Gleichrichterstrecken

a)

b)

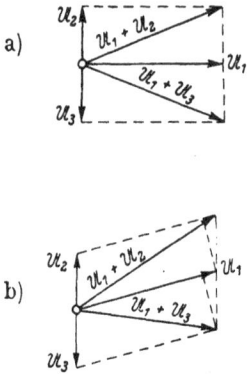

gelegt. Bei richtiger Abstimmung und Kopplung der Kreise $C_2 L_2$ und $C_3 L_3$ entstehen durch die Addition der Teilspannungen an beiden Gleichrichterstrecken gleich große Summenspannungen, die sich nach Gleichrichtung durch Gegeneinanderschaltung aufheben, solange der Sender die Mittelfrequenz ausstrahlt, auf welche die beiden Kreise abgestimmt sind (Abb. a).

Bei Abweichungen von dieser Frequenz verschiebt sich die Phasenlage der Teilspannungen, ihre (Vektor-) Summe wird an Gl_1 größer, an Gl_2 kleiner (Abb. b).

Die gleichgerichteten Spannungen ergeben bei der Gegenschaltung eine Differenz, die bei schneller Änderung der Sendefrequenz im Takt der Modulation als NF-Spannung abgenommen werden kann.

3. Der aus Widerstand R und Kondensator C bestehende Tiefpaß hebt die auf der Sendeseite erfolgende Bevorzugung der hohen Frequenzen wieder auf. Am Potentiometer P kann die Niederfrequenzspannung abgenommen und dem Schallplattenanschluß des Mittelwellenempfängers zugeführt werden.

Morsezeichen

· (Punkt) = 1 Maßeinheit, — (Strich) = 3 Maßeinheiten.

Zwischen den einzelnen Bestandteilen eines Morsezeichens: Pause von der Dauer eines Punktes.

Nach jedem Morsezeichen: Pause von der Dauer eines Striches.

Nach jedem Wort Pause von 5 Punkten.

1. Buchstaben

a	· —	m	— —
ä	· — · —	n	— ·
à	· — — · —	o	— — —
b	— · · ·	ö	— — — ·
c	— · — ·	p	· — — ·
ch	— — — —	q	— — · —
d	— · ·	r	· — ·
e	·	s	· · ·
é	· · — · ·	t	—
f	· · — ·	u	· · —
g	— — ·	ü	· · — —
h	· · · ·	v	· · · —
i	· ·	w	· — —
j	· — — —	x	— · · —
k	— · —	y	— · — —
l	· — · ·	z	— — · ·

2. Ziffern (abgekürzt)

1	· — — — —	(· —)	6	— · · · ·	
2	· · — — —	(· · —)	7	— — · · ·	(— · · ·)
3	· · · — —	(· · · —)	8	— — — · ·	(— · ·)
4	· · · · —		9	— — — — ·	(— ·)
5	· · · · ·		0	— — — — —	(—)

3. Satzzeichen

Punkt	· — · — · —	Binde- oder Gedankenstrich	— · · · · —
Beistrich	— — · · — —	Klammer	— · — — · —
Fragezeichen	· · — — · ·	Bruchstrich	— · · — ·
Doppelpunkt	— — — · · ·	Trennung	— · · · —
Außlaßzeichen	· — — — — ·	Strichpunkt	— · — · — ·
Anführungszeichen	· — · · — ·	Unterstreichungszeichen	· · — — · —

4. Verkehrszeichen

— · —	Aufforderung zum Senden	· · — · —	Ist dies richtig?
· · · — ·	Verstanden	— · — · —	Telegrammanfang
· · · · · · · ·	Irrung	· — · — ·	Telegrammende
· — · · ·	Warten	· · · — · —	Arbeitsende
· — ·	Empfangsbestätigung		

Alphabetisches Sachregister

226

HERMANN GOETSCH

Taschenbuch der Fernmeldetechnik

TEIL I:

Theoretische Grundlagen, Stromquellen, Einzelgeräte,
Schaltungen, Montage

Herausgegeben von Dipl.-Ing. ALOIS OTT

11. Auflage
249 Seiten mit 392 Abbildungen, Kl.-8', 1948
Halbleinen DM 10.-

,,Das seit Jahren bekannte, in Fachkreisen überaus geschätzte Werk ist gründlich überarbeitet worden. Es ist das Buch, das dem Techniker und Ingenieur der Fernmeldetechnik in leichtverständlicher und gedrängter Form das Wertvollste aus der umfangreichen Fachliteratur übermittelt. Neben Telegraphie und Fernsprechwesen umfaßt es alle Gebiete der Fernmeldetechnik. Von besonderem pädagogischem Nutzen ist die mit Sorgfalt getroffene Auswahl der Abbildungen, die den Leser über den schaltungstechnischen Aufbau, den Grundgedanken der Geräte unterrichtet. Seine knappe, umfassende Form sowie die Gliederung und der Aufbau des Textes machen das Taschenbuch zu einem unentbehrlichen Freund und Helfer. Es kann daher allen Praktikern als nützliches Hilfsmittel zum systematischen Studium wärmstens empfohlen werden."

Energie und Technik

TEIL II:

Optische und akustische Signalanlagen - Fernübertragung von Meßwerten -
Gefahrmeldeanlagen - Verkehrs- und Eisenbahnsignalanlagen - Lichtelek-
trische Einrichtungen - Elektrizitätswerke - Fernmeldeanlagen - Starkstrom-
beeinflussung und Schutzeinrichtungen.

TEIL III:

Telegraphen- und Fernschreibetechnik - Fernsprechtechnik - Träger/re-
quenzeinrichtungen für Fernsprechleitungen - Prüf- und Meßeinrichtungen
für Fernsprechanlagen.

IN VORBEREITUNG

Verlag von R. Oldenbourg München

IMMO KLEEMANN

Grundlagen der Fernmeldetechnik

3. erweiterte und verbesserte Auflage
292 Seiten mit 168 Abbildungen und einem Anhang, Gr.-8°, 1950
Halbleinen DM 16.-

Das Werk wendet sich an den mit der Mathematik und den elektro-
technischen Grundlagen vertrauten Leser und will ihm eine systema-
tische Einführung frei von aller Spezialisierung in die nachstehenden
Hauptarbeitsgebiete der Fernmeldetechnik geben:
*Theorie und Wirkungsweise der wichtigsten Fernmeldegeräte - Schaltungs-
lehre zur Berechnung von Netzteilen und Schaltverfahren - Grundbegriffe
und Verfahren für die Herstellung von Verbindungen im Hand- und Wähl-
betrieb; Aufbau von Vielfachschaltungen - Übertragungslehre: Theorie der
Fermeldeleitungen, Vierpolbeziehungen und Übertragungssysteme.*

HANS PILOTY

Die Rolle des Geistes in der Nachrichtentechnik

Eine Münchner Hochschulschrift

16 Seiten, Gr.-8°, 1949, broschiert DM 1.40

Aus seinem Gedankengut über das kulturelle und ethische Problem
der Technik überhaupt zeichnet der Verfasser in aller Kürze und
Prägnanz die geschichtliche Entwicklung der Nachrichtentechnik und
schließt daran eine äußerst lehrreiche Übersicht des heutigen Standes
dieses Fachgebietes. Die schwierigeren Fragen werden durch besonders
einleuchtende Beispiele erläutert.

RICHARD DOERFLING

Mathematik für Ingenieure und Techniker

5. Auflage
633 Seiten mit 306 Abbildungen, Gr.-8°, 1949
Halbleinen DM 14.80

Im Gegensatz zu anderen Werken verlangt das vorliegende Buch keine
besonderen Vorkenntnisse, vielmehr baut es nur auf den Anfangs-
gründen der Arithmetik, der Algebra und einem natürlichen Verständ-
nis für die allgemeine Physik auf; es entwickelt daraus alle Formeln
und Werte und bringt in klarer, allgemeinverständlicher Sprache und
übersichtlicher Darstellung die wesentlichen Grundlagen der mathe-
matischen Wissenschaft, wie sie der Studierende der Ingenieurwissen-
schaften sowie der Ingenieur und Techniker für seine tägliche Arbeit
benötigt.

Verlag von R. Oldenbourg München

www.ingramcontent.com/pod-product-compliance
Lightning Source LLC
Chambersburg PA
CBHW081538190326
41458CB00015B/5584